The Urban Management of
China's Special Economic Zones

# 特区城市管理

《特区城市管理》编辑委员会　编著

中国林业出版社
China Forestry Publishing House

**图书在版编目(CIP)数据**

特区城市管理 /《特区城市管理》编辑委员会编著.
-- 北京 : 中国林业出版社, 2022.12
ISBN 978-7-5219-1985-1

Ⅰ.①特… Ⅱ.①特… Ⅲ.①城市管理—研究—深圳
Ⅳ.①F299.277.653

中国版本图书馆CIP数据核字（2022）第224868号

地图审图号：GS（2022）4262号

责任编辑：张华
装帧设计：刘临川
出版发行：中国林业出版社
（100009，北京市西城区刘海胡同 7 号，电话 83143566）
电子邮箱：cfphzbs@163.com
网址：www.forestry.gov.cn/lycb.html
印刷：北京中科印刷有限公司
版次：2022 年 12 月第 1 版
印次：2022 年 12 月第 1 次印刷
开本：889mm×1194mm 1/16
印张：13.5
字数：395 千字
定价：128.00 元

# 《特区城市管理》编辑委员会

# 前言

在深圳经济特区建立四十周年庆祝大会上，习近平总书记指出，要创新思路推动城市治理体系和治理能力现代化。党的二十大提出新思想新论断，作出新部署新要求，在新的历史阶段，不断满足人民群众对更加美好的城市环境的向往，不断创新城市管理理念、管理手段、管理模式，是深圳城市管理工作承载的期许和担当。

党的十八大以来，深圳城市管理工作坚持以习近平新时代中国特色社会主义思想为指导，认真贯彻落实中央、省、市决策部署，在环境卫生、园林绿化、市容环境、城市照明、综合执法等领域取得了显著成绩。建成千园之城，推进市容环境“全领域、全要素”综合整治，打造“时时干净、处处干净”的城市环境，推动城市管理向智慧城管转型升级，市容市貌不断蝶变，“美丽深圳”已经成为深圳最亮眼的城市名片。

与此同时，对照习近平总书记的重要讲话精神和党的二十大精神，对照深圳先行示范的要求，对照人民群众的期待，城市管理工作仍然存在不小差距，面临新的挑战。立足新发展阶段、贯彻新发展理念、构建新发展格局，积极推动城市管理事业高质量发展，需要每一位城市管理工作者与时俱进、慎思笃行、持续钻研。在深圳市城市管理和综合执法局的指导下，我们组织城市管理相关业内专家、干部职工对新形势下面临的新课题、新任务进行深入研究，形成了具有科学价值和实践意义的一系列研究成果，编纂成《特区城市管理》。通过搭建这样一个学术交流平台，以特区深圳为样本，向全国乃至全世界分享城市管理的实践与研究成果。

本书汇集了公园建设、园林绿化、环境卫生、城市照明、智慧城管、生物多样性保护、自然教育等领域的17篇学术文章，探讨了包括郊野径建设、“双碳”目标路径、暗夜经济等一系列城市管理工作，篇篇文章直面现实工作的难点、痛点、堵点问题，砥志研思，提出务实的解决方案，相信能为广大城市管理工作者带来启发。

城市管理工作点多线长面广，涉及众多专业技术和管理技能，由于我们的水平有所局限，本书难免存在错漏之处。诚请专家学者、行业同仁批评指正，共同探讨。

《特区城市管理》编辑委员会

2022年10月

## 公园城市建设



## 园林绿化



## 市容环境

# 与城共生
## ——深圳公园建设发展四十年

于光宇，黄思涵，邓慧弢，赵纯燕，侯艺珍，王乐恬
（深圳市城市规划设计研究院股份有限公司）

**摘要：** 深圳从建市之初的“两个公园”，经历四十年的发展成为一座“千园之城”，以高快速的方式让绿色成为深圳这座城市的代名词。在深圳公园发展建设的实践中，以城市规划为引导、建设实施为目标的模式……形成了独特的深圳“千园之城”高效增量的经验，然而自上而下引导与条块分割建设的模式，也无法可持续适应瞬息万变的社会需求。回顾四十年公园建设发展的历程，优势与短板并存，需要深度总结归纳，为深圳未来建设“公园城市”提供新方向与新路径。本文将深入剖析四十年深圳城市总体规划、绿地系统规划等历程，全视角纵观与回顾深圳绿色发展与公园建设历程，将其归纳为4个不同时期：1981—1990年基础构建时期、1991—2000年模式探索时期、2001—2010年高速增量时期以及2011—2021年多元提质时期。通过对公园建设发展四十年历程回顾，为深圳未来持续建设“人人喜爱的公园城市”提供重要参考思路。

**关键词：** 公园建设发展历程；千园之城；公园里的深圳；公园城市

# Coexistence with the City
## —— Four Decades of Shenzhen Parks' Construction and Development

Yu Guangyu, Huang Sihan, Deng Huitao, Zhao Chunyan, Hou Yizhen, Wang Yuetian
(Urban Planning & Design Institute of Shenzhen)

**Abstract:** From "two parks" at the beginning, Shenzhen has become a "City of a Thousand Parks" through forty-year of development, making green a synonym of the city in a high and fast way. In the practice of park development and construction in Shenzhen, the mode of urban planning as the guide and construction implementation as the goal has always been running through it, forming a unique experience of "City of a Thousand Parks" in Shenzhen with high efficiency and increment. At the same time, the mode of top-down guidance and compartmentalized construction could not adapt to the rapidly changing social needs. The forty-year history of park development and construction, which has both advantages and shortcomings, needs to be summarized in depth to provide new directions and paths for the future construction of Shenzhen as a "Park City". We analyzed the history of Shenzhen's urban master planning and urban green space system planning in the past 40 years, and reviewed the history of development and construction of Shenzhen's parks from a holistic perspective, categorizing it into four different periods: 1981—1990 period of basic construction, 1991—2000 period of mode exploration, 2001—2010 period of high speed increment, and 2011—2021 period of diversification and quality improvement. By reviewing the forty-year history of park construction, it provides important ideas for Shenzhen to continue to build a "Park City Loved by All" in the future.

**Keywords:** Construction and development's history of parks; City of a thousand parks; Shenzhen in parks; Park city

深圳作为中国发展速度最快的城市之一，从1979年到2020年，深圳人口从31.41万增长至1 763.38万[1]，人口增长近56倍；深圳GDP从1.96亿元增长至27 670.24亿元[2]，GDP增长近14 100倍。大量的人口、企业、资本流入深圳，使得深圳比其他城市更早面临严峻的城市问题，也更快对城市规划与政策进行实践与检验。深圳从建市起就定下城市经济与生态环境共同发展的城市策略，过去四十年来生态环境标准始终走在中国前列。深圳不仅于2005年率先提出“基本生态控制线”的概念，有效避免了建设用地盲目扩张侵占绿地的情况，以实践引领全国其他城市沿用此概念保护城市绿地，而且在全市范围内高效建成了1 238个公园[14]，大大提高人居环境和生态环境品质。

深圳作为按照规划建设起来的年轻城市，在国内率先建立了城市规划建设的管理制度，营造了技术创新的土壤，进而培育出具有广泛影响力的发展建设模式[3]。独特的“深圳经验”有效地支撑了社会经济的发展，促进了城市环境品质的提升和美好城市环境的建设。因此，总结深圳改革开放以来城市规划与公园建设历程中的实践经验，充分发挥深圳公园规划建设经验对全国的先行示范作用，有助于理顺城市规划与公园建设的逻辑关系，研究两者之间的相互作用，探索城市环境品质系统提升的技术路径。

## 一、规划引领下深圳城市发展的四十年

### （一）“弹性规划”——奠定城市发展格局与公园建设基础

作为中国第一个经济特区，深圳在建市之初就定下来世界一流城市的发展目标。1986年，《深圳经济特区总体规划（1986—2000）》为深圳城市发展制定了高标准的现代化规划体系。总体规划确定了深圳经济特区空间发展的基本骨架，根据深圳东西方向长、南北方向窄的地形特点，采用了带状多中心、组团式规划结构，从东至西规划出6个功能不同的弹性组团，并用城市绿带进行隔离。6条绿带不仅阻隔了城市组团的无序扩张，也为未来深圳公园的发展预留了空间。

在该版总规的绿化系统规划中提出在20世纪末深圳将成为一座绿化水平较高的城市，规划了22个市区级公园、140km的道路绿带、5个荔枝园、9个旅游区（设施）、1个风景区、居住区绿地以及各种专用绿地组成城市园林绿化系统[4]。以公园建设结合旅游设施布局，指导一批新公园的筹建工作及扩建提升，同时预留的隔离绿带等为未来的公园建设预留空间。

### （二）“全域规划”——构建自然与城市交融的花园城市底盘

#### 1. 城市总体规划实现从粗放到集约，突出构建多层次景观特色体系

深圳发展至1993年，常住人口增长至335.97万[15]，比1986年（93.56万人）增长了259%。高速的人口发展无法适应1986年版《深圳经济特区总体规划》。因此，《深圳市城市总体规划（1996—2010）》（以下简称《总规》）于1996年编制，明确了深圳的城市性质为现代产业协调发展的综合性经济特区，华南地区重要的经济中心城市[5]。基于此，该版《总规》提出建立长远的城市布局与最适宜居住的城市为深圳城市发展主要目标。为了完成目标，该版《总规》将规划范围从特区范围扩大到全市范围，并提出建立生态型“花园城市”作为城市可持续发展的战略。

该版《总规》构筑了人工生态和自然生态两个层次的空间构架，保证城市产业集聚开发的同时结合深圳自然条件营造更良好的生态环境，实现可持续发展。其中，人工生态结构为呈“W”形分布的城市发展用地，以特区为中

《深圳经济特区总体规划(1986—2000)》绿化系统规划公园表

| | 公园名称 | 位置 | 面积 ($hm^2$) | 性质 | 备注 |
|---|---|---|---|---|---|
| 1 | 中山公园 | 南头 | 54.0 | 市属 | 开始筹建 |
| 2 | 南头公园 | 南头 | 62.0 | 区属 | |
| 3 | 蛇口公园 | 南头 | 24.8 | 区属 | |
| 4 | 南油公园 | 南头 | 11.2 | 区属 | |
| 5 | 海上体育公园 | 南头 | 74.0 | 市属 | |
| 6 | 鹰岩公园 | 沙河 | 9.6 | 区属 | |
| 7 | 沙河公园 | 沙河 | 19.2 | 区属 | |
| 8 | 莲花山公园 | 福田 | 170.4 | 市属 | |
| 9 | 笔架山公园 | 福田 | 113.6 | 市属 | |
| 10 | 动物园 | 福田 | 70.0 | 市属 | 已划地 |
| 11 | 福田公园 | 福田 | 26.0 | 区属 | |
| 12 | 黄岗公园 | 福田 | 43.6 | 区属 | |
| 13 | 荔枝公园 | 上埗 | 30.2 | 市属 | 即将建成 |
| 14 | 洪湖公园 | 罗湖 | 36.0 | 市属 | 开始筹建 |
| 15 | 文化公园 | 罗湖 | 7.0 | 区属 | |
| 16 | 人民公园 | 罗湖 | 14.0 | 区属 | 开始筹建 |
| 17 | 儿童公园 | 罗湖 | 9.2 | 市属 | 开始筹建 |
| 18 | 罗湖公园 | 罗湖 | 12.8 | 区属 | |
| 19 | 花卉园 | 罗湖 | 6.4 | 区属 | 已有基础 |
| 20 | 东湖公园 | 罗湖 | 50.0 | 市属 | 已有基础 |
| 21 | 沙头角公园 | 沙头角 | 5.2 | 区属 | |
| 22 | 盐田公园 | 盐田 | 17.6 | 区属 | |

注：本表源自《深圳经济特区总体规划（1986—2000）》规划图集。

心形成辐射状的城市骨架，9个功能组团和6个独立城镇如明珠一般镶嵌在发展轴上。自然生态结构为呈“M”形分布的保护与保护型发展用地，以山体、水系、植被和组团分隔绿地组合成系统，其结构以多个郊野公园为主体，包括铁岗水库、阳台山、塘朗山、梧桐山、马峦山、大鹏半岛等，同时利用近郊公园、郊野公园、风景旅游绿地和组团绿化隔离带进行串联。两层空间架构的相互叠加，构建了深圳市背山面海的组团式特色格局[5]，“M”形绿地结构突出了深圳的山水自然景观、滨海特色景观以及都市公园景观，有机地将人、建筑、社会环境和自然环境相互关联，实现“粗放型”转为“集约型”，构建生态型花园城市的雏形。

2. 首版绿地系统规划探索构建生态型城市绿地系统，均衡公园分布

虽然十年的城市发展让深圳的绿化指标在全国已处于领先地位，但与国际一流先进城市相比还是存在差距，因此1992年深圳市编制了第一版《深圳市绿地系统规划》（以下简称《绿规》），初步评估并构想了深圳经济特区的绿地系统规划，为该阶段的总规修编提供依据。规划提出以“建立经济高水平、环境高质量的

生态城市”为总体方向，明确五大原则：一是重点提高人均公共绿地面积和城区绿化覆盖率；二是通过对各类绿地的合理分布发挥其环保效益；三是利用“山—海—河—绿”的优势构建城市自然生态体系；四是创造优美的城市空间为城市未来发展提供条件；五是以人为本，创建生态型、福利型、经营型相结合的多元化绿地建设[6]。

《总规》编制过程中，于1996年同步完成了最终的绿地系统规划内容。规划从生态学理论出发，在城市总规空间体系框架之上，将自然生态型的楔状绿地“引入”深圳并形成隔离城市组团的绿脉，叠加市、区、居住区级公园类点状绿地、交通干道防护林带绿地类线状绿地以及居住小区绿地和小游园类面状绿地，点线面结合构建完整的绿地系统[7]。

此版《绿规》目标以巩固和扩大深圳“花园城市”的绿化成果，同时以国家“园林城市”的标准为起点，使特区园林绿化成体系发展。结合城市公园多分布于郊区，且供居民游憩性的中小型公园较少等现状问题，此版《绿规》重点调整了公园分布的均衡性，增加各类特色公园，每片区需设置游憩性区级公园一个，实现居民15min步行可达公园[6]。

## （三）“转型规划”——存量优化背景下坚持生态为先特色营城

### 1. 打造国际化生态城市，塑造拥山滨海的城市意象

深圳市以上一版《总规》为指导，在这十年间城市建设脚步逐渐加快加密。由于福田中心区和前海地区的相继开发，深圳开始面临着土地与空间、能源与水资源、劳动力、环境承载力4个方面的“难以为继”。为有效突破“四个难以为继”的瓶颈，构建可持续发展的空间结构和政策框架，深圳市于2006年开始修编《深圳市城市总体规划（2009—2020）》。该版《总规》确立了深圳“经济特区、全国性经济中心城市和国际化城市”的新的城市性质和定位，在城市发展总目标下提出区域协作、经济转型、社会和谐、生态保护4个方面的分目标[8]。为实现目标，总规提出构建“三轴两带多中心”的规划结构，构建了南北贯通、西联东拓的开放性空间格局。同时，三轴两带将深圳与广州、东莞、惠州包括香港联系在一起，为深圳构建了一个区域协作的空间结构。该版《总规》在城市设计层面指出：“通过对影响城市空间形态和特色的关键要素进行控制和引导，强化拥山滨海、人文与自然景观紧密交融的城市意象，塑造系统化、人性化和多样化的城市公共空间环境，形成现代化滨海城市长久持续的吸引力”，将城市设计的重点指向山地森林和郊野公园系统、城市景观轴带系统、标志性景观区系统、历史人文特色场所系统以及城市观景点系统[8]。

### 2. 试点探索绿地系统规划，划定基本生态控制线

2000年，深圳获得国际“花园城市”称号，完成了1983年的城市目标，这无疑是为深圳市绿地建设20年历程的鼓励。但同年的第五次人口普查报告显示，深圳城市人口已经达到700万人。人口的快速膨胀，以致深圳市于2000年并没有完成上一版《绿规》中提出的绿地指标要求，人均绿地面积仅有5.7m$^2$，完全低于国家标准[9]。因此，为了寻找快速城市化下的未来出路，国家建设部将深圳定为编制《城市绿地系统规划》的试点城市，期待深圳的试点结果能为中国其他城市提供借鉴意义。

为响应国家号召，2004年深圳修编了《深圳市绿地系统规划（2004—2020）》，以“生态城市”为建设目标，定位覆盖全市绿化开敞空间的建设指引，构建由“区域绿地—生态廊道体系—城市绿地”组成的城市绿地系统。其中，生态廊道包括城市大型绿廊、道路绿廊和河流水系绿廊，城市绿地包括森林、郊野公园、海岸公园、湿地公园、自然保护区及风景名胜区。重点强调区域生态环境的建设协调性，控制和保护市域生态绿地，建立公园体系，推行“绿线”管理制度强化绿化管理[10]。

践行对生态功能片区的严格保护以实现更可持续的城市发展道路，在衔接各类规划的基础之上，2005年深圳率先在全国提出《深圳市

基本生态控制线管理规定》，保障城市基本生态安全，维护生态系统的科学性、完整性和连续性，防止城市建设无序蔓延，在尊重城市自然生态系统和合理环境承载力的前提下，根据有关法律、法规，结合本市实际情况划定的生态保护范围的界限。根据划定的控制线，深圳有 974km$^2$ 土地被列入其中，约占全市陆地总面积的 50%，同步在后续几年内针对管控的问题进行优化和规范化。

### （四）“品质与治理”——双区驱动背景下共筑山海连城公园深圳

在生态文明建设及“多规合一”的国土空间规划体系改革的背景下，深圳紧抓粤港澳大湾区及特色社会主义先行示范区建设机遇，编制了《深圳市国土空间总体规划（2020—2035）》，提出成为“竞争力、创新力、影响力卓著的全球标杆城市”，划定“三条控制线”，形成“一核多心网络化”的城市发展新格局。规划构筑“四带八片多廊”的生态空间总体格局，加强山海城交织的风貌塑造，以“山海连城行动计划”为指引，构建“一脊一带二十廊”的城市魅力生态骨架，串联起深圳特色的海湾、山体、河流、大型绿地与绿廊，让市民更亲近自然。

2019 年深圳启动《深圳市公园城市规划纲要研究》，强化目标引领、描绘一张蓝图、统筹行动纲领，构建起深圳公园城市建设总体蓝图和行动指引。《纲要》引领之下，深圳持续推动《深圳市公园城市建设总体规划暨三年行动计划（2022—2024）》的内容编制，以及深圳各区公园城区、公园社区规划建设工作的全面展开，逐步建立起从政府到社会的公园城市共识。未来在“山海连城”连通规划实施方案的指引之下，以“公园城市”理念为引领，持续助力深圳的可持续生态发展之路。

## 二、与城共生的公园建设发展四十年

伴随着中国改革开放的脚步，深圳四十年按照规划蓝图一步步高速建成，随着经济与人口的快速增长，城市总体规划与总体城市设计以“双平台”控制引导深圳的城市规划与建设，也应对不同时期的城市发展需求而调整接力，从“感性”到“理性”，再兼收并蓄回归“人本”[3]。四十年里深圳也始终坚持绿色营城的可持续发展道路，为都市人提供更宜居的生态环境与更活力多彩的公园生活。与城市共生发展的四十年里，从改革开放初期的 2 个公园到建成 1 238 个各类公园（至 2021 年年底，不含深汕特别行政区），成为名副其实“公园里的深圳”，这是深圳不忘初心持续用心营建公园所创造出的绿色成就。针对深圳四十年公园建设发展与创新探索历程的深入梳理，将其划分为基础构建时期（1981—1990）、模式探索时期（1991—2000）、高速增量时期（2001—2010）与多元提质时期（2011—2020）4 个阶段，探究在城市规划建设四十年“接力跑”的生长过程中，回顾公园建设发展如何在每个阶段回应时代要求与人群需求。

### （一）公园基础构建时期（1981—1990）

经济特区成立以来，以经济与生态双发展的城市建设理念为基础，依托 1986 年《深圳经济特区总体规划》中所确立的六大功能弹性组团与五条城市隔离绿带的空间发展基础骨架，提前规划出用于控制组团扩张的绿地，依山傍海的山水绿地格局之下搭建公园建设的基础框架，同时在五条隔离绿带规划了多类公园，为深圳绿地与公园建设预留充足的空间。同步启动重要城市组团中几大重要公园的建设，凸显多样化的文化主题特色，服务市民需求，力争打造“国际一流的花园城市”。

1. 依托自然山水格局，搭建公园建设基础框架

1983 年，深圳考察团赴新加坡学习交流，有感于新加坡的城市脉络与良好的人居环境，提出以“国际一流的花园城市”为目标，将深圳建设成为深圳建成绿草如茵、树木葱茏、环境优美的花园城市。1984 年编制的《深圳经济特区园林绿化规划和实施方案》与 1986 年发布的《深圳经济特区总体规划（1986—2000）》为深圳特区的绿地系统构建了基本框架。深圳特区绿地系统框架以深圳特区北依山、南靠海的自然山水格局为基础，在《总规》提出的五条南北走向隔离绿带上规划了多个公园。

人口增长的同时，绿地面积、绿化覆盖率、林地覆盖率等绿色指标保持在较高的水平。至 1992 年，深圳建成区常住人口 119.8 万人，建成区面积 75.7km$^2$，绿地总量 2 411.36hm$^2$，其中包括公园绿地 1 032.36hm$^2$，公共绿地 1 379hm$^2$。人均公园绿地 8.6m$^2$，人均公共绿地面积 11.5m$^2$，绿化覆盖率达到 37.7%，总林地覆盖率达到 51.9%[6]。

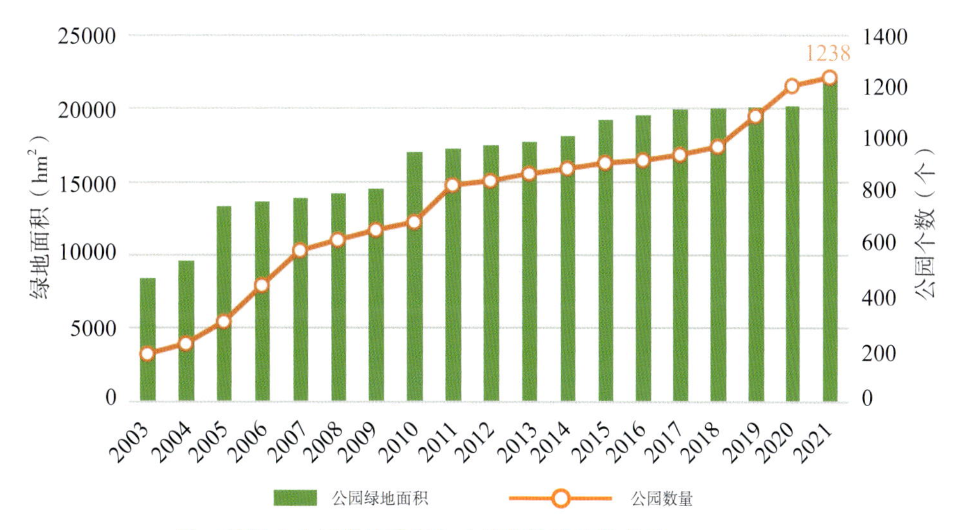


图1 深圳市公园绿地面积与公园数量增长情况（2003—2021）

**注：数据源自深圳市城市管理和综合执法局，作者自绘。**

图2 如今的洪湖公园

图3 如今的人民公园

2. 服务口岸经济片区重点建设一批以赏花游乐为主题的公园

罗湖区作为经济特区开发最早的城区，1983 年先后建成了洪湖公园、人民公园和儿童公园等一批重要市政公园，荔枝公园和仙湖植物园也开始启动建设。沿承广府文化，以岭南园林为特色，结合市民观花、观景、游乐等需求，充分在自然山水的基底上建造了一批花园般的市政公园。

比邻深圳水库，东湖公园是深圳市建立最早、面积较大、景点较多、设施较完善、寓观赏、游乐、服务于一体的综合性市政公园，同时也是深圳特区建立之初游人的主要游览点，自 1984 年起每年举办的菊花展为市民的生活增添了别样的颜色，提供了赏花观园的好去处。洪湖公园是以荷花为主题、以水上活动为特色的综合公园，自 1989 年起，每年举办的荷花展是深圳市盛大的群众活动。人民公园则是以月季花为主题的服务市域居民的市级专类花木公园，月季园收集了全国 300 多种月季，在每年花期间百花齐放，吸引深圳市民驻足观赏，并在 1989 年被中国花卉协会月季分会授予"中国南方月季中心"。儿童公园是以儿童和少年为主要服务对象的主题公园，游乐设施覆盖幼儿到少年全年龄段，深受广大青少年儿童的喜爱。

### （二）公园模式探索时期（1991—2000）

随着经济与人口的高速发展，为建立长远发展且宜居的城市，深圳将城市版图从经济特区拓展到全域，公园建设的步伐也开始从特区中心向全域范围扩张。依托 1996 年深圳城市总体规划中"M"形自然生态空间架构中规划预留的分隔绿地，在"山—海—河—绿"的格局下探索建构了多元化城市公园体系。本阶段在深圳绿地系统规划的指引下，以"深圳速度"建设一批市区级公园，增强公园布局的均衡性与可达性，同时在全国范围内率先提出公园为民服务的理念和公园保护性管理的法规，还绿于民。

#### 1. 首个政策规定公园免费开放，实施保护性管理

1996 年颁布了第一版正式的《深圳经济特区城市园林条例》，在总则中将城市园林分为市政园林、经营性园林和单位附属园林，明确各类园林建设投资来源及专业化管理保护要求。其中，规定市政园林和单位附属园林中的公园需免费对公众开放，这是我国首部做此规定的地方法规。此后，公园被清晰定义为公益服务导向的绿地空间。同时突出城市园林的规划建设要求，将城市绿地系统规划纳入城市总体规划中，经依法批准后组织实施，也作为城市园林发展规划和建设计划的重要依据。对已规划的城市园林用地应划定红线实施保护性管理，且不得随意占用和改变用地性质。

#### 2. 迎接千禧年的公园建设，以"深圳速度"办民生实事

为响应 1992 年编制的《深圳市绿地系统规划》，逐步在"组团分隔带、滨海绿带、山地风景林带"的绿地分类体系之上，开始筹建一批市区级重点公园，如以绿化隔离带提升建造的笔架山公园与中心公园，随着深圳福田中心区成长起来最具改革开放历史代表性的莲花山公园。由于城市总规的版图从原关内的经济特区全域拓展，因而一批以灵芝公园、新安公园、龙园、龙岗植物园、布吉公园等为代表的区级公园开始筹建。应该阶段深圳市城市发展对自然山水景观与滨海特色景观的塑造，自 1997 年起，皇岗公园、大梅沙海滨公园和红树林海滨生态公园陆续建成。至此，特区内公园总数达到 100 个以上。

作为深圳市政府 1999 年"一号工程"的中心公园建设与大梅沙海滨公园，均代表了迎接千禧年的公园建设的"深圳速度"。中心公园建设前身是深圳市《总规》预留的 800m 宽的绿化隔离带，市委二届八次会议将其列为"为民办实事"环境工程，决定将中心公园建设成供市民休憩和娱乐的生态型公园。公园遵循人与自然共生的规划原则，通过生态型植物生境构建生物多样性，成为市民的休憩公园和生态公园。公园建成后得到中央领导的肯定，引导了之后深圳的公园建设。

莲花山公园的建设与深圳城市发展同步。深圳建设之初，莲花山山脚被作为来深建设人员的临时安置区，建设着大量的工厂宿舍。随着深圳罗湖和蛇口两大端口发展日趋饱和，在 1986 版《总规》中预留出的福田中心区空间被深圳市规划成未来的城市中心。因此，自 1992 年起福田中心区开始了建设热潮。同年，莲花

图4 基于宽阔绿化隔离带而建设的中心公园

图5 20世纪90年代的莲花山及周边风貌

图6 如今的莲花山山顶广场

山公园作为福田中心区第一个市区级公园开始筹建，因其山形似莲花而得名，以期营造良好的区域形象。2000年经中央批准竖立的邓小平雕像在莲花山公园落成，成为深圳改革开放历史的象征。自2003年起，簕杜鹃花展、深圳公园文化节以及莲花山草地音乐节、自然嘉年华品牌活动都在此盛大举办，莲花山公园也成为深圳公园文化的重要载体之一。

1994年，深圳被评为第二批“国家园林城市”。自此以后，公园绿地的建造被列为“政府民办十件实事”之一[7]。不仅是公园绿地，此阶段社区公园建设也开始得到重视。作为特区的后花园，宝安区与龙岗区开展建设特区后花园的“四个一工程”，即一镇一广场、一中心区、一村一公园、一街一景点。“四个一工程”可以被认为标志着深圳市大力规划社区公园建设的开端[7]。

## （三）公园高速增量时期（2001—2010）

该时期“四个难以为继”使深圳城市经济与绿地发展不平衡的矛盾越发凸显，作为《城市绿地系统规划》的试点城市，深圳在创新建构的三级公园体系的指导下，通过连续设立多个“公园建设年”加快推动城市公园绿地的高速增量。“拥山滨海的国际化生态城市”的建设目标促使深圳重新思考公园的形象特色与功能内涵，将公园塑造为深圳特色品牌，提升城市环境竞争力与可持续发展能力。在公园增量之外，该时期深圳更加重视公园功能内涵的拓展，进一步强化公园管理效能的新思路。

### 1. 创新建构三级公园体系

《深圳市绿地系统规划（2004—2020）》开创性提出“森林、郊野公园—城市公园—社区公园”三级公园体系，结合绿地系统布局规划了21个森林、郊野公园以及139个城市公园，同步积极推进社区公园建设，以500～1 000m服务半径为标准增设社区公园[10]。

### 2. 公园铸就深圳城市特色与品牌

同期深圳的公园建设进程开始加速推进。2002年被深圳定为第一个“公园建设年”，聚焦郊野公园的筹建，根据《深圳市城市总体规划（1996—2010）》提出的自然生态架构，梅林公园、大沙河公园、马峦山郊野公园、塘朗山郊野公园、七娘山郊野公园、围岭公园等第一批郊野公园的开始建设。初战告捷后，深圳将2005年设立为第二个“公园建设年”，以《深圳市绿地系统规划（2004—2020）》为指导方针，提出“出门2km有社区公园，5km内有大型城市公园，10km内有郊野公园”的目标。与第一个公园建设年不同，社区公园首次进入视野，深圳市城市管理和综合执法局适时推出了《深圳市社区公园建设与管理办法（试行）》，社区公园建设工程被提为利民、益民工程，深圳市提出在年内要建100个社区公园的目标，最终在2005年年末超额完成，共建成社区公园111个，深圳公园数量与面积再创新高。同年，儿童乐园、罗芳公园、布心山郊野公园、梅林山郊野公园、安托山公园、罗芳公园、红岗公园和十五公里滨海休闲带（深圳湾公园）开始筹建。

图7 梅林山郊野公园大脑壳观景台眺望城景

图8 塘朗山郊野公园山顶极目阁

两个“公园建设年”成果显著，至2005年年末，深圳一共建设了218个公园，总面积达到13 240.4hm$^2$，人均公共绿地面积达到16.01m$^2$，绿化覆盖率51.1%[11]。在寸土寸金的情况下，深圳全方位、多层次营造“公园之城”，将公园做成深圳的城市特色与品牌。

### 3. 开启公园文化序章，优化公园管理效能

2002年是深圳的“优化投资发展环境年”。深圳把公园建设作为优化环境抓手，提出要进一步加快梅林、塘朗等公园建设，进一步形成园林式、花园式城市风貌。与这个“公园建设年”巧合的是，这年7月深圳市城市管理和综合执法局在创建“园林式、花园式”单位活动经验基础上，率先在全国实施了《深圳市公园星级评定办法（试行）》。星级公园标准的出台，体现深圳公园建设和管理已从单一的净化、绿化等基本元素上，开始突出园林精品，并以量化手段对公园实行全方位的质量考评，这标志着深圳公园进入建设与管理并重时代，树起了科学、严格、规范、长效的新标杆[12]。2006年后，深圳获得“国家生态园林城市”示范市称号，这无异于是对深圳生态环境建设的巨大肯定。在2007至2010年期间，深圳市政府建成134个市区公园，开办首届公园文化节，仙湖植物园、园博园、莲花山公园等多个公园被评为国家重点公园。

2010年深圳市公园管理中心成立，深圳市27个市级公园归其统一管理。这标志着深圳城市绿地系统正式获得科学、系统的管理[7]。绿化和绿化管理方面，推动建设管理并行模式，建立公园编码实现数字化管理，确立“三个明确”原则——明确业主单位、明确管养单位、明确经费供给，实现公园建设与管理的长效化。

## （四）公园多元提质时期（2011—2020）

本阶段深圳强化以公园建设发展规划及相关规范条例结合的形式，引导建成一批更高品质的公园，从高速增量转向多元提质，以社区公园及共建花园等小微绿地实现“见缝增绿”，持续化、多元化、规模化举办更丰富公园文化季活动，提前建成“千园之城”。面向未来，深圳将持续以生态文明为引领、以人民为中心的营城新理念下探索存量时代超大城市的公园城市建设之路。

### 1. 建设高品质绿化与创建国家森林城市

至2011年年底，深圳城市绿化整体水平已达到全国一流。建成区绿化覆盖率42.05%，绿地率39.16%，人均公园绿地面积达到16.5m$^2$[16]，同时“公园之城”已全面建成，各类公园总数已达到824个。但与国家先进城市相比，深圳绿化仍然面临着绿化层次、植物配置、颜色变化、绿化品质、园艺水平、生态意识等方面的不足。同时，城市中不同区块绿化水平差距较大，原特区内绿化水准高，原特区外绿化水准较低且城市绿化精品较少。

为实深圳绿化水平向更高品质迈进，2012年深圳市编制《深圳市城市绿化发展规划纲要》。《规划纲要》提出，深圳城市绿化立足于国际化视角，以国际一流为目标，建设高质量的城市绿化和生态环境，使其作为城市竞争力迎合深圳未来的经济结构转型和发展方式转变。创建生态宜居城市，将“以人为本”发展理念贯穿于绿化规划，建设和管理全过程。同时提出远期到2020年建成各类公园1 000个以上，公园和自然保护区面积600km$^2$以上，将深圳打造成为国际一流的生态宜居城市”的远期总体目标[13]。同年，市公园管理中心组织编制《深圳市公园建设发展专项规划（2012—2020）》，旨在统筹全市公园建设发展，进行总体建设空间布局，明确公园近期建设计划，以加快推进公园建设，打造公园之城，使深圳城市绿化达到国际一流水平。

2015年，深圳市委市政府适时地做出了创建国家森林城市的决定，这将为深圳建成经济发达、社会和谐、资源节约、环境友好、文化繁荣、生态宜居的具有中国特色的国际性城市提供进一步的有效支撑。为了更好地实现创建国家森林城市的目标，启动了《深圳市国家森林城市建设总体规划（2016—2025）》的编制。经过3年的“创森”之举，

图9 香蜜公园建设前的荔枝林

图10 如今香蜜公园荔枝林空中栈道

图11 香蜜公园内中式婚礼堂

图12 香蜜公园内优美的风景

深圳不仅针对沿海、沿江和河流密集等区域，实施了水环境提升工程和生态修复工程，并新建有湿地公园3个、建立封滩生态恢复区、修复滨海红树林共22.64hm$^2$。在2018年的森林城市建设座谈会上，深圳以全市40项指标均达到或超过《国家森林城市评价指标》要求，如森林覆盖率达40.68%，建成区绿化覆盖率45.1%，人均公园绿地面积15.95m$^2$等，正式成为“国家森林城市”[17]。

图13 市民在深圳湾公园帐篷区搭帐篷赏风景

图14 轻餐饮服务入住深圳湾公园

图15 圳湾公园白鹭坡书吧

图16 中心公园风雨轩自然教育中心

2. 建设一批精品公园，提前建成“千园之城”

2013 年，深圳公园总数突破 800，在此背景下，为了使深圳居民能够便捷地到达绿地，深圳市以三级公园体系为基础，提出“千园之城”计划。2017 年之后深圳陆续打造出香蜜公园、深圳湾绿带、大沙河生态绿廊、诗园礼园等一系列具有国际品质的精品公园，于 2019 年提前“建成千园之城”，共建设 1 090 个公园，其中自然公园 33 个，城市公园 152 个，社区公园 905 个，公园绿地 500m 服务半径覆盖率达到 90.87%[18]。

3. 以人为本满足公园多元化需求

为探索公园为民服务的新模式，推进“复合型、生活型、生态型”公园建设，满足高质量、人性化、多元化需求，进一步提升公园智慧化、精细化的服务品质，2020 年起深圳试点在市属公园推行轻餐饮服务点、帐篷区试点，开展了“书香艺术进公园行动”，建设了一批极富人文气息的书吧、咖啡厅等设施，吸引广大市民争相打卡。同步开放公园体育场馆设施预约，满足市民周末到公园消费、运动、露营和逛文创市集等需求，营造丰富的公园城市生活及消费场景。

4. 多网漫游增强公园连通性

为完善公园的绿色连接，2010 年起深圳全面开启绿道网建设项目，并建成了一批精品绿道，将公园通过绿道串联起来，增强了公园的服务功能与效益，吸引了广大市民使用、打卡。2016 年，深圳市启动《深圳市绿道网“公共目的地”建设规划》，并出台了《深圳市精品绿道建设指引（试行）》《深圳绿道建设规范》等相关规范导则，进一步规范提升绿道建设品质。自 2010 年启动绿道建设以来，深圳已经建

图17 大沙河生态长廊绿道

图18 深圳梅林山郊野手作步道

成全长约 2 462km 的绿道网络和 382 个绿道“公共目的地”，绿道密度超过 1.2km/km$^2$[19]。全市已建成福荣都市绿道、淘金山绿道、盐田半山绿道（恩上—盐高段）、大沙河生态长廊绿道、环石岩湖绿道、龙华环城绿道（阳台山段）、大顶岭绿道等 20 余条精品绿道。在推动绿道建设的同时，每年举办“走绿道，看深圳”系列活动，致力于构建深圳的绿道文化。

随着低碳生态和无痕山林理念的不断普及，2019 年深圳启动了郊野径手作步道共建工作。秉持建设零冲击、生物零伤害、水泥零增长的“三零原则”，提倡尽量就地取材，以人力的方式用非动力工具进行修筑，率先在梅林山建成了一条长 3.8km 环保纯手作的郊野径步道。同步开设了手作步道体验课程，号召市民一起共同参与体验手作步道的建设。手作步道的推出颠覆了人们对以往登山道冷冰冰石阶的记忆，也拉近了市民与自然间的距离，得到了广大市民的喜爱。截至 2021 年年底，深圳已建成总长约 181km 的郊野径，吸引了大批深圳人前往体验山林郊野。

5. 持续营造丰富多彩的公园文化

经过多年的举办，深圳公园文化季已成为深圳展现城市魅力、打造城市文化品牌的重要平台，是深圳建设世界级公园城市、推动文化产业高质量发展、更好满足人民精神文化生活新期待的重要工作内容。2020 年，深圳市公园管理中心按照“全市域、全季候、全龄段”的原则谋划和充实文化季活动内容，首次实现跨年活动。全市各区 45 个公园（绿道）联动，涵盖草地、森林、海岸、水廊、沙滩、田园等全域各类型公园，形成公园花展、文创市集、经典音乐、体育竞技、自然教育、艺术展演、群艺活动等 7 大类公园文化活动，为市民游客奉献 75 项 400 余场精彩活动。

图19 公园文化节举办五洲风情音乐会

图20 深圳公园自然教育嘉年华

图21 粤海街道柘园共建活动

图22 粤海街道柘园建成后

图23 笋岗街道火车花园共建活动

图24 笋岗街道火车花园建成后

除了活动类型与规模的提升之外，深圳公园文化季通过增强多部门协调、与文旅部门积极联动，增加社会参与等方式，不断扩充公园文化季的规模与活动类型，公园文化逐步成为城市文化的核心元素之一。

6. 共建花园开启社区治理新模式

2019 年，为倡导更广泛、更多元的社会参与，市城市管理和综合执法局创新推出“共建花园计划”，充分利用边角空地，调动专业力量、社会组织、社区居民等，用“共商、共建、共治、共享”的方式打造共建花园。这些小花园不仅是居民平时休闲活动的空间，还被打造为城市自然教育的社区基地和海绵城市建设教学示范点，提高市民对亲自然城市、海绵城市建设理念的认识与参与度。“共建花园计划”启动的第一年，深圳共建设了 120 个社区共建花园，社会层面反响热烈，共建花园从居住社区延伸到学校、城中村等，参与人员也从社区居民到延伸到大学生甚至跨境儿童等，在深度和广度上不断拓展。截至 2021 年年底，深圳已建成 240 个共建花园，2022 年年底将增加到 360 个，不仅为居民发掘了更多身边的绿色空间，也开创了城市环境治理新模式。

## 三、总结与展望

回顾深圳四十年的公园建设发展历程，书写了城市规划引领下公园与城市共同生长的历史。无论是最初“弹性规划”的城市结构奠定了公园建设基础；“全域规划”背景下拓展建设版图探索更科学的公园体系与增量模式；还是面对人口用地双重压力之下“转型规划”阶段，坚持以生态为先，把公园打造为深圳特色品牌；再到当下国土空间规划与公园城市理念之下聚焦高品质、更多元的公园建设，从公园到“公园 +”，坚持高站位规划、高品质建设与高效能管理，持续构建更亲近自然、更多元活力、更共建共享的公园城市新格局。

深圳四十年始终坚持绿色营城理念，通过规划引导与高效建设，筑就了“千园之城”的绿色成就，同时形成了顶层统筹与务实建设的“深圳模式”，以自上而下与自下而上结合的方式，让深圳在城市环境品质营造上成为引领者。而面向人口密度与需求、生态环境承载力等新挑战，以及新时期深圳被赋予的重大使命，深圳应不忘初心地延续“深圳模式”，同时增强系统协同与城园融合，由高快速增量转向精细化提质，连接、织密、完善“山—海—河—城—绿—园”，打造更自然、更生态、更美好的人人喜爱的公园城市。

## 参考文献

[1] 深圳市统计局.深圳统计年鉴2021：1-3各时期国民经济和社会发展统计指标总量及年均增长速度（2020年）[R/OL]. [2022-02-20]. http：//tjj.sz.gov.cn/nj2021/nianjian.html?2021.

[2] 深圳市统计局.深圳统计年鉴2021：2-2 地区生产总值[R/OL].[2022-02-20]. http：//tjj. sz. gov. cn/nj2021/nianjian.html?2021.

[3] 赵广英，单樑，宋聚生，等.深圳规划建设40年发展历程中的城市设计思维.城乡规划，2019（5）：105-113.

[4] 夏青.创造绿地型国际性花园城市——深圳特区绿地系统规划设计探讨[J].天津城市建设学院学报，1995，3（3）：1-6.

[5] 深圳市规划和自然资源局.深圳市城市总体规划（1996—2010）[EB/OL]. 2008-05-18. http：//pnr.sz.gov. cn/ztzl/csztgh/.

[6] 李铮生.深圳市绿地系统规划[J].中国园林，1995，11（1）：45-47.

[7] 林耕，夏青.创造生态型城市绿地系统——深圳特区绿地系统规划实践[J].建筑学报，1997（12）：3.

[8] 深圳市人民政府.深圳市城市总体规划（2010—2020）[S/OL]. 深圳：2010-09：3-11. http：//www.sz.gov.cn/attachment/ 0/ 684/ 684608/ 1344759.pdf.

[9] 谭维宁.快速城市化下城市绿地系统规划的思考和探索——以试点城市深圳为例[J]. 城市生态规划，2005，29（1）：52-56.

[10] 深圳市人民政府.深圳绿地系统规划（2004—2020）[S/OL].深圳：[2004]：1-3 https：//wenku.baidu.com/view/e842c602 cc 175527072208 c1.html.

[11] 易运文.深呼之欲出的"公园之城"[N/OL].光明日报，2005-09-26. https：//www.gmw.cn/01gmrb/2005-09/26/content_309682.htm.

[12] 王慧琼，钟子杰.深圳已有650个公园 成为"公园之城"[N/OL]. 深圳特区报，2010-11-02. http：//chla.com.cn/htm/2010/1102/67162.html.

[13] 深圳市城市管理局.深圳市城市绿化发展规划纲要（2012—2020）（征求意见稿）[S/OL]. 深圳：2012-05：6-8. https：//www.wei zhuan net.com/p-238966.html.

[14] 深圳市城市管理和综合执法局.2021年深圳市城市管理有关统计数据[R/OL]. 2022-04-26. http://cgj.sz.gov.cn/zwgk/tjsj/content/post_9730170.html.

[15] 深圳市统计局. 深圳统计年鉴2010[R/ OL]. [2010-12-24]. http://tjj.sz.gov.cn/zwgk/zfxxgkml/tjsj/tjnj/content/post_3086000.html.

[16] 数据来源：深圳市城市管理和综合执法办.城管统计数据[R/OL]. http://cgj.sz.gov.cn/sjfb/.

[17] 深圳正式申请"国家森林城市"称号40项指标均达标[N/OL].深圳晚报，2018-07-18. http://shenzhen.sina.com.cn/news/s/2018-07-18/detail-ihfnsvyz7592420.shtml.

[18] 深圳建成各类公园1090个，提前实现"千园之城"目标[N/OL].新华社，2019-09-23. http://www.gov.cn/xinwen/2019-09/23/content_5432413.htm.

[19] 深圳已建成绿道2462公里"深i绿道"上线带你玩转精品绿道[N/OL].深圳特区报，2021-12-20. http://www.sz.gov.cn/cn/xxgk/zfxxgj/zwdt/content/post_9461844.html.

# 深圳郊野径建设的实践探索与展望

童丽娟[1]，于光宇[1]，邵志芳[2]，汪东东[3]，赵纯燕[1]，陈伟峰[4]
（1.深圳市城市规划设计研究院有限公司；2.深圳市城市管理和综合执法局；3.深圳市公园管理中心；4.深圳市磨房户外运动协会）

**摘要：** 郊野径是深圳建设公园城市，实现山海连城计划的核心实施抓手，也是在国土空间背景下对全域生态郊野空间进行科学保护和适度利用的创新实践。本文以深圳郊野径为研究对象，辨析绿道和郊野径的相关概念和关系，探析深圳郊野径兴起的背景，以时间为线索梳理郊野径的实践发展历程，并结合现状调研和部门访谈分析现阶段郊野径建设存在的不足和问题，最后从湾区城市协同、环境建设要求、城市品牌输出、创新机制建立、公众应用诉求等方面，提出未来郊野径建设的建议和展望。

**关键词：** 郊野径；深圳；山海连城；绿道

# The Practical Exploration and Prospect of Shenzhen Trail Construction

Tong Lijuan[1], Yu Guangyu[1], Shao Zhifang[2], Wang Dongdong[3], Zhao chunyan[1], Chen Weifeng[4]
（1. Urban Planning & Design Institute of Shenzhen；2. Management Bureau of Shenzhen Municipality；3. Shenzhen Park Service；4. Shenzhen Mofang Outdoor Sports Association）

**Abstract:** Trails are the key point of constructing park city and realizing the plan of building green same time, the trail is also an innovative practice of scientific protection and appropriate utilization of the whole ecological country space under the background of national land space. Taking Shenzhen trails as the research object, the research firstly identifies and analyzes the related concepts and relationships between greenways and trails, and explores the background of the rise of Shenzhen trails. On the basis of sorting out the practical development process of trails with time clues, combined with the current situation investigation and department interviews, the deficiencies and problems existing in the construction of trails at the present stage were obtained. Finally, from the perspectives of urban collaboration in the Bay Area, environmental construction requirements, urban brand output, innovation mechanism establishment, and public application requirements, suggestions and prospects for future trail construction are put forward.

**Keywords:** Trail; Shenzhen; Green corridors connecting city and nature; Greenway

“公园深圳”是生态文明背景下，深圳对于国土空间全域全要素的空间营造和创建宜居家园的深刻回应。“公园深圳”规划提出山海连城、生态筑城、公园融城、人文趣城四大目标计划，其中“山海连城”计划是深圳公园城市最重要的特质，也是推进深圳从“千园之城”迈向“一园之城”的重要手段。落实“山海连城”计划的关键在“连”，而郊野径是“连”的重要实施抓手。推动实现通山、达海、贯城、串趣的目标。此外，郊野径也是深圳打造“万里鹏城”绿道品牌的重要组成部分，它将连通原有城市绿道、碧道和海岸线，满足市民群众亲山近海的郊野游憩和户外运动休闲的需求，以全球知名徒步线路助力深圳打造高密度城市生态空间科学保护和合理化利用的先行示范。

## 一、概念及背景

### （一）概念辨析

1. 绿道

绿道（Greenway）概念自1992年引入国内以来[1]，最早在珠三角各城市进行推广和实践[2]。其中，深圳的绿道建设起步较早，建设成果显著，目前已建成2 586.9km，绿道网覆盖密度达到1.2km/km$^2$，成为全省绿道网覆盖密度最高的城市。

不同研究者对绿道定义不尽相同，当前国际上普遍认同的绿道定义为：绿道就是沿着诸如河滨、溪谷、山脊线等自然走廊，或是沿着诸如用作游憩活动的废弃铁路线、沟渠、风景道路等人工走廊所建立的线型开敞空间，包括所有可供行人和骑车者进入的自然景观线路和人工景观线路。它是连接公园、自然保护地、名胜区、历史古迹及其他与高密度聚居区之间进行连接的开敞空间纽带[3]。

深圳市的《绿道建设规范》（DB4403/T 19—2019）中，根据所处区位及周边环境特征差异，将绿道划分为三类[4]，包括都市型绿道、郊野型绿道、生态型绿道。

2. 郊野径

郊野径隶属于广义绿道，与都市型绿道相比，它更强调其野趣的保留，遵循环境友好和人与自然的和谐，传承中国传统文化中天人合一、道法自然的理念，美国的trail、新西兰的track、香港远足径hiking trail所倡导的价值一致。郊野径是指依托山体、海岸等自然风景资源而建立，串联自然公园、自然保护区等而形成的步行体验廊道，以对生态环境低冲击的方式建设，保存自然原貌，尽量采用天然物料修筑。“三零”目标是其倡导的原则，即水泥铺装零增长、生态资源零损失、自然环境零冲击。

3. 远足径

为区别于一般的郊野径，突出深圳郊野径主线的特色，深圳将穿越深圳东西山脊线总长约260km的长距离郊野径称为远足径。这条线路串联了深圳最核心、最重要的生态资源，沿途可体验深圳山、海、河、湖的自然美景，是深圳郊野径推广的品牌性路线。

### （二）发展基础

深圳郊野径的兴起是多因素促成的结果，它来自市民旺盛的户外游憩需求，离不开适宜的地理地貌和气候条件，得益于可亲可达的郊野空间。

1. 山海城相依，实现郊野的便捷可达

在深圳规划先行的城市建设理念下，城市组团与自然环境有机融合，形成了半城半绿、山海城相依的城绿空间典型结构，都市与山野距离较近，市域范围内山体整体海拔不高，最高峰为梧桐山（海拔943.7m），易于攀爬的低山地理地貌让大多数深圳市民可亲可达。

2. 多样生境，提供丰富的山海生态体验

深圳属于低山丘陵滨海地貌，孕育了多元地理生境，包括南亚热带特色森林景观、典型的海洋生态系统、网状渗透的河湖水系、独特的地质遗迹和海岸地貌；深圳有超过 3 万种陆地和海洋生命物种，是我国一线城市中数量最多的城市。多元地理生境和丰富生物物种，为深圳市民创造了独特生态游憩体验。当本地游成为新冠疫情后的新常态，良好的山海生态环境为深圳人的周末游提供了理想之地。

3. 全季可游，舒适宜人的南亚带季风气候

深圳属于南亚热带海洋性季风气候，阳光充足，雨量充沛，冬短夏长，霜冻期很短，年平均气温 22.3℃[5]。温和的气候让深圳全年适合户外休闲活动，拉长了深圳人户外活动时间，也拉进了深圳人与自然郊野的距离。

4. 运动活力之城，庞大的户外受众群体

在深圳快节奏的大都市生活下，市民渴望回归自然，在郊野中体验慢下来的休闲生活。户外休闲和运动成了市民的闲暇选择，“深圳百公里”“深圳国际马拉松”“东西涌穿越”等户外活动非常活跃，庞大的户外运动人群让深圳成为全国十大运动活力城市。

### （三）价值及意义

1. 丰富郊野生态游憩体验

深圳是“三高”城市，城市建成度高、人口密度高、建设强度高，占市域城市面积一半的生态郊野空间成为市民体验自然生活最便捷的必达地。郊野径充分发挥了深圳的山、水、林、田、湖、海等自然资源优势，为深圳市民创造进入郊野的方便和机会，作为一种优质的生态公共产品，满足都市人生态休闲的需求，以丰富多元的户外游憩体验，引导更健康的休闲生活方式。

2. 实现山海连城的真正贯通

山海资源是深圳的地理空间特色，通过已成体系的城市绿道、碧道以及新增的郊野径，实现了城市组团与生态空间断点的连接，为市民群众构建了连续的山—城—海空间体验，实现“山海连城”连山、通海、贯城、串趣的目标。这也为高度城市化地区自然资源保护开发模式的创新以及城市生态空间治理能力的升级，提供特色化和在地化解决思路和方案[6]。

3. 塑造深圳亲自然的城市品牌

深圳郊野径致力于打造全球知名徒步线路，塑造亲自然的城市品牌，推动更生态科学、可持续的郊野空间建设利用方式，丰富深圳公园城市的内涵和层次。郊野径作为绿色经济连接体和综合体，它将融合与之相关联的“文化、康体、旅游、商业”等经济要素，带动相关产业的繁荣和发展，以绿色、低碳、可持续的方式，成为深圳绿色创新发展的又一特色品牌。

## 二、实践过程及成效

深圳是大陆最早在全市推广建设郊野径的城市，自建设初期就强调低影响、可持续，初步搭建了规划—建设—管理—维护的初步框架体系，通过梅林山郊野径示范段的建设明确了品质标准，取得了较好的建设成效，也获得了市民的广泛好评。

### （一）实践历程

1. 萌芽诞生期（2016—2019 年）

深圳郊野径的萌芽是从民间开始的，早年市民和驴友自发进行的郊野徒步行为，形成了深圳最早的郊野径线路，也为后续规划建设奠定了空间基础。

政府层面自上而下第一次提出郊野径概念，可追溯到2016年深圳市公园管理中心编制第一版《深圳市远足径体系规划》（图1），在这个规划里首次提出远足径一词，初步构建"一线、二径、七局域网"的总体结构[7]，在规划中提出郊野径要与城市交通系统进行接驳，要对路径进行精细化的分类分级，并建议基于生态特殊路段对游人进行强度管理的思路，避免对生态系统过度扰动，为后续全市郊野径的总体规划奠定了基础。

同年，作为郊野径东西主线上的中部段落，梅林山郊野公园开始增设标距柱（图2），为登山的市民指引方向和坐标，这成为深圳政府建设郊野径的起始点。

图1 远足径规划路线图

图2 梅林山郊野公园标距柱

图3 手作步道培训及现场教学

图4 梅林山郊野径示范段

### 2. 启动建设期（2019—2021 年）

2019 年 6 月，市城市管理和综合执法局邀请台湾手作步道专家徐铭谦开展针对全市各区城市管理系统的手作步道培训，并以梅林山郊野公园作为培训实践基地（图 3），正式启动郊野径手作步道建设计划。该培训和实践成为郊野径科学建设的开端和标志性节点，也为后续郊野径建设储备了一批技术管理人才。

2019 年年底，第一条手作步道示范段梅林山郊野径建成（图 4），历时 75d，总长 3.8km，这也是深圳第一条采用市民共建方式建造的郊野径。该示范段设立了统一的木质标识体系，沿线结合现状地形通过生态工法为全市打造了施工样板，并增设了生态休憩设施和场地，丰富游览体验，缓解市民登高途中的疲惫。该郊野径建成后，成为深圳市民打卡的热门路线。

2020 年起，在学习梅林山手作步道成功经验的基础上，各区陆续开展的郊野径建设。截至 2022 年年初，全市已建成郊野径 19 条，总长约 181km，主要分布于穿越深圳东西主线的远足径线路上，为下一步全市开展郊野径工作积累了经验，也奠定了较好的基础。

### 3. 全面建设期（2022—）

2022 年起，在市委、市政府的工作部署下，市城市管理和综合执法局正式牵头启动全市郊野径的全面建设，高点定位，以打造山海连城的全球知名徒步路线为目标，梳理连通全市郊野径网络，串联重要城市节点、历史建筑、自然景观，打通碧道、海岸线，总计要建成 1 000km 远足径、郊野径系统。

为顺利实现该目标和任务，全市郊野径工作要求强化市级层面的总体统筹，坚持规划引领的工作方法，目前已开展全市远足径郊野径总体规划，并与各区同步开展的郊野径详细规划进行衔接，推动实现“郊野径一张蓝图”的落实。

## （二）建设成效

经过两年多的初步建设，各区相继完成了郊野径相关段落的建设，涌现一批特色郊野径线路，如梅林山郊野径、清风岭郊野径、梧桐山郊野径等，成为市民的精品打卡线路。这些建成的郊野径难度层次分布适宜，吸引了不同年龄和体能素质的市民和游客，他们自发在自媒体平台上分享郊野乐游的美好体验（图 5），扩大了深圳郊野径知名度和品牌影响力。

### 1. 初步形成规划—建设—管理责任机制

深圳的郊野径工作从初期就试图搭建完整的管理机制，遵循属地管理原则，明确了各区城市管理和综合执法局作为建设、维护和管理的主体，市城市管理和综合执法局作为统筹部署单位，进行全过程监督、指导和考评，保证任务落实和质量管控。

同时，为做好郊野径科学建设的基础支撑，郊野径规划、指引、研究等相关工作正同步开展。各层次规划已启动编制，包括全市层面的远足径郊野径总体规划、各区层面的郊野径详细规划，以及工程层面的路段详细设计，逐步落实全市“郊野径一张蓝图”结合全市远足径郊野径的总体规划，运营维护管理指引和管养标准将同步编制，强化郊野径全生命周期的精细化指引，让管理有章可依。

图5 市民在自媒体自发分享郊野径图

## 2. 创新编制手作步道的自然工法指引

为保证全市各区郊野径的建设质量，市层面邀请了具有丰富建设经验的团队编制了郊野径基本工法指引，总结归纳自然步道建造所涉及的排水、高差、消能、护坡 4 大类 11 项手作工法（表 1），并绘制了清晰易懂的手作工法指引手册（图 6），并将该手册发到各区执行，细致引导郊野径的修建，提倡就地取材，减少施工对环境的扰动，避免建设对山林造成破坏。

表 1 郊野径 4 大类 11 项手作工法

| 类别 | 细项 |
| --- | --- |
| 排水处理 | 4 项：砌石明沟工法、导流横木工法、涵洞工法、纵向明沟工法 |
| 高差处理 | 3 项：木头阶梯工法、砌石阶梯工法、踏石阶梯工法 |
| 消能处理 | 2 项：消能叠石工法、消能枯枝工法 |
| 护坡处理 | 2 项：驳坎工法、路缘石工法 |

## 3. 引入公众参与的共建创新机制

深圳郊野径最初建设便有意识地引入公众

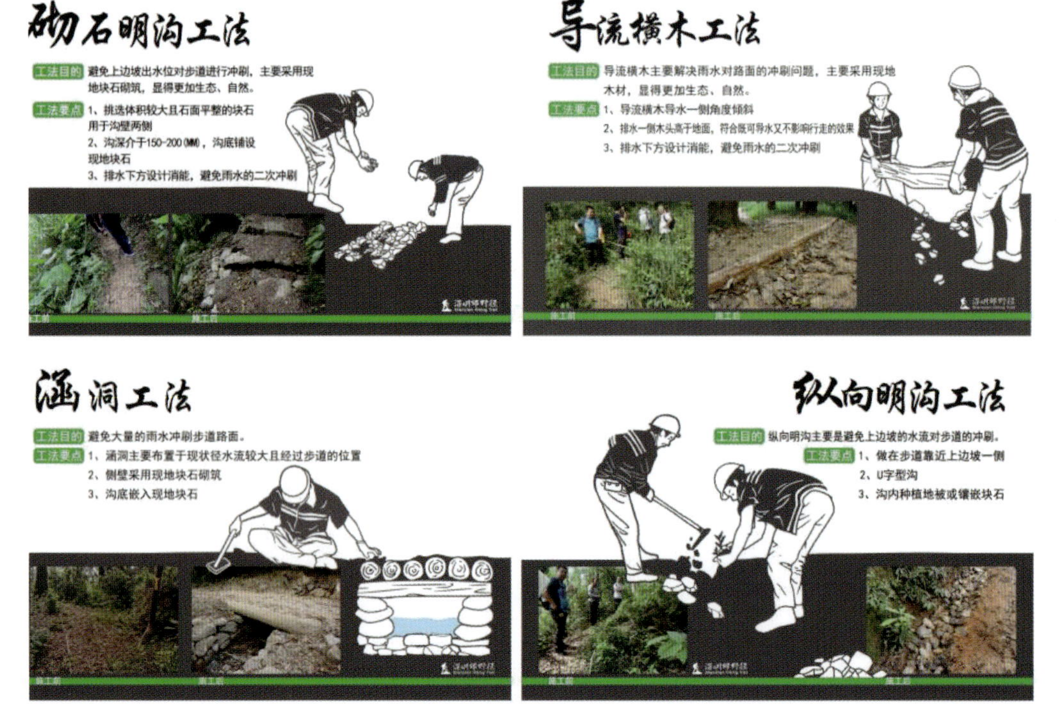


图6 手作工法指引手册示意图

图7 深圳绿道分级及强度分类体系图

参与的机制，创建共建、共治、共享的良好生态建设模式。

第一条手作步道梅林山郊野径，首次在全流程阶段引入了公众参与机制，设计阶段市公园管理中心引入专业人士，如磨坊、悦跑会、登山协会等深圳知名户外组织、登山爱好者以及专业步道设计师，为郊野径的设计把关定位；建造阶段，招募市民志愿者，在专业步道设计师的讲解和工程师的指导下，参与步道建设。

公众参与机制的引入，一方面引导市民关注城市自然生态的保护，具有较好的环境教育意义；另一方面，探索生态空间的治理新模式。

4. 构建面向用户的郊野径分级分类体系

为更好引导市民对郊野径的日常使用，强化郊野径建设维护管理的科学性，市城市管理和综合执法局于2020年启动深圳市郊野径分级分类课题研究，形成了面向市民以使用难度为划分标准的分级体系以及面向管理者的以建设强度为划分标准的分类体系（图7）。面向市民的5级难度分级体系，科学引导市民在出行时选择适合自身的郊野径线路，补充和完善了郊野径使用端存在的不足，降低户外活动风险和事故。面向管理者的3类强度建设体系，进一步强化郊野径在建设、维护方面的差异，避免同质化建设管理，提高精细化管理水平。

作为大陆首个郊野径的分级分类体系，充分体现了郊野径以人为本、创新服务的工作原则和思路。

## 三、现状建设问题

### （一）规—建—管全流程的规范引导未完全建立

1. 规—建—管全流程机制的滞后

随着全市郊野径建设的快速推进，郊野径全流程规划—建设—管理—维护的机制构建与建设进度未能同步匹配，相关规划和指引规范相对滞后，缺少科学的评价体系，存在管控不及时、不到位的地方。同时，各区建设分头进行，建设品质和标准不一，部分区未能很好把握郊野径建设的“度”，出现了过度施工、破坏原生植物生长环境、阶梯工法施工不规范的问题（图8）。

图8 郊野径建设施工问题示例

图9 香港远足径安全设施图

图10 标识系统存在问题

2. 安全服务及维护系统不完善

随着郊野径的逐步建成，越来越多的市民和游客通过郊野径走入山林，与郊野径相关的一系列安全问题成为管理后期不可忽视的解决难题。郊野径安全风险涉及面广，目前绿道安全研究成果中，郊野径安全大致可包括自然环境安全风险、设施环境安全风险、使用环境安全风险[8]，例如雨季导致的路径冲蚀问题、缺少必要的安全设施和配套（如紧急电话、AED）、游人不顾标识警告引起的安全事故等。然而，到目前为止，郊野径的安全管理缺少全系统的体系构建，这容易成为管理上的漏洞和问题，亟待解决。对比之下，香港的远足径在安全设施和后期救援方面相对到位，全线每500m设置了标距柱系统，紧急事故可利用标距柱编号确定位置进行求救[9]，并增设了安全电话亭避免山野中手机信号弱的问题（图9）。

3. 标识系统多套并行

由于建设早期，各区的郊野径系统采用独立标识系统，全市层面未统一，多套并行的标识牌削弱了深圳郊野径的品牌。同时，多种标识系统也造成标识牌的内容构成多样和信息混杂的问题，尤其是涉及安全的坐标编号存在多套体系（图 10），不利于安全救援。此外，这些标识牌存在设计粗放、缺乏与环境协调的问题，这与国际先进郊野径标识体例追求简约低调、与环境相融的设计有较大差距。

## （二）未形成全域连续的郊野慢行体系

### 1. 与城市公交和慢行系统衔接度不足

建设初期，各区郊野径着眼局部线路的建设，缺乏规划层面的总体考虑，未充分考虑郊野径系统与城市交通系统的联动，出入口的选择和设计与城市整体绿道系统衔接不足，未充分考虑与公共交通系统如地铁、公交的接驳，导致部分郊野径可达性较差，市民出入不便，从而影响郊野径的使用和投资效率。

### 2. 尚未形成连续的郊野慢网体系

由于各区郊野径建设分头进行，分段建设，时序不一，已建成的郊野径没有形成连续的郊野慢行网络，存在线路断点。这个方面可借鉴香港四大远足径的经验，这些连续、没有断点的长距离远足径，成了香港的品牌性线路[10]。同时，对于一些跨区域的长距离经典线路，区与区之间的协同规划和建设的机制还没有形成，在后续的建设中需要进一步探索和建立协同机制。

## （三）在地特色性和体验丰富性不足

### 1. 定位趋同，特色路径较少

梅林山郊野径为全市郊野径建设树立了样板，各区的郊野径参照该示范段进行建设。由于建设初期经验积累较少，模仿为主的方式导致郊野径建设趋同，削弱了不同郊野径线路的特色性和差异性（图 11），未能全面充分展示深圳郊野的特色，削弱了特色路径的吸引力，不利于未来郊野径的品牌建立和宣传输出。

### 2. 体验单一，以徒步观景为主

目前，建设的郊野径主要以登山攀爬、徒步观景功能为主，游憩配套设施相对缺乏，体验相对单一，反观其他地区先进郊野径的设施配套则更为完善，提供的游憩体验更加丰富，如香港的远足径不仅满足市民的观景休闲功能，补充了露营、烧烤、自然科普、森林探险、文化体验等配套设施和主题活动，并定期举办户外赛事（图 12），丰富和活跃了全年的郊野生活体验。

图11 梅林山郊野径与凤凰山郊野径

图12 香港麦理浩径“乐施毅行者”筹款活动

## 四、建议及展望

### （一）全域贯通，搭建粤港澳湾区郊野慢行网络

随着粤港澳大湾区建设的持续推进，湾区内部各城市的交流协作愈加紧密，生态协同已成为大湾区城市联动的重要手段，广东省绿道和南粤古驿道的建设就是典型的案例。与此类似，郊野径在大湾区各城市生态郊野的贯通，有助于推动湾区生态游憩网络系统的建立，实现生态旅游资源的整合和共享，加速广州都市圈和深圳都市圈城市的融合，扩大湾区郊野径的全球影响力和知名度。

### （二）零碳建设，输出郊野生态建设样本和经验

郊野径的建设必须坚持保护优先、生态优先的设计理念，坚持“三零”原则，在持续建设中，积极探索和积累更低影响、低成本、低维护的建造工法和经验。同时，在线路选择上需更好地与生态控制线规划、生态环境保护规划等相结合，以环境友好的郊野空间建设样本，为大湾区乃至全国输出可推广、可复制的经验。

### （三）特色引领，彰显深圳郊野乐行的城市品牌

香港的远足径已成为城市旅游的重要名片，也是内地户外爱好者的打卡圣地，这对于提升城市国际形象和旅游吸引力具有非常大的促进作用。深圳可借鉴相关经验，通过深圳郊野径自身特色的挖掘、知名线路的建设、相关配套设施的完善、品牌活动的可持续举办等，加速全球知名徒步线路的目标实现。

### （四）创新机制，健全后期运营维护管理机制

积极引导企业、NGO 组织、市民等社会力量参与深圳郊野径的建设，激发社会参与的热情，探索多元化投资机制，充分发挥深圳“志愿者之城”的优势，探索和搭建“共商共建、共治共享”的创新机制，汇聚群众智慧和潜能，拓展思路，尤其是郊野径后期产业运营、养护管理、安全救援、宣传推广等方面科学引导社会主体参与，多渠道扩大深圳郊野径的社会辐射力和影响力。

### （五）完善应用，搭建面向公众和管理者的数据信息平台

郊野径数据库和智慧信息平台的建立，有利于提高郊野径的服务质量和管理效率。一方面，面向市民群众，通过 APP 小程序、线上电子地图、线上游览手册、线上服务网站等，引导市民自主选择合适自身条件的郊野径线路，从源头避免和减少安全事故。另一方面，面向管理者，通过全市郊野径数据的共享和联动，构建覆盖全市的统一建设管理维护系统，有利于全市郊野径系统“一盘棋”的发展。

## 五、小结

宜居家园的营造一直是深圳践行城市高质量发展的出发点和落脚点，而对生态环境的保护和可持续利用是实现高质量发展的根本。基于这样的背景，深圳将“山海连城计划”列为新时期迈向公园深圳的核心纲领和战略，而深圳郊野径正是落实这一战略的核心实施抓手。本文在全面梳理深圳郊野径的建设历程和现状问题的基础上，立足郊野径在新发展阶段的要求，提出了深圳郊野径未来发展的建议和展望。作为内地最早建设郊野径的城市，深圳立足高密度超大城市的现状，充分借鉴国内外先进城市的自然步道建设经验，强化和明确了保护优先和生态建设的总体要求，探索和构建了较为完善的管理机制，形成了有深圳特色的郊野径空间框架结构和公众参与创新机制，具有一定的先行探索意义，对其他城市生态空间的精细营造和治理具有一定参考借鉴意义。

### 参考文献

[1] 胡剑双，戴菲.中国绿道研究进展[J].中国园林，2010，26(12)：88-93.
[2] 马向明，程红宁.广东绿道体系的建构：构思与创新[J].城市规划，2013，37（2）：38-44.
[3] little C.E.，Greenways for America [M]. Johns Hopkins University Press，Baltimore MD，1990.
[4] 深圳市市场监督局.绿道建设规范 DB4403/ T 19-2019 [S]. 深圳：深圳城市管理和综合执法局.2019.
[5] 深圳市地质局.深圳市志 · 自然地理志[M].北京：方志出版社，2006.
[6] 单樑，刘迎宾，林晓娜，等.高密度超大城市的魅力生态公共空间营造——以深圳“山海连城计划”为例[C]//面向高质量发展的空间治理——2021 中国城市规划年会论文集（12 风景环境规划），2021，12：24-32.
[7] 周旭平，鲁开宏，范冰，等.深圳远足径体系规划研究[J].广东园林，2017(5)：88-92.
[8] 辜智慧，李佳云，邓蓓瑶，等.基于分类分级管控的绿道综合安全风险评估体系建构[J].城市规划学刊，2020（2）：49-55.
[9] 石崧，凌莉，乐芸.香港郊野公园规划建设经验借鉴及启示[J].上海城市规划，2013（5）：62-68.
[10] 杨真.深港两地郊野型绿道规划及景观设计对比研究[D].广州：华南理工大学，2015：17.

# 耐旱植物助力节水型园林绿化建设

雷江丽，史正军，戴耀良，蓝翠钰
（深圳市中国科学院仙湖植物园）

**摘要：** 干旱是影响植物成活与生长的重要限制因子。与北方干旱地区相比，广东年降水量丰富，但时空分布极不均匀，汛期（4～9月）降水量占全年80%以上，区域性、季节性缺水十分突出。深圳人均水资源量152m$^3$，仅为全省的1/10，全国的1/12，按国际500m$^3$/人的水紧缺指标来看，深圳为严重缺水城市。近年来，全球气候变暖，极端天气频发，区域内持续高温干旱天气时有发生，更加剧了本地水资源的短缺。从2019年深圳城市用水数据来看，生态用水1.33亿m$^3$，占总用水量的6.45%，其中，旱季绿化养护用水与生产生活用水之间的矛盾愈加突出。因此，筛选耐旱型园林植物，实现科学精准灌溉，创建节水型园林迫在眉睫。本文综合笔者多年来在耐旱植物筛选评价及园林应用领域多项研究成果，以期助力深圳节水型园林绿化建设。

**关键词：** 耐旱植物；综合评价；灌溉制度；节水型园林

# Drought-tolerant Plants Assist the Construction of Water-saving Landscape Architecture

Lei Jiangli, Shi Zhengjun, Dai Yaoliang, Lan Cuiyu
(Fairylake Botanical Grden, Shenzhen & Chinese Academy of Sciences)

**Abstract:** Drought is an important limiting factor affecting plant survival and growth. Compared with the arid areas in northern China, the annual rainfall in Guangdong is abundant, but the spatial and temporal distribution is very uneven. The precipitation in flood season (from April to September) accounts for more than 80% of the annual rainfall, and regional and seasonal water shortage is very prominent. The per capita water resource of Shenzhen is 152m$^3$, which is only 1/10 of Guangdong province and 1/12 of the whole country. According to the international water shortage index of 500m$^3$/ person, Shenzhen is a city with severe water shortage. In recent years, the global climate is warming, extreme weather occurs frequently, and the continuous hot and dry weather in the region occurs from time to time, which aggravates the shortage of local water resources. From the data of Shenzhen's urban water expenditure in 2019, the ecological water consumption is 133 million m$^3$, accounting for 6.45% of the total water consumption. Among them, the contradiction between the water for plant maintenance and the water for production and living is more prominent in dry season. Therefore, it is urgent to screen drought-tolerant Ornamental plants, realize scientific and precise irrigation, and construct water-saving landscape architecture. This paper synthesizes the author's research results in the field of drought-tolerant plant screening and evaluation and landscape application over the years, in order to assist the construction of water-saving landscape architecture in Shenzhen.

**Keywords:** Drought tolerant plant; Comprehensive evaluation; Irrigation system; Water-saving landscape architecture

习近平总书记提出“节水优先、空间均衡、系统治理、两手发力”十六字治水思路，其中“节水优先”是十六字治水思路之首，要从观念、意识、措施等各方面把节水放在优先位置。党的十九大提出“必须树立和践行绿水青山就是金山银山的理念，坚持节约资源和保护环境的基本国策”。深圳市多年平均水资源总量为20.51亿$m^3$，人均本地水资源量为152$m^3$，仅为全省的1/10，全国的1/12。按国际500$m^3$/人的水紧缺指标对比，深圳属于严重缺水城市[1]。随着深圳市社会经济与城市建设快速发展，水资源、水环境已经成为深圳经济社会可持续发展的突出瓶颈。占全市总用水量6.45%的公共生态环境用水，在干旱季节与城市生产生活用水之间的矛盾更加凸显。利用耐旱植物，减少绿化浇灌用水，再生水替代自来水，科学精准灌溉，节约水资源，建设节水型园林，已然成为园林绿化行业发展的必然趋势[2]。这其中，筛选利用适应本地环境特点的耐旱植物品种作为基调种类，建立科学灌溉制度，是实现节水型园林建设一项重要的基础性研究工作。

植物是园林绿化的基础所在，合理选择植物种类和配置方式，是实现园林节水的关键。据研究表明，乔灌木的耗水量远低于草坪，而生态效益却比草坪高得多，10$m^2$树木产生的生态效益与50$m^2$生长良好的草坪相当[3]。深圳园林突出滨海特色，注重乔木的种植和培育，植物多样性丰富，群落结构多样。无论植物群落配置模式是乔灌草型，还是乔草型、灌草型、草坪型，下层地被植物的需水特性均是决定绿地是否节水的关键因子。因此，筛选耐旱地被植物作为绿地建设下层地被的基调种类，并基于深圳气候特点拟定出灌、草合适的灌溉制度，对节水型园林建设具有重要实践意义。

## 一、深圳园林绿地植物多样性特征

植物多样性是城市景观多样化的前提，是城市绿地系统生态功能的基础，是衡量城市生态园林构建水平的一个重要标志。关注城市生物多样性保护和可持续利用，是国际上城市绿地建设与管理的发展趋势。2016—2017年间，课题组采用线路踏查和标准地调查法，对深圳市100条道路、21个公园绿地的植物多样性和群落结构现状进行了系统研究，基本掌握了深圳绿地植物多样性特征和群落结构特点，为提升城市生物多样性水平、生态环境质量和园林景观提供了基础数据支持。

### （一）深圳园林绿地植物物种信息

通过线路踏查及标准地调查，共记录植物物种1 328种，涵盖161科615属（表1）。从表1可见，公园与道路绿地都呈现出相同的现象，即乔木物种最为丰富，灌木次之，草坪植物及地被植物物种数量相对较少；各类型公园与道路绿地比较，道路因受绿化面积的影响，植物的选择与应用空间有限，道路绿地的植物物种数少于公园绿地。道路绿地内，主干道的物种数明显较丰富，次干道与支路的植物物种数则相对较少；公园绿地则以市级综合公园和校园与广场绿地的植物物种数较丰富。

表1 深圳各类型园林绿地的植物物种信息

| 调查绿地类型 | 绿地类型数量（条/个） | 物种数（种） | 乔木（种） | 灌木（种） | 地被（种） | 草坪（种） |
|---|---|---|---|---|---|---|
| 主干道 | 52 | 445 | 197 | 149 | 88 | 11 |
| 次干路 | 35 | 306 | 132 | 109 | 54 | 11 |
| 支路 | 13 | 197 | 86 | 74 | 31 | 6 |
| 道路总计 | 100 | 478 | 207 | 161 | 98 | 12 |

（续）

| 调查绿地类型 | 绿地类型数量（条/个） | 物种数（种） | 乔木（种） | 灌木（种） | 地被（种） | 草坪（种） |
|---|---|---|---|---|---|---|
| 市级综合公园 | 7 | 1 028 | 407 | 332 | 266 | 23 |
| 市级专类公园 | 4 | 462 | 227 | 132 | 90 | 13 |
| 区级综合公园 | 6 | 378 | 175 | 133 | 61 | 9 |
| 区级专类公园 | 2 | 247 | 97 | 90 | 51 | 9 |
| 校园及广场 | 2 | 764 | 335 | 237 | 178 | 14 |
| 公园总计 | 21 | 1 320 | 535 | 402 | 355 | 28 |
| 道路及公园总计 | 121 | 1 328 | 540 | 405 | 365 | 28 |

## （二）深圳园林绿地植物群落垂直结构类型

深圳城市园林绿地共记录到18种垂直结构类型（表2），“乔木（上中）—灌木—地被—草坪”类型占比超过20%。其中，道路中简约的“乔木—灌木—地被—草坪”“乔木—灌木—地被”“乔木—地被—草坪”3种结构类型合计占比约10%，相对较少，而“乔木（上中）—灌木—地被—草坪”类型占比超过23%，即多层次复式结构的相对较多；公园中简约的“乔木—灌木—地被—草坪”“乔木—灌木—地被”“乔木—地被—草坪”“乔木—草坪”“乔木—灌木”“乔木—地被”6种类型合计占比约26%，各类型结构分布较为合理。由此可见，深圳市道路和公园绿地植物的垂直结构大多数为多层次结构（图1至图4），植物垂直结构较为丰富。园林绿地只有“乔木（上中）—灌木”和“乔木—灌木”两种结构不包含地被或草坪层，而且两种结构占比较少，道路绿地仅占2.2%，公园绿地也只占8.8%，说明地被和草坪层是绿地植物群落不可或缺的基本构成元素。

表2 深圳市道路和公园绿地植物群落垂直结构及比例

| 绿地类型 | 群落结构 | 数量 | 所占比例（%） |
|---|---|---|---|
| 道路绿地 | 乔木—灌木—地被 | 2 | 2.35 |
| | 乔木—灌木—地被—草坪 | 4 | 4.71 |
| | 乔木—地被—草坪 | 3 | 3.53 |
| | 乔木（上中）—灌木 | 2 | 2.35 |
| | 乔木（上中）—灌木—地被 | 14 | 16.47 |
| | 乔木（上中）—灌木—地被—草坪 | 20 | 23.53 |
| | 乔木（上中）—地被—草坪 | 8 | 9.41 |
| | 乔木（上中）—草坪 | 2 | 2.35 |
| | 乔木（上中）—地被 | 3 | 3.53 |
| | 乔木上（上中）—灌木—地被 | 9 | 10.59 |
| | 乔木上（上中）—灌木—地被—草坪 | 15 | 17.65 |
| | 乔木上（上中）—地被—草坪 | 3 | 3.53 |
| 公园绿地 | 乔木—草坪 | 8 | 8.79 |
| | 乔木—灌木 | 2 | 2.20 |
| | 乔木—地被 | 3 | 3.30 |
| | 乔木—地被—草坪 | 5 | 5.49 |
| | 乔木—灌木—草坪 | 5 | 5.49 |
| | 乔木—灌木—地被 | 1 | 1.10 |
| | 乔木—灌木—地被—草坪 | 5 | 5.49 |
| | 乔木（上中）—草坪 | 3 | 3.30 |
| | 乔木（上中）—地被 | 4 | 4.40 |
| | 乔木（上中）—灌木 | 6 | 6.59 |
| | 乔木（上中）—灌木—地被 | 5 | 5.49 |
| | 乔木（上中）—地被—草坪 | 6 | 6.59 |
| | 乔木（上中）—灌木—草坪 | 1 | 1.10 |
| | 乔木（上中）—灌木—地被—草坪 | 19 | 20.88 |
| | 乔木（上中下）—草坪 | 4 | 4.40 |
| | 乔木（上中下）—灌木—地被 | 3 | 3.30 |
| | 乔木（上中下）—灌木—草坪 | 3 | 3.30 |
| | 乔木（上中下）—灌木—地被—草坪 | 8 | 8.79 |

图1 公园绿地乔草型植物群落

图2 公园绿地乔灌草型植物群落

图3 公园绿地园路林下植物配置

图4 公园绿地林缘花境

图5 公园绿地园路植物群落

图6 道路绿地林下地被植物配置

图7 道路绿地乔草型植物群落

图8 道路绿地乔灌草型植物群落

### （三）深圳园林绿地植物物种多样性指数

Simpson 指数、Pielou 指数和 Shannon-Wiener 指数常用来评价生物多样性水平。三个指标在深圳植物群落均呈现出乔木层 > 灌木层 > 地被 > 草本层的趋势（表 3、表 4）。Shannon-Wiener 指数由于不受样地面积大小的影响，能够更稳定地反映群落的多样性。统计表明，本研究 Shannon-Wiener 指数和 Simpson 指数变化趋势相当，乔灌木的多样性指数都较高。乔木层的 Simpson 指数和 Shannon-Wiener 指数依次为公园绿地（0.996；5.834）>道路绿地（0.987；4.686），灌木层的 Simpson 指数和 Shannon-Wiener 指数依次为公园绿地（0.995；5.526）>道路绿地（0.984；4.385）。深圳市道路绿地与公园绿地的木本植物 Simpson 指数整体变化较小，均在 0.98 以上，说明深圳园林绿地植物优势种较少，物种多样性较高。

Shannon-Wiener 指数一般在 1.5 ~ 3.5，较少超过 4.5。种类数目增多，可增加多样性，种类之间个体分布的均匀性增加，多样性也会提高。综合来看，深圳公园及道路绿地植物物种多样性，Shannon-Wiener 指数超过了 4.5，说明深圳公园及道路绿地植物种类数目相当多，这与植物种类调查的结果是一致的。

表 3 深圳公园绿地植物物种多样性

| 物种多样性测试指标 | 乔木 | 灌木 | 地被 | 草本 |
| --- | --- | --- | --- | --- |
| 物种丰富度 | 535 | 402 | 355 | 28 |
| Simpson 指数 | 0.996 | 0.995 | 0.994 | 0.925 |
| Shannon-Wiener 指数 | 5.834 | 5.526 | 5.393 | 2.846 |
| Pielou 指数 | 0.812 | 0.769 | 0.751 | 0.396 |

表 4 深圳道路绿地植物物种多样性

| 物种多样性测试指数 | 乔木 | 灌木 | 地被 | 草本 |
| --- | --- | --- | --- | --- |
| 物种丰富度 | 207 | 161 | 98 | 12 |
| Simpson 指数 | 0.987 | 0.984 | 0.967 | 0.818 |
| Shannon-Wiener 指数 | 4.686 | 4.385 | 3.858 | 1.947 |
| Pielou 指数 | 0.760 | 0.711 | 0.625 | 0.316 |

## 二、园林地被植物耐旱性评价与利用

园林植物作为城市生态系统的重要组成部分，在城市生态环境保护中起着非常重要的作用。但在城市绿地建设的过程中，往往较多的关注其景观效应，而对于植物的节水及经济效益考虑较少，由此引起园林绿地耗水量大，同城市水资源利用有着难以调和的矛盾。植物材料是城市园林绿化的基础，在不影响景观效果的前提下，植物材料的选择是节水问题的一个重要方面。筛选耐旱型园林植物，是实现“节水型园林”的终极手段。只有当植物的需水量达到一定的下限，基本能够靠降水满足时，或是大幅度地减少水量，只需干旱浇灌时，才能真正实现“节水型园林”，是节约水资源，创建节约型园林的根本所在。地被植物是城市园林植物造景中不可缺少的重要组成部分，在乔木、灌木和草坪组成的自然群落中起着承上启下的作用。地被植物因其根系较乔、灌木浅，表现出对土壤水分更强的敏感性，因此，针对应用频度高且栽培面积居前的地被植物开展耐旱性研究，对于园林绿地节水具有重要实践价值。

### （一）深圳园林地被植物应用现状

调查结果显示，在深圳公园绿地常用的地被植物超过百余种，其中爵床科、龙舌兰科、百合科、茜草科、天南星科、大戟科、马鞭草科以及豆科植物，占据了常用植物的一半以上。爵床科、龙舌兰科、百合科、茜草科、马鞭草科植物广布于亚热带地区，说明这些科的植物对本地区环境具有良好的适应性，充分关注这些科属植物，特别是对野生植物的开发利用对丰富深圳市耐旱地被植物种类具有重要意义。地被植物应用种类也有了一些新变化。如调查发现爵床科的几种观花及观叶地被植物具有不错的应用效果，小驳骨、翠芦莉、红花芦莉、粉花芦莉、可爱花、叉花草及波斯红草可大面积应用于疏林下、林缘或是园路两侧，具有良好的观花观叶等景观效果，且粗生、病虫害较少（图 9）。茜草科植物六月雪、金边六月雪、银叶朗德木亦是不错的观叶及观花地被（图 10），其中六月雪、金边六月雪可与金叶假连翘、鹅掌藤等传统地被植物配置，用作绿篱、灌木球等；银叶朗德木可片植于草地为草坪增添色彩。此外，豆科植物胡枝子可作为草坪良好的观花地被（图 11）；夹竹桃科植物紫蝉花叶色翠绿，花大而艳可与其他植物配植用于花境中；芸香科植物胡椒木叶色浓绿，枝叶繁密可作为绿篱片植（图 12）。与传统应用蕨类植物肾蕨相比，华南毛蕨、

图9 叉花草做林下地被

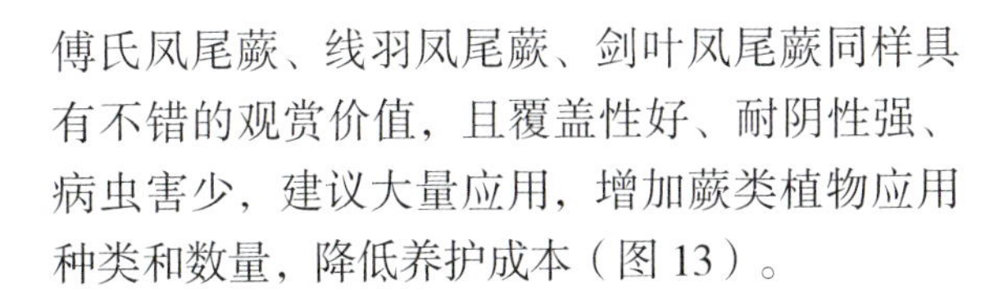

傅氏凤尾蕨、线羽凤尾蕨、剑叶凤尾蕨同样具有不错的观赏价值，且覆盖性好、耐阴性强、病虫害少，建议大量应用，增加蕨类植物应用种类和数量，降低养护成本（图 13）。

## （二）常用园林地被植物耐旱性研究

### 1. 16 种园林地被植物耐旱性评价

选择应用频度居前、应用面积较大、具有代表性的木本地被、草本地被、藤本地被和蕨类地被共 16 种园林地被植物开展耐旱性研究（表 5），结果表明鹅掌藤、水鬼蕉、鸢尾、白蝴蝶、蚌兰、扶芳藤、肾蕨等植物具有较强的耐旱能力，可植于养护条件相对较薄弱的林下，与上层乔木构成复层植物景观。而龙船花、葱兰、蔓花生、线羽凤尾蕨等耐旱能力相对较弱，特别是前三种植物作为观花地被时，花期一定要保证充足的水分养护，才能形成绚丽的园林景观。红背桂、大叶红草、小叶铺地榕、铺地木兰、华南毛蕨等耐旱能力相对较弱，在园林应用中应当注意养护，避免出现叶片萎蔫、掉落等现象，影响园林景观效果。

图10 银叶郎德木+六月雪+射干配置

图11 胡枝子做地被

图12 胡椒木绿篱片植

图13 华南毛蕨做边坡地被

表5 16种园林地被植物耐旱能力综合评价

| | 植物名称 | 相对含水量 | 相对电导率 | 可溶性糖含量 | 脯氨酸含量 | 丙二醛含量 | 各指标隶属度均值 | 位次 |
|---|---|---|---|---|---|---|---|---|
| 木本地被 | 红背桂 | 0.43 | 0.24 | 0.00 | 0.00 | 0.00 | 0.13 | 3 |
| | 龙船花 | 0.00 | 0.00 | 0.97 | 0.96 | 0.73 | 0.53 | 2 |
| | 鹅掌藤 | 1.00 | 1.00 | 1.00 | 1.00 | 1.00 | 1.00 | 1 |
| 草本地被 | 大叶红草 | 0.00 | 0.00 | 0.85 | 0.00 | 0.00 | 0.17 | 5 |
| | 水鬼蕉 | 0.70 | 0.77 | 0.94 | 1.00 | 0.90 | 0.86 | 1 |
| | 鸢尾 | 0.84 | 0.99 | 0.00 | 0.95 | 0.40 | 0.64 | 4 |
| | 白蝴蝶 | 1.00 | 0.93 | 0.34 | 0.97 | 0.92 | 0.83 | 2 |
| | 蚌兰 | 0.95 | 0.43 | 1.00 | 1.00 | 0.63 | 0.80 | 3 |
| | 葱兰 | 0.85 | 1.00 | 0.32 | 0.99 | 1.00 | 0.83 | 2 |
| 藤本地被 | 蔓花生 | 0.28 | 0.90 | 0.90 | 0.84 | 1.00 | 0.78 | 2 |
| | 扶芳藤 | 1.00 | 1.00 | 1.00 | 1.00 | 0.97 | 0.99 | 1 |
| | 小叶铺地榕 | 0.28 | 0.00 | 0.05 | 0.67 | 0.54 | 0.31 | 3 |
| | 铺地木兰 | 0.00 | 0.74 | 0.00 | 0.00 | 0.00 | 0.15 | 4 |
| 蕨类地被 | 华南毛蕨 | 0.00 | 0.00 | 0.00 | 0.90 | 0.00 | 0.18 | 3 |
| | 肾蕨 | 1.00 | 1.00 | 1.00 | 1.00 | 0.76 | 0.95 | 1 |
| | 线羽凤尾蕨 | 0.31 | 0.38 | 0.48 | 0.00 | 1.00 | 0.43 | 2 |

2. 园林地被植物耐旱性综合评价方法

水分胁迫对植物的影响表现在植物的形态、生理生化等众多指标上，植物的耐旱性评价应该对其综合指标进行分析判断才更为准确有效[4]。采用隶属函数法，将原来孤立的各胁迫指标采用统计学方法转换成综合指标—隶属函数值，利用植物间各指标的隶属函数值的平

图14 垂盆草、金叶佛甲草、凹叶景天、圆叶景天、费菜及梅山苑轻型屋顶绿化示范

均值，即可比较出各植物种类的综合耐受胁迫能力，即平均值越大，综合性状越好，耐胁迫能力越强。

以使用频度较高和栽培面积较大的23种地被植物作为研究对象，在温室内设置盆栽控水试验分组测定各参试植物的植株永久萎蔫率、叶片的持水率、相对含水量、相对电导率、可溶性糖含量、脯氨酸含量以及丙二醛含量等生理生化指标，利用隶属函数法对参试植物耐旱性进行综合评价。根据试验评价结果并结合形态观测验证，筛选出植株永久萎蔫率、叶片持水率、相对含水量、相对电导率、丙二醛含量等5项指标，能够较为有效地反映参试植物的耐旱能力，可用作园林地被植物耐旱性快速鉴定指标。在对园林地被植物进行耐旱性综合评价时，可先测定植株的永久萎蔫率、叶片持水

图15 喷播植物车前草、牡荆、地桃花、黄花稔及大水坑采石场边坡绿化喷播示范

率及相对含水量等指标，评价胁迫条件下植物的根系耐受能力及叶片保水能力；而后，通过测定植株叶片的相对电导率及丙二醛含量，检测植株叶片的抗质膜氧化能力；最后利用隶属函数法进行耐旱性综合评价。利用该评价方法，笔者针对适应立体绿化的耐旱植物开展了大量研究，筛选出一批如垂盆草、金叶佛甲草、凹叶景天、费菜、玉吊钟等适合轻型屋顶绿化[5]，以及车前草、地桃花、黄花稔、牡荆、直立千斤拔、穿破石、扭肚藤、桂林紫薇等适合边坡绿化的耐旱植物[6]，为丰富立体绿化植物多样性发挥了重要作用。

3. 园林地被植物对长期水分胁迫的适应性

通过4个月的盆栽控水试验研究，综合比较了其中的13种园林地被植物不同水分条件下植株的生长量、根冠比、花期、花量、净光合速率日变化、净蒸腾速率日变化等生长及光合指标的变化趋势[7, 8]。结果表明：①在水分条件下限为土壤持水率的70%～75%时，7种参试植物均有较旺盛的生长势。②满足各参试植物园林观赏性的前提下，蜘蛛抱蛋在水分条件下限为土壤持水率的20%～25%时可以正常生长；鹅掌藤、蚌兰和白蝶合果芋在水分条件下限为土壤持水率的30%～35%时可以正常生长；天门冬、矮麦冬、银边山菅兰在水分条件下限为土壤持水率的40%～45%可以正常生长；而红花龙船花、红背桂、水鬼蕉和肾蕨在水分条件下限为土壤持水率的50%～55%时可以正常生长，银边吊兰、‘金娃娃’萱草相对不耐旱，需要在土壤持水率的60%～65%以上时才能正常生长。因此，在实际园林灌溉中，可根据植物的水分适应性特征，酌情减少灌水量，达到绿地节水的目的。

从长期水分胁迫对7种常见园林地被植物光合作用的影响来看（表6），干旱胁迫会导致植物叶片光合速率降低，但轻度水分胁迫对植物光合作用影响一般较小，随干旱胁迫加重，土壤水分或叶水势下降到某一数值后，光合作用受到明显抑制[9]。然而，并非所有参试植物的日平均净光合速率和净蒸腾速率的最大值均出现在土壤持水率的70%～75%的水分条件下，如水鬼蕉的日平均净光合速率和净蒸腾速率最大值均出现在土壤持水率的30%～35%的水分条件下。除红花龙船花和白蝴蝶外，其他5种地被植物的净光合速率和净蒸腾速率最小值均出现在土壤持水率的30%～35%的水分条件下，反映了土壤水分的严重胁迫对这些植物的生长有显著影响，但红花龙船花在水分胁迫严重的条件下仍出现较高的净蒸腾速率，反映了该物种叶片的保水能力较弱，不耐干旱。

表6 不同水分梯度下7种园林地被植物光合指标的比较

| 植物 | 处理 | 日平均净光合速率［μmol$CO_2$/($m^2$·s)］ | 日平均净蒸腾速率［mmol/($m^2$·s)］ |
|---|---|---|---|
| 鹅掌藤 | Ⅰ | 2.49±0.04b | 0.82±0.01a |
| | Ⅱ | 2.74±0.06a | 0.57±0.03b |
| | Ⅲ | 0.99±0.03c | 0.01±0.00c |
| 龙船花 | Ⅰ | 1.52±0.01c | 0.21±0.01b |
| | Ⅱ | 1.88±0.01a | 0.22±0.01b |
| | Ⅲ | 1.74±0.02b | 0.39±0.05a |
| 红背桂 | Ⅰ | 1.75±0.04a | 0.39±0.01a |
| | Ⅱ | 1.48±0.01b | 0.23±0.01b |
| | Ⅲ | 1.02±0.04c | 0.09±0.01c |
| 蚌兰 | Ⅰ | 1.63±0.05b | 0.51±0.02b |
| | Ⅱ | 1.95±0.00a | 0.57±0.00a |
| | Ⅲ | 0.87±0.04c | 0.13±0.00c |
| 白蝴蝶 | Ⅰ | 1.12±0.04a | 0.29±0.01a |
| | Ⅱ | 0.72±0.02b | 0.06±0.00c |
| | Ⅲ | 0.61±0.01c | 0.11±0.01b |
| 水鬼蕉 | Ⅰ | 3.80±0.00b | 2.19±0.15b |
| | Ⅱ | 4.29±0.10a | 2.88±0.07a |
| | Ⅲ | 3.50±0.02c | 2.19±0.02b |
| 肾蕨 | Ⅰ | 1.57±0.05a | 0.11±0.00a |
| | Ⅱ | 1.40±0.04b | 0.06±0.01b |
| | Ⅲ | 0.85±0.02c | 0.02±0.00c |

注：处理Ⅰ为土壤持水率的70%～75%；处理Ⅱ为土壤持水率的50%～55%；处理Ⅲ为土壤持水率的30%～35%。

# 三、耐旱野生地被植物筛选及园林应用

## （一）野生地被植物引种及耐旱性评价

在园林植物应用中，地被植物通常被高密度栽植以使其覆盖整个地表，让非目的植物失去竞争能力。因此，筛选野生地被植物应当符合以下基本原则：①植株低矮。②多年生。③覆盖能力强，生长迅速。④具有较高的观赏价值。⑤在生长环境中具有一定的稳定性。⑥对人畜无害，能够管理，不会泛滥成灾。通过查阅资料和野外调查，筛选出野外分布较广、覆盖面积大，适宜用作园林地被的10种野生植物，如犁头草、地稔、链荚豆、三点金、崩大碗、天胡荽、半边莲、马蹄金、牛轭草、广东金钱草等，引种后开展生物学特性及物候观测。通过盆栽控水实验，测定植株永久萎蔫率、叶片持水率，综合分析了其叶片的相对含水量、相对电导率、MDA含量等5个生理指标在不同干旱胁迫程度下的变化趋势，利用隶属函数法综合评价了其耐旱性[10]，结果表明（表7），牛轭草、地稔、马蹄金、链荚豆、天胡荽的隶属度累加值在2.30以上，在参试植物中耐旱性较强；三点金、广东金钱草、崩大碗次之；犁头草、半边莲的隶属度累加值较小，耐旱性较弱。

表7　10种野生地被植物耐旱能力综合评价

| 植物名称 | 相对行水量 | 相对电导率 | 丙二醛含量 | 各指标隶属度均值 | 位次 |
|---|---|---|---|---|---|
| 链荚豆 | 1.00 | 0.80 | 0.51 | 2.31 | 4 |
| 广东金钱草 | 0.88 | 0.69 | 0.63 | 2.20 | 6 |
| 三点金 | 0.91 | 0.85 | 0.48 | 2.24 | 5 |
| 崩大碗 | 0.51 | 0.32 | 0.87 | 1.70 | 7 |
| 天胡荽 | 0.90 | 0.48 | 0.93 | 2.31 | 4 |
| 牛轭草 | 0.95 | 1.00 | 1.00 | 2.95 | 1 |
| 马蹄金 | 0.65 | 0.93 | 0.89 | 2.47 | 3 |
| 半边莲 | 0.00 | 0.15 | 0.87 | 1.02 | 9 |
| 地稔 | 0.79 | 0.88 | 0.91 | 2.57 | 2 |
| 犁头草 | 0.65 | 0.20 | 0.22 | 1.07 | 8 |

## （二）8种野生地被植物的光合特性及节水效应

选择耐旱性居前6位的牛轭草、地稔、马蹄金、链荚豆、天胡荽、三点金，和具有独特的叶形和美丽的花朵的崩大碗、犁头草，共8种植物为参试材料，在夏季和冬季测定植株的光合速率、蒸腾速率，从而计算蒸腾强度，对其节水效益进行分析。

### 1. 光合特性分析

由表8可以看出，马蹄金、三点金、天胡荽、地稔、犁头草的日平均净光合速率值冬季大于夏季，在一定程度上反映了植物的生长状况。马蹄金、天胡荽、犁头草在冬春季生长旺盛，与其生长物候观测结果相一致。其中，犁头草的盛花期在1～2月，是良好的冬季观花植物。牛轭草、链荚豆、崩大碗的日平均净光合速率则是夏季高于冬季，其生长表现则是夏季繁花点点，而冬季部分植株呈现半落叶状态。

表8　8种野生地被植物冬、夏日平均净光合速率［$\mu molCO_2/(m^2 \cdot s)$］

| 植物名称 | 牛轭草 | 马蹄金 | 三点金 | 链荚豆 |
|---|---|---|---|---|
| 冬季 | 3.17±0.04 | 4.02±0.01 | 3.64±0.04 | 3.46±0.02 |
| 夏季 | 3.93±0.04 | 3.94±0.01 | 2.37±0.00 | 5.64±0.05 |
| **植物名称** | **天胡荽** | **地稔** | **崩大碗** | **犁头草** |
| 冬季 | 4.04±0.05 | 3.53±0.02 | 4.75±0.06 | 4.21±0.03 |
| 夏季 | 2.11±0.01 | 1.00±0.03 | 5.57±0.02 | 2.17±0.02 |

### 2. 蒸腾强度分析

通过对8种野生地被植物蒸腾耗水特性进行计算分析，由表9可知，植物在夏季的蒸腾耗水量远远大于冬季。地稔、犁头草、牛轭草、马蹄金等植物在夏季的单位叶面积日蒸腾总量较小。耐旱性居前的牛轭草、地稔、马蹄金以及天胡荽、三点金在单位时间单位绿化面积内的蒸腾量较少，故从此项指标来看这几种植物较为耐旱节水。

表9　8种野生地被植物蒸腾耗水特性分析

| 植物名称 | 测定时期 | 单位叶面积日蒸腾总量［mmol/（$m^2$·s）］ | 单位叶面积全天平均蒸腾强度［g/（$m^2$·h）］ | 叶面积指数（$m^2/m^2$） | 单位时间、单位绿化面积蒸腾量［g/（$m^2$·h）］ |
|---|---|---|---|---|---|
| 牛轭草 | 冬季 | 6.13 | 10.67 | 1.76 | 18.78 |
| | 夏季 | 80.06 | 137.76 | | 242.46 |
| 马蹄金 | 冬季 | 11.90 | 19.35 | 1.32 | 25.54 |
| | 夏季 | 100.47 | 167.59 | | 221.22 |
| 三点金 | 冬季 | 6.12 | 10.40 | 0.98 | 10.19 |
| | 夏季 | 108.76 | 189.44 | | 185.65 |
| 链荚豆 | 冬季 | 6.14 | 10.45 | 1.61 | 16.82 |
| | 夏季 | 170.52 | 274.64 | | 442.17 |
| 天胡荽 | 冬季 | 7.53 | 12.88 | 1.35 | 17.39 |
| | 夏季 | 100.60 | 174.38 | | 235.41 |
| 地稔 | 冬季 | 6.78 | 12.50 | 0.99 | 12.38 |
| | 夏季 | 23.82 | 43.64 | | 43.20 |
| 崩大碗 | 冬季 | 11.01 | 18.29 | 2.17 | 39.69 |
| | 夏季 | 140.04 | 235.12 | | 510.21 |
| 犁头草 | 冬季 | 10.32 | 16.77 | 1.76 | 29.52 |
| | 夏季 | 92.80 | 161.63 | | 284.47 |

## （三）栽培繁殖技术

通过对10种野生地被植物耐旱性研究，以及对其中部分引种植物的生长、物候特征的观测，结合植物的耐旱性、观赏性及覆盖度，筛选出牛轭草、地稔、马蹄金、链荚豆、天胡荽、三点金、犁头草作为园林应用的推荐种类，并对其栽培繁殖技术做进一步的研究。其中，牛轭草、马蹄金的种子自然发芽率可达80%以上，天胡荽可采用分株或扦插繁殖极易生根，繁殖容易。三点金的生长特性及繁殖技术参考深圳大学马宗仁、何国强的研究结果[11]，简要概述：①三点金对土壤适应性强，在不同类型的土壤基质上繁育及栽植成活率可达87%以上，其中

图16 三点金覆盖及开花

图17 马蹄金覆盖

图18 半边莲

图19 链荚豆覆盖及开花

图20 地稔覆盖及开花

以砖红壤栽植成活率最高，达 96%。②三点金适宜种植期长，春夏秋均可繁育或栽植建坪。以春夏季温度在 28℃上下、雨水充足、湿度大的季节最为理想。③三点金的繁殖或建坪方法多样，扦插、蔓植、裸根栽植或直立茎撒播植均可，处理得当，成活率均在 90% 以上。其中，在砖红壤上繁殖的成活率最高，可达 98% 以上，直立茎撒播植成活率可高达 99%。④利用三点金直立茎或匍匐茎顶端嫩枝段繁育或建坪时，2 种材料的发根率都可达 100%，发根时间、发根数量相当，根系发育良好，成活率可高达 99%。笔者重点就链荚豆、地稔、犁头草的栽培繁殖技术做重点试验研究[12]。

### 1. 链荚豆

链荚豆为豆科链荚豆属的优良观花地被植物。高30～90cm，簇生或基部多分枝；总状花序；花冠紫红色；花期5～9月；果期6～10月。同时为良好的绿肥植物。

链荚豆扦插繁殖较容易生根，在对其使用不同基质扦插繁殖的试验中发现，链荚豆插穗在掺有黄泥的基质中生根较好，且插穗生根较为均匀。在纯沙中生根率虽也可达到95.0%，但有部分插条生长较差。而在沙+泥炭土（1∶1混合）基质中，总体生根效果较差。在对其进行扦插繁殖的过程中总结出以下技术要点：①插穗选择。择较嫩枝条将其修剪为5～8cm长的插穗，顶部叶稍作修剪。②基质选择。通过试验对比以沙+黄泥（1∶1混合）为基质，插条粘裹生根粉发根最为整齐且根系多而强健。③养护。扦插后注意浇透水覆盖薄膜保湿。④生根。扦插后7d左右插穗发根，继续覆盖薄膜保湿，使其生长至25d后再移植入盆。⑤移栽。插穗根系生长健壮后带基质移入种植盆中养护，并注意幼苗保湿。

### 2. 地稔

地稔为野牡丹科野牡丹属的优良观花地被植物；株高仅10～30cm；多分枝，下部逐节生根；聚伞花序，有花1～3朵，基部具2片叶状总苞；花瓣淡紫红色至紫红色，花期长，几乎可全年开放，果红色，稍肉质，可与花同赏，并且清甜可口，成熟果亦可食用。喜半阴且在全光照下生长良好。地稔有一定的耐寒性，在华南地区没有明显的枯黄期或休眠期，冬季枝叶不枯，且枝、叶、花、果呈现出斑斓的色彩。

在对其使用不同基质扦插繁殖的试验中发现，地稔插穗在掺有黄泥的基质中生根效果较其他基质都差，仅为54.0%。而在纯沙基质中生根率则较高，可达85%以上，插穗粘裹生根粉的生根状况要优于粘裹黄泥扦插。在对其进行扦插繁殖的过程中总结出以下技术要点：①插穗选择。择较嫩枝条将其修剪为5～8cm长的插穗，顶部叶稍做修剪，截口处带原根系最好。②基质选择。通过试验对比以纯沙为基质，插穗粘裹生根粉发根最为整齐且根系多而强健。③养护。扦插后注意浇透水覆盖薄膜保湿。④生根。扦插后20d左右插穗发根，继续覆盖薄膜保湿，使其生长至30～40d后再移植入盆。⑤移栽。插穗根系生长健壮后应即刻带基质移入种植盆中养护，并注意幼苗保湿。如不能马上移入盆中，可将插穗洒水保湿放于阴湿处，防止插穗失水。

通过不同处理条件对地稔种子发芽率的影响可知，地稔种子存在休眠的特点，可采用4℃低温处理以打破种子休眠，并同时采用40mg/L赤霉素溶液在25℃下浸种48h可提高地稔种子发芽率，但发芽率仅为35%，仍有待进一步研究提高发芽率。

### 3. 犁头草

犁头草，又名长萼堇菜，为堇菜科堇菜属的优良观花地被。高10～20cm，根状茎垂直或斜升，无地上茎，叶均基生，呈莲座状；花淡紫色，有暗色条纹，蒴果；花期1～4月，果期2～5月。

在对其使用不同浓度的赤霉素浸种催芽试验中发现，随着赤霉素浓度的增大，犁头草种子的发芽率有显著提高，当赤霉素浓度达到500mg/L时，其发芽率最高，可达到89%。在实际生产中，可将采收晾晒后的种子以500mg/L浓度的赤霉素溶液浸泡催芽后，再于播种床内撒播，以提高种子成苗率。

图21 犁头草覆盖及开花

## 四、园林绿地灌溉制度拟定

创建节水型园林除了选择耐旱型园林植物外,如何提高水资源利用率同样是问题的关键。研究通过测定不同灌水梯度下草坪草和灌木地被的蒸散量，探明本地草坪草和灌木的蒸散规律，结合对比实际绿地土壤的水分变化，初步确定不同月份中草坪草和灌木的适合灌水梯度，拟定灌溉制度，为科学地指导城市绿地节水灌溉提供了理论依据。

### （一）草坪草和灌木的蒸散量

草坪草和灌木的日蒸散量主要受当日的气温、太阳辐射和风速的影响。日蒸散量变化曲线与当日的气温和太阳辐射的变化有密切的关系。一般表现为早晚蒸散量较小，中午蒸散量较大，夜晚蒸散量最小，甚至不发生蒸散。5 种植物的日蒸散量表现为水分梯度高，日蒸散量就高。灌木的日蒸散量高于草坪草的日蒸散量。

草坪草和灌木的月蒸散量的基本变化趋势为夏季蒸散量较高，冬季蒸散量较低。不同水分梯度下草坪草和灌木的月蒸散量有差异，相邻两种水分梯度的蒸散量增加幅度有差异。不同水分梯度对月蒸散量的影响表现为水分梯度高，蒸散量就高。不同月份中，水分梯度对蒸散量影响的差异显著性不同。

### （二）作物系数的确定

作物系数是计算作物需水量的重要参数，对作物的灌溉有指导作用。不同灌水梯度下，两种草坪草和三种灌木的作物系数的大小均表现不同，灌水梯度高的作物系数较高，灌水梯度低的作物系数较低。不同月份中，草坪草和灌木相同灌水梯度下的作物系数大小不同。三种灌木作物系数总体上要高于草坪草的作物系数。灌木的作物系数在相同水分梯度下的变化幅度高于草坪草作物系数的变化幅度。

### （三）草坪草和灌木适宜的土壤水分范围

根据蒸散量、生理和生长指标、植物的生长状况以及深圳市的气候特点，在试验设计的水分梯度区间内，我们给出了 5 种植物在各月份的参考水分梯度。结缕草在 4 ~ 9 月的土壤水分范围为 45% ~ 60% 的田间持水量，在 11 月至翌年 2 月的土壤水分范围保持在 75% ~ 100% 田间持水量，在 3 月和 10 月土壤水分范围应保持在 60% ~ 75% 田间持水量。狗牙根在 3 ~ 5 月的土壤水分范围保持在 60% ~ 75% 田间持水量，6 ~ 9 月保持在 45% ~ 60% 田间持水量，11 月至翌年 2 月保持在 75% ~ 100% 田间持水量。变叶木在 5 ~ 7 月的土壤水分范围保持在 45% ~ 60% 田间持水量，全年的其他月份保持在 60% ~ 75% 田间持水量。金叶假连翘在 5 ~ 6 月土壤水分范围保持在 45% ~ 60% 田间持水量，12 月至翌年 2 月保持在 75% ~ 90% 田间持水量，其他月份保持在 60% ~ 75% 田间持水量。龙船花在 5 ~ 8 月保持 45% ~ 60% 田间持水量，其他月份保持在 60% ~ 75% 田间持水量。

### （四）实地验证

盆栽试验是实际绿地灌溉的基础，实地调查试验为盆栽试验的数据和结论提供实地验证。调查试验中，实地测定的土壤水分日变化值比盆栽试验测定的水分日变化值小，实地测定的水分变化值在夏季较高，秋冬季节较低。道路绿地水分变化范围大多在 0.1 ~ 0.6mm，水分变化值的大小为草坪型绿地 > 乔草型绿地 > 灌木型绿地。公园各绿地类型土壤水分日变化值规律不明显，其中灌木类型绿地的水分变化值在 5 种绿地类型中处于最低水平，其他 4 种类型绿地的土壤水分变化值相互交替，规律性不明显。实际绿地调查试验与盆栽试验差异产生的原因可能是实际绿地受到了试验土壤、绿地小气候和采样点随机性的影响。

### （五）灌溉制度的拟定

通过 5 种植物在试验期间蒸散量的测定和灌溉制度参数的确定，根据水量平衡原理，利用水量平衡方程，我们拟定出 2 种草坪草和 3 种灌木的灌溉制度（表 10、表 11）。结缕草和狗牙根的灌溉制度分别为：灌水定额为 11mm/次和 11mm/次；灌水次数为 70 次和 65 次，灌溉定额为 770mm 和 715mm。变叶木、金叶假连翘和龙船花的灌溉制度分别为：灌水定额为 21mm/次、21mm/次和 16mm/次；灌水次数为 34 次、36 次和 40 次；灌溉定额为 714mm、756mm 和 640mm。

通过分析，不同植物在不同时间和不同水分梯度下的生长情况不同。我们可以在不同时间选择不同的水分梯度对植物进行灌溉。由于实际绿地中，植物种类有不同的配置，在同一绿地中会有不同的草坪草和灌木种类，这就给灌溉带来了一定的困难，对于分植物种类进行灌溉实施的难度较高。因此，实行统一灌溉梯度较方便。

表 10 各月份 2 种草坪草灌溉制度的拟定

| 草种 | 月份 | 1月 | 2月 | 3月 | 4月 | 5月 | 6月 | |
|---|---|---|---|---|---|---|---|---|
| 结缕草 | 灌水次数(次) | 5 | (4) | 3 | 4 | 6 | 7 | |
| | 灌水定额(mm) | 11 | 11 | 11 | 11 | 11 | 11 | |
| 狗牙根 | 灌水次数(次) | 4 | (3) | 4 | 4 | 5 | 6 | |
| | 灌水定额(mm) | 11 | 11 | 11 | 11 | 11 | 11 | |
| **草种** | **月份** | **7月** | **8月** | **9月** | **10月** | **11月** | **12月** | **总计** |
| 结缕草 | 灌水次数(次) | 9 | 10 | 8 | 7 | 3 | 4 | 70 |
| | 灌水定额(mm) | 11 | 11 | 11 | 11 | 11 | 11 | 770 |
| 狗牙根 | 灌水次数(次) | 8 | 9 | 7 | 5 | 5 | 5 | 65 |
| | 灌水定额(mm) | 11 | 11 | 11 | 11 | 11 | 11 | 715 |

表 11 各月份 3 种灌木灌溉制度的拟定

| 灌木 | 月份 | 1月 | 6月 | 7月 | 8月 | 9月 | 10月 | 11月 | 12月 | 总计 |
|---|---|---|---|---|---|---|---|---|---|---|
| 变叶木 | 灌水次数(次) | 3 | 3 | 5 | 6 | 4 | 5 | 4 | 4 | 34 |
| | 灌水定额(mm) | 21 | 21 | 21 | 21 | 21 | 21 | 21 | 21 | 714 |
| 金叶假连翘 | 灌水次数(次) | 4 | 4 | 5 | 6 | 5 | 4 | 4 | 4 | 36 |
| | 灌水定额(mm) | 21 | 21 | 21 | 21 | 21 | 21 | 21 | 21 | 756 |
| 龙船花 | 灌水次数(次) | 4 | 4 | 6 | 6 | 6 | 5 | 5 | 4 | 40 |
| | 灌水定额(mm) | 16 | 16 | 16 | 16 | 16 | 16 | 16 | 16 | 640 |

## （六）关于园林绿地灌溉制度的讨论

城市园林绿地具有多样性，即多样的植物配置、植物群落以及植物造型。这就对根据植物的需水量来实施节水灌溉带来了一定的难度。因此，对于城市绿地植被的灌溉，较大面积的单一植物种类可以根据拟定的草坪草的灌溉制度进行灌溉，比如：公园的休憩草坪和广场草坪。而对于范围较小的多种类型的绿地植物，乔木具有庞大的根系，可以满足自身水分需求，而群体灌木的需水量相对草坪草来说，其需水量较小，因此，建议根据草坪草的灌溉制度进行灌溉，以保证小区域绿地的观赏性。

深圳是严重缺水城市。率先建成节水型城市是深圳建设中国特色社会主义先行示范区的重要内容。节水型园林绿化建设是节水型城市建设的重要组成部分。深圳园林绿化以乔灌木为主要建群植物的配置类型，已为节水型园林绿化建设奠定了较好的基础。接下来，可在耐旱节水型地被植物及其配置模式的推广应用，制定科学灌溉制度，强化绿地用水的精细化管理，推动非常规水利用，制修订园林绿化节水相关标准等方面进一步发力，以期早日实现园林绿化用水逐步退出自来水及地下水灌溉的目标。本文所述研究成果为助力深圳节水型园林绿化建设提供了相关理论基础和技术参考。

## 参考文献


[1] 深圳市节约用水规划（2021—2035）.

[2] 王若楠，刘松. 北京推动节水型园林绿化建设[J]. 绿化与生活，2022(5)：52-55.

[3] 王德斌. 建节水型园林——促进城市绿化可持续发展[J]. 中国公园，2006（2）：17-18.

[4] 钱塘璜，雷江丽，庄雪影. 华南地区 8 种常见园林地被植物抗旱性比较研究[J]. 西北植物学报，2012，32（4）：759-766.

[5] 梁琼芳，雷江丽.8种轻型屋顶绿化植物种间竞争性研究[J]. 亚热带植物科学，2018，47（1）：59-61.

[6] 宋凤鸣，刘建华，钱塘璜，等. 8种乡土植物在边坡植被恢复工程中的应用[J]. 中国水土保持科学，2016，14（4）：134-141.

[7] 钱塘璜，雷江丽，庄雪影. 华南地区 7 种常见园林地被植物水分适应性研究[J]. 中国园林，2012，28（12）：95-99.

[8] 许建新，王莺璇，钱塘璜，等. 深圳市百合科地被植物应用现状及水分适应性研究[J]. 热带亚热带植物学报 2016，24（4）：389-396.

[9] Zhang S Y，Xia J B，Zhou Z F，et al. Photosynthesis responses to various soil moisture in leaves of Wisteria sinensis[J]. Journal of Forestry Research，2007，18（3）：217-220.

[10] 钱塘璜，雷江丽，许建新，等. 华南地区 8 种地被植物的耐旱性及繁殖移栽效果[J]. 草业科学，2013，30(11)：1 718-1 724.

[11] 马宗仁，何国强. 野生豆科植物三点金的无性繁殖研究[J]. 草业科学，2009，26(7)：147-151.

[12] 钱塘璜，梁琼芳，雷江丽. 三种新优野生地被植物的繁殖技术研究[J]. 北方园艺，2013（13）：84-88.

# 城市园林有害生物预警与生态治理

蔡江桥，程纹，蓝翠钰，董慧
（深圳市中国科学院仙湖植物园）

**摘要：** 园林绿化是唯一有生命的城市基础设施，有害生物是影响园林植物生长发育的重要因子之一。随着深圳城市化发展进程，园林植物种类不断增加，新引进的植物种类和数量繁多，城市园林绿地系统发生了显著的变化，导致园林有害生物在种类和发生规律等方面日益复杂。深圳市仙湖植物园在“预防为主、综合防治”的植保方针指导下，积极开展有害生物预警方面的科学研究和技术示范推广，提高了防治工作的决策水平和科技水平，实现经济效益、生态效益、社会效益的最优化，并在综合治理的基础上不断向生态治理方向发展。

**关键词：** 城市园林绿化、园林有害生物、预警、生态治理

# Early-warning System and Ecological Treatment of Urban Landscape Pests

Cai Jiangqiao, Cheng Wen, Lan Cuiyu, Dong Hui
( Fairy Lake Botanical Garden, Shenzhen & Chinese Academy of Sciences )

**Abstract:** Landscaping is the only living urban infrastructure construction, and pests are one of the important factors affecting the growth and development of landscaping plants. With the development process of urbanization in Shenzhen, landscape plant species continue to increase, the variety and number of newly introduced plant species, urban landscaping system has undergone significant changes, resulting in increasingly complex garden pests in terms of species and laws of occurrence. Under the guidance of the plant protection policy of "prevention-oriented and integrated control", Shenzhen Fairy Lake Botanical Garden carries out scientific research and technology demonstration and promotion of pest early-warning, improves the level of decision making and technology of pest control, realizes the optimization of economic benefits, ecological benefits and social benefits, and continuously develops from integrated management to ecological management.

**Keywords:** Urban landscaping and greening, Landscape pest, Early-warning, Ecological treatment

环境保护和可持续发展是当今国际社会普遍关注的两个重大问题，生态安全关系人民群众福祉、经济社会可持续发展和社会长久稳定，是国家安全体系的重要基石。党中央对生态环境保护高度重视，制定了一系列文件、提出了明确要求，要按照绿色发展理念，实行最严格的生态环境保护制度，建立健全环境与健康监测、调查、风险评估制度。2019 年 9 月 17 日召开的中共深圳市委六届十二次全会上深圳提出“五个率先”重点任务，全面开启建设中国特色社会主义先行示范区新征程。其中的一个重要内容就是率先打造人与自然和谐共生的美丽中国典范,实行最严格的生态环境保护制度，决战决胜污染防治攻坚战。

园林绿化是唯一有生命的城市基础设施建设，有害生物是影响园林植物生长发育的重要因子之一。深圳地处北回归线以南，属于南亚热带季风气候，全年气候温暖，雨量充沛，日照时间长，境内地势变化多样，地形复杂。优越的水热条件和自然环境，为各类园林植物的生长提供了良好的自然环境，也为植物病虫害的发生提供了环境条件。随着深圳城市化发展进程，园林植物种类不断增加，新引进的植物种类和数量繁多，城市园林绿地系统发生了显著的变化，导致园林有害生物在种类和发生规律等方面日益复杂。有些病虫害，如阴香、樟树、榕树等多种行道树的介壳虫、粉虱，各种花卉的白粉病等等，对园林植物产生了严重的影响，并威胁着本市已取得的园林绿化成果[1]。

城市园林有害生物生态治理必须从观念、策略到实施技术围绕人类、植物与其他生物的协调共存，必须探求园林绿化之中所有生物之间新的良性平衡。有害生物生态治理是对有害生物进行科学管理的体系。它从生态系统总体出发，根据有害生物和环境之间的相互关系，充分发挥自然控制因素的作用，协调应用必要的措施，将有害生物数量控制在合理的经济阈值之下，而并不是要将有害生物赶尽杀绝。深圳市仙湖植物园在“预防为主、综合防治”的植保方针指导下，因地因时制宜，科学使用生物的、物理的、机械的、化学的防治方法，坚持安全、经济、有效、简易的原则，达到有虫不成灾，实现经济效益、生态效益、社会效益的最优化，并在综合治理的基础上不断向生态治理方向发展。

## 一、城市园林有害生物普查

仙湖植物园自 2013 年开展深圳市园林有害生物调查。调查方法包括踏查和定点监测，使用包括网捕、性信息素诱捕、色板诱捕、灯光诱捕和马氏网诱捕等多种方法（图 1），并现场采集有害生物标本，详细记录有害生物种类、发生数量和为害情况等信息。

基于前期工作基础和近年调查情况，仙湖植物园汇总编制了“深圳市常见园林植物主要

图1 从左至右：利用性诱剂诱捕、扫网、黄板诱捕、马氏网诱捕、灯光诱捕等方法开展园林有害生物调查

图2 深圳园林有害生物物种信息

图3 从左至右：干制标本保存柜、已整理的有害生物标本

病害名录”和“深圳市常见园林植物的主要虫害名录”，共包括207种寄主植物上的499种有害生物，其中害虫180种，病害155种，杂草9种。目前，已完成其中212种有害生物物种信息整理与上传工作。可查询信息包括学名、中文名、分类、形态特征、习性、分布情况、危害特点、典型寄主、防治措施等（图2）。

同时，仙湖植物园对深圳市园林有害生物标本（有害生物为害状的腊叶标本、酒精浸泡标本和干制标本）进行了采集和整理（图3），并已完成近3 000号园林植物有害生物标本的整理和数字化工作，详细记录了物种、分布、发生时间、地点、照片、寄主等相关信息。

## 二、园林有害生物监测预警体系构建

目前，在我国大部分城市，园林植物害虫防治工作的专业队伍比较薄弱，专业技术人员较少，缺乏园林有害生物疫情监控体系和各方协调开展综合治理的有效机制。园林绿化管理人员对园林有害生物的鉴别与预测能力较差，防治措施带有一定的臆测和盲目性。只有发生病虫疫情造成了一定的影响，甚至对园林造成威胁时才引起重视。城市绿地植物保护和森林保护一样，应坚持“预防为主，综合防治”重要原则，其前提是加强园林有害生物发生动态的监测[2]。因此，规范化、科学化、标准化和专业化的园林有害生物生态治理工作应定期发布害虫发生趋势的预报，在做好监测工作的基础上提高工作效率，把有害生物的爆发性灾害控制在发生之前，将疫情监控、检疫把关、生物防治、物理防治、农业防治与化学防治有机结合起来。

### （一）园林有害生物测报

自 2014 年 1 月起，仙湖植物园基于近期有害生物调查监测数据，结合有害生物流行规律、气象资料以及前几年发生情况来预测园林有害生物发生情况，每月月初发布“深圳市园林植物病虫害防控预警信息”，为深圳市园林有害生物防治决策提供参考信息。

### （二）网络平台建设

“有害生物综合鉴定平台”（Integrated Pest Identification Platform, IPIP）是仙湖植物园与深圳市绿化管理处、中国科学院计算机网络信息中心合作研发的公共技术服务平台。该平台基于形态鉴定和分子鉴定工作流程建设系列分析模块，具有友好的人工交互页面，其建立对于促进园林植物有害生物多样性研究、防范潜在外来有害生物传入、保护园林植物和生态

图4 仙湖植物园网站“植物保护”版块发布的深圳市园林植物病虫害防控预警信息

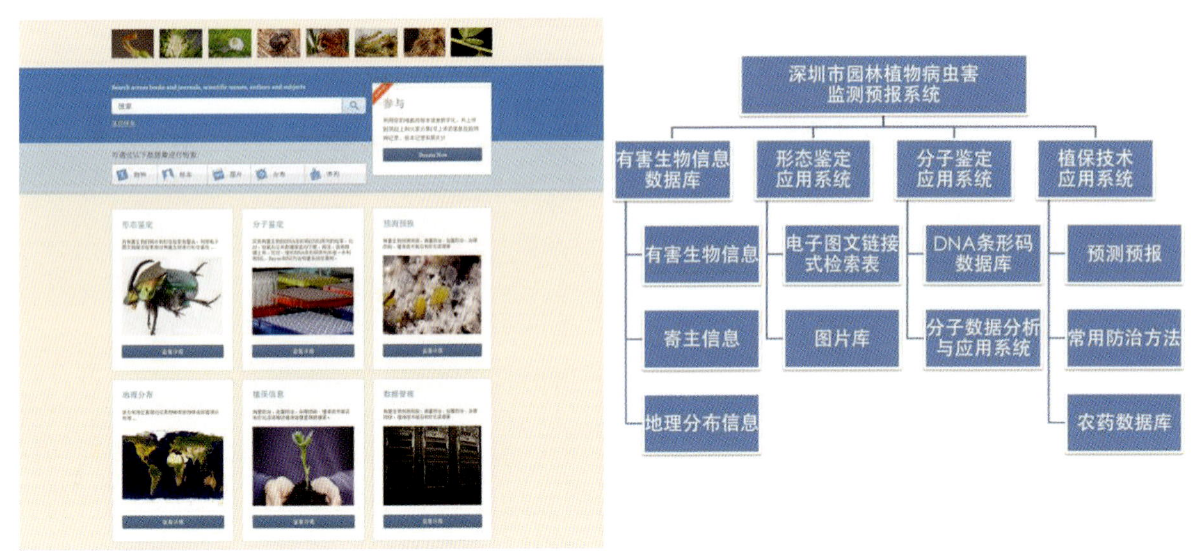


图5 有害生物综合鉴定平台新版主页、网站功能规划图

环境安全具有重要的理论意义和实践意义，并为改善深圳市人居环境相关技术开发和应用提供技术支持与服务（图4、图5）。

该平台的主要服务功能如下：

（1）有害生物信息数据库。可按名称、寄主、分布等不同方式对有害生物数据进行简单检索和高级检索。

（2）形态鉴定应用系统。将有害生物的高清整体照片和特征照片以及对部分重要类群编制的形态检索表整合至网络，利用图片搜索功能和电子图文链接式检索表对有害生物进行综合鉴定。

（3）分子鉴定应用系统。实现有害生物的DNA条形码（COI）序列的检索、比对。包括从公共数据库自动下载、筛选、自有数据上传、比对、组织DNA条形码序列并进一步利用ML、Bayes和NJ方法构建系统发育树。

（4）植保技术应用系统。包括有害生物预测预报、病害防治、虫害防治、杂草防除、植保技术前沿和农化咨询等的植保信息查询数据库。

该项目是深圳市城市管理和综合执法局“2015年服务行动年100项服务行动计划”之一，并获得计算机软件著作权1项[3]。项目研究成果完善了深圳园林有害生物监测预报系统，为深圳市城市管理和综合执法局、福田内伶仃红树林国家级自然保护区等部门的园林有害生物生态治理提供了技术指导。相关研究成果由国际植物园保护联盟（Botanic Garden Conservation International，以下简称BGCI）约稿发表在该联盟旗下期刊*BGjournal*的有害生物防治专刊上，并受邀在瑞士召开的“2018国际植物有害生物预警大会”以及在我国重庆召开的“第四届国际昆虫基因组学大会”上分别做了专题学术报告。

## 三、园林有害生物生态治理

仙湖植物园坚持“预防为主，科学防控，依法治理，促进健康”的防治原则，坚持“严格禁止有机磷农药，严格限制菊酯类农药，大力推广使用生物、物理和无公害防治措施”的用药原则，建立“以抚育管理为主的管养措施、以生物防治为主的调控措施、以物理防治为主的辅助措施、适量药剂防治的应急措施”在内的有害生物防治制度。具体措施如下。

### （一）加强检疫与防疫工作

随着深圳园林绿化的发展，为了使园林景观更具独特性和观赏性，常常在引进新的花卉、树木种苗的同时无意中将检疫性有害生物传入。某些危险性病虫一旦传播到新的地区，原来制约其发展的环境因素被打破，条件适宜时，就会迅速扩展蔓延，猖獗成灾。例如蔗扁蛾、椰心叶甲、红棕象甲等的入侵都与植物材料和种苗的引进有关。因此，在植物苗木材料引种调运过程中，一定要严格遵守国家有关植物检疫的法律法规，加强检疫，严禁将危险性有害生物传入，一旦发现其传入，一定要按照法定要求处理，及时封锁，就地消灭。

防疫工作主要是防止恶性病虫害对园林植物的侵害。建立无病虫育苗圃，加强土地轮作、土壤消毒和种子种苗消毒等都是防范恶性病虫害传播侵染的有效措施。因此，园林机构应建立植物种植基地，在仙湖植物园、各大公园和景区等处建立标准化种苗场，制定引种植物检疫管理标准，特别是对于外地引进的新品种和苗木，一定要做好检疫工作，并在种子种苗消毒处理、土壤基质消毒、有害生物测报以及预防性喷药处理等环节严格把关，保证出圃苗木不带有恶性有害生物。

## （二）合理的植物种类结构

各种园林有害生物都有一定的寄主范围，其爆发危害需要一定的环境条件。大面积连续种植同一种植物可为有害生物提供了稳定而丰富的食物和繁殖传播空间，营造其数量大发生的有利条件。例如椰心叶甲飞翔能力不强，棕榈科植物的连片种植恰好给予其传播创造了条件，导致其发生程度严重。不得已使用农药进行治理时，如果用药不合理，同时大量杀伤天敌，又降低了对有害生物的自然控制能力，反过来又促进了有害生物的大发生。深圳市园林多种有害生物如草地贪夜蛾、蛴螬、榕管蓟马、介壳虫的大量发生都与连续大面积种植同种植物有关。因此，进行科学合理的园林植物种类搭配，可以在空间和时间上隔断有害生物的寄主和食物链条，并有利于天敌的栖息，形成稳定的生态系统，是园林有害生物综合治理的有力措施之一。

深圳市区人口密集、楼房林立，非原始自然的城市环境条件下，园林植物在种类选择上，除了注意外形美观、绿化、遮阴效果好，如榕树、阴香、秋枫、杧果、扁桃等；也有选择色彩艳丽，引人注目的植物种类，如凤凰木、木棉、朱槿、杜鹃、簕杜鹃等；在立交桥、挡土墙、建筑物墙壁上常种植攀缘能力强的藤本植物如爬山虎、炮仗花、薜荔等，不仅达到良好的视觉效果，也创造了不利于有害生物大发生的体系，有必要进行更深入的研究总结。

根据生态学原理，植物种类越丰富，种与种之间的亲缘关系越远，植物种类所生长的环境接近自然状态，则其生态系统越稳定。即使有病虫害发生，也只有危害其中某一种类，而不会影响到整个绿地景观并造成经济损失。行道树是深圳城市绿地系统种园林植物的重要组成部分。适当地搭配种植，不仅美化绿化效果好，而且可以减少有害生物的发生，起到真正美化和保护环境的作用。间种的方式可以选用落叶或半落叶和常绿树种的间种；冠幅大的与冠幅小乔木间种；针叶树与阔叶树间种；速生树种与生长较慢的树种间种等。通过合理的间种，每条道路的行道树，加上灌木、草坪及树基部的花草，能到达 4 ~ 5 种植物类群，比起单一树种作为行道树，减弱了某种有害生物的大发生和危害程度。

## （三）栽培管理措施

良好的栽培管理措施是防治有害生物的基础。选用抗病虫的树木花卉品种，种植前进行杀虫消毒，深翻改良土壤；合理施肥，特别是使用有机肥提供足够而均衡的营养，合理浇灌并及时除草，培养健壮树体可提高园林植物抗病虫害能力。对树木进行整形修剪，增加植物之间的通透性，降低湿度；注意园林环境卫生，彻底清理枯枝落叶及越冬杂草集中烧毁，彻底消灭越冬病虫源等方法都是防治有害生物的有效措施。

## （四）物理防治

对园林有害生物进行物理防治手段包括剪除病虫枝叶烧毁、用钢丝钩杀天牛幼虫、树干用石灰涂白、蒸汽土壤消毒和种苗处理、种子热处理杀菌消毒等。利用害虫的趋光性，在晚上比较黑暗的区域设置白炽灯、黑光灯、双色灯、多频谱诱虫等可以大量诱杀蛾类、金龟子、叶甲等害虫的成虫；国外已有利用高频电流、微波加热、放射能、激光红外线等高科技防治害虫的报道，可以引进试验并加以利用，提高防治技术水平；利用昆虫对各种光谱颜色的趋性和规避特点，使用黄色粘卡在花木种植场可以诱杀大量蚜虫、粉虱、木虱、叶蝉、飞虱等害虫；银灰色材料有显著的驱避蚜虫作用，可以在苗圃种植地使用银灰色地膜、遮阳网，能减少蚜虫危害；也可以用糖醋饵料加农药、诱杀。

## （五）生物防治

保护与释放天敌在园林系统中比较有条件进行。城市园林植物种类多，层次丰富，植被复杂，蜜源充足，具有良好的生存环境，有利于害虫天敌建立起较稳定的种群，发挥出自然控制害虫的作用。为了保护、利用自然天敌，首先进一步改善天敌生存的环境条件，补充天敌的食料和寄主，创造有利于天敌越夏、越冬的场所，使天敌种群能够顺利地生存、繁衍；其次，注意协调化学防治与生物防治的矛盾，注意选用特异性、选择性农药或生物农药，以减少对天敌的杀伤。

保护鸟类、蛙类和爬行类动物的关键是提高市民的保护意识，禁止猎杀鸟类等有益动物，同时创造有利于它们生存栖息的环境。在园林中套种一些有甜味果实的树种，如樟树和榕树等，果子成熟时能大量吸引鸟类栖息取食；在园林间安装人工鸟屋，如人工鸟箱招引啄木鸟防治双条杉天牛、人工驯养灰喜鹊来防止松毛虫幼虫等都获得显著效果。近年来，深圳园林中鸟类数量显著增多值得进一步总结和加强。此外，在园林间的水域中放养青蛙、蝌蚪并加以保护也值得提倡。

释放和迁入天敌有许多成功的有效手段。例如，1988 年从日本引进的花角蚜小蜂在广东成功控制了松突圆蚧的危害。到 1993 年放蜂总面积达 738 300hm$^2$，占疫区面积的 80% 左右，寄生蜂的定居率为 97.8% ~ 100%，雌蚧被寄生率 40% ~ 50%；引进拟澳洲瓢虫防治吹绵蚧是很成功的例子；培养释放平腹小蜂防治荔枝蝽象，卵寄生率达 95% 以上，能成功控制该害虫危害；培养释放赤眼蜂、人工助迁瓢虫、食蚜蝇等控制害虫等，都可以应用于深圳园林有害生物防治实践。

推广使用真菌、细菌、病毒及其代谢产物的生物农药已成为生物防治的重要手段。苏云金杆菌（Bt）和白僵菌已经成为大批量生产的生物农药，用于防治松毛虫、尺蠖、毒蛾、夜蛾、菜蛾等多种鳞翅目食叶害虫及松褐天牛等蛀干害虫；夜蛾多角体病毒制剂用于防治斜纹夜蛾等多种夜蛾科害虫也已经成为正式产品上市推广应用。

## （六）化学防治

化学防治具有快速、高效、使用方便、不受地域限制、适用于大规模机械化操作的优点，是目前园林病虫草害防治的主要措施，预计未来相当长的时期内还是不可缺少的重要手段之一。尤其对于突发性大面积严重发生的病害虫，施用化学药剂仍是应急防治的最有效措施。

同时，化学防治有很多缺点，使用不当会引起人畜中毒和植物药害；杀死害虫的同时，又杀死环境中其他许多有益生物，引起害虫猖獗或使某些次要害虫大量发生；害虫产生抗性和造成了环境污染等副作用。因此，必须强调科学合理地开展化学防治，使其负面影响降低到最低程度。深圳在过去较长时间内依赖于化学农药防治园林有害生物已经造成了不少问题，应不断予纠正。具体强调以下几方面：

（1）减少和限制高毒、高残留农药在园林管理中的使用。提倡合理使用高效、低残留农药品种。

（2）尽量避免在园林环境中盲目大量使用广谱性农药，增加对生物农药、仿生农药、高效低毒低残留农药的合理使用，减少农药使用对园林生态环境的压力。

（3）强调适时施药、对症用药。应加强园林有害生物发生情况的监控和预测预报，在重要有害生物发生高峰期到来之前适时施药防治。选用有针对性的高效品种。

（4）不是非不得已的情况下不要随意大面积喷洒化学农药。施用农药要有针对性局部进行，例如局部喷药挑治重点；根施颗粒剂和局部熏蒸等，尽量减少农药对天地的杀伤和污染环境。

（5）对付同一种病虫不要连续多次使用同一成分类型的农药，应合理进行不同类型农药的轮用和混用，延缓病虫抗药性的产生；也不要盲目混配混用农药，避免多抗性病虫害种群的形成，增加防治难度。

# 四、重大入侵生物研究

## （一）薇甘菊监测和防控方法研究

仙湖植物园和中国农业科学院深圳农业基因组研究所自 2019 年开始共同开展“对入侵植物薇甘菊的监测和防控方法的研究”，该项目由深圳市城市管理和综合执法局资助完成。

薇甘菊（*Mikania micrantha*）善于缠绕和攀附，是一种多年生草本植物。原产于南美洲和中美洲，现已广泛传播到亚洲、南太平洋热带区域，对经济作物、森林植被以及城市公园的植物群造成了极大的危害，故被称为“植物杀手”和“绿色杀手”。该种已列入世界上最有害的 100 种外来入侵物种之一，也被中国列入首批外来入侵物种。尽管一些研究已经从细胞学和生理生化角度阐明了薇甘菊的快速生长的生物学特性，由于缺乏薇甘菊基因组信息，严重阻碍了薇甘菊在分子水平方面快速生长和环境适应等入侵机理的深入研究。因此，薇甘菊基因组信息的完善对揭示薇甘菊的快速生长以及环境适应性的分子基础具有重要理论基础。此外，薇甘菊的监测主要依靠卫星遥感和人工检查，成本高，准确率和效率较低，因此，开发更高分辨率的目标细节和高灵活性的检测方法可以更加精确的监测薇甘菊的分布。目前，薇甘菊的治理主要采用人工清除和化学防治方法，化学药剂在自然环境中的残留可以破坏土壤生态环境，对植物、动物以及人类造成危害。因此，通过自然替代的方法来管理空缺生态位（替代控制），将有望实现对入侵种的持续生态治理。

本研究利用基因组测序和分析技术，全面解读薇甘菊基因组信息，在基因水平上探讨其环境适应能力和快速生长特性；并通过开发无人机高光谱技术和深度卷积神经网络的智能监测技术监测薇甘菊的分布状况；同时利用两种本地替代植物—粉葛与异果山绿豆，着重研究其对薇甘菊的竞争性替代作用，构建生态替代与入侵地生态修复的技术体系。从基因组学、人工智能和生态替代三个方面探讨薇甘菊智能监测和生态防控。本研究首先构建了薇甘菊染色体级别高质量的基因组，并通过比较基因组学分析，发现薇甘菊基因组中参与生长素信号转导、茉莉酸合成、养分吸收转运以及参与光反应的基因家族或代谢通路，发生了显著扩张，为其快速生长提供了理论依据。并且申请了图像采集和入侵植物识别的相关专利，利用无人机和自主开发的一种基于深度卷积神经网络（CNN）的新型 IAPsNet（Invasive alien plants）来识别图像，并使薇甘菊的识别率在 90% 以上。同时发现决明和异果山绿豆对薇甘菊的防控效果比较好，可作为薇甘菊野外的替代植物。本项目为薇甘菊的快速生长机制、高效智能的监测和生态防控提供了重要的科学理论依据。其研究成果于 2020 年 1 月在《自然·通讯》（*Nature Communication*，影响因子 11.878）刊发，从多个角度揭示了薇甘菊在全球入侵过程中的环境适应性进化和快速生长的分子机制，为有效防治和管控薇甘菊进一步入侵提供了理论依据[4，5]。

## （二）重要入侵害虫实蝇专项研究

实蝇科（Tephritidae）隶属于双翅目（Diptera）

无瓣蝇类（Acalyptrate），是一类可对果树生产与贸易造成巨大影响的重要害虫。同时，实蝇的前翅具鲜艳的图案且交配和防御行为多样，因此长期以来一直备受世界各国农林部门、检疫部门以及生态学家的关注。目前，全世界实蝇科昆虫已知 4 000 多种，对农林业具重要经济意义的实蝇种类超过 100 种，还有 150 多种是次要的或潜在的害虫。加强实蝇科昆虫的分类和鉴定能力，对建立和完善针对性的防范措施，保护农林业生产安全和生态环境以及促进农产品对外贸易具有重大意义。仙湖植物园主持开展了国家公益性行业（农业）科研专项子课题“瓜实蝇地理种群遗传分化及扩散规律解析”和深圳市科技创新委员会海外高层次人才创新创业专项基金“检疫性实蝇形态与分子鉴定技术研究”。项目研究成果所提出的高效及简化分析的检疫性实蝇形态和分子的快速鉴定方法实用性强，解决了实蝇检疫工作中带有综合性、关键性、基础性的科学技术问题，为检验检疫决策和检验检疫执法把关提供了技术支持，在中国检验检疫科学研究院、上海出入境检验检疫局、深圳出入境检验检疫局等全国检疫相关部门得到广泛应用，产生了重大影响，取得了明显的社会效益。

## 五、技术示范与推广

园林有害生物防治措施需要始终贯彻在栽培和养护管理的各个技术环节中。因此，园林绿化管理人员专业素质的高低，直接影响着园林有害生物治理效果。目前，深圳市园林系统中植保技术力量依然相对薄弱，加强培训提高技术水平很有必要。可以通过园林绿化主管机构牵头，园林、花卉行业相关协会进行组织，聘请专业技术专家开设讲座，定期或不定期举办学习培训。有条件的地方可以成立专门的园林植物保护技术小组，负责辖区内的园林有害生物防治的预测预报及治理工作。逐步形成由高、中级专业技术人员与园林技工结合的园林植保技术体系。

### （一）编制园林有害生物防治技术规范

基于多年的园林有害生物防治研究基础，仙湖植物园参与编制了深圳市地方标准《园林绿地病虫害防治技术规范》（SZDB/Z 195-2016）[6]，规定了园林绿地的主要病虫害防治技术要求、病虫害的防治指标和化学防治的技术的质量标准，用于指导深圳市园林绿地植物病虫害防治工作。

### （二）举办培训班

2015 年 3 月 25 ~ 27 日，BGCI 国际植物预警网络项目组（IPSN）植物病虫害鉴定与诊断培训班在仙湖植物园开班（图 6、图 7）。此次培训班依托国际植物预警网络项目（IPSN），由仙湖植物园和 BGCI 共同举办。本次培训班是 IPSN 在全球举办的第 2 次培训班，在国内尚属首次。

本次培训班邀请了英国食品与环境研究院高级昆虫学家 Chris Malumphy 教授和国际应用生物科学中心（CABI）的万欢欢博士担任教员，并邀请了 BGCI 中国办事处执行主任文香英莅临了本次培训班开幕式。来自国内植物园系统以及出入境检验检疫系统和香港渔农署等从事植物保护工作的相关机构的 30 余位学员参加了此次培训（图 8）。该培训班相关新闻刊登在 BGCI 和国家林业局的网站上。本次培训班通过学术讲座、野外实习和实验操作培训，向学员普及植物病虫害鉴定和诊断常识，重点讲授了如何对中国和周边国家的天牛进行快速鉴定和诊断，在一定程度上提高了植物园系统和相关机构从事植物保护工作的学员对害虫的鉴定和诊断能力。

本次培训班的召开，不但能够普及植物病虫害鉴定和诊断常识，提高植物园系统和相关机构从事植物保护工作的学员对害虫的鉴定和诊断能力，更重要的是加强了相关机构和研究人员之间的交流，为植物园的园林植保工作者提供了交流平台。

图6 BGCI植物病虫害鉴定与诊断培训班合影

图7 从左至右：仙湖植物园时任主任王晓明在培训班开幕式致辞、培训班材料、BGCI中国办事处执行主任文香英在开幕式致辞

图8 从左至右：学员在盆景园检视蛀干害虫、英国食品与环境研究院Malumphy教授讲授害虫标本鉴定

## 参考文献

[1] 崔东，丁爱萍，冯伟雄，等. 园林绿化养护实务[M]. 北京：中国林业出版社，2010.
[2] 莫建初等. 城市绿化病虫害防治[M]. 北京：化学工业出版社，2012.
[3] 有害生物综合鉴定平台[简称：IPIP] V1.0，登记号2012SR118615，2012年12月4日获授权，Integrated Pest Identification Platform，IPIP）.
[4] Bo L，Yan J，Li W H，et al. *Mikania micrantha* genome provides insights into the molecular mechanism of rapid growth[J]. Nature Communications，2020，11（340）：1-13.
[5] Qian W Q，Huang Y Q，Liu Q，et al. UAV and a deep convolutional neural network for monitoring invasive alien plants in the wild[J]. Computers and Electronics in Agriculture，2020，174.
[6] 刘东明，梁志宇，董慧，等. 2016. 园林绿地病虫害防治技术规范[S]. 深圳市市场监督管理局发布（SZDB/Z 195-2016）.

# 乡土观果引鸟植物在深圳园林绿化中的推广实践

## ——以紫珠为例

邓丽，张旻，冯世秀
（深圳市中国科学院仙湖植物园）

**摘要：**观果植物作为园林造景植物的重要组成部分，果实妙趣横生，突显季候特色，给人以丰收的喜悦，为多种动物提供食物来源，丰富生境内物种多样性，为构建安全多样的复杂生态系统提供基础元素。挖掘优质的乡土观果植物，能为城市园林增添应用素材，丰富景观效果，提高景观的多样性与互动性。紫珠属（*Callicarpa*）植物因其漂亮的紫色果实而得名。通过对紫珠属植物的生长习性、形态特征进行整理，对比其与华南地区常见观果树木的差异，总结其在华南地区园林应用中的可行性，并探索其在城市园林绿化应用中的方式方法。植物的光合特性是影响植物生长发育和景观效果的关键因素之一，结合紫珠属植物的光响应参数、生理指标参数和景观评价参数，建立紫珠属植物景观效果评价体系和繁育管养体系，开展紫珠属植物的园林种植与应用方式实践，为其作为观果引鸟植物在深圳园林绿化中推广应用提供参考。

**关键词：**紫珠属；园林绿化；景观；繁育管养；应用实践

# Promotion Practice of Native Fruit-viewing and Bird-attracting Plants in Shenzhen Landscaping

## —Take the *Callicarpa* Plants as An Example

Deng Li, Zhang Min, Feng Shixiu
(Fairy Lake Botanical Garden、Shenzhen & Chinese Academy of Sciences)

**Abstract:** As an important part of landscape plants, fruit-bearing plants are interesting, highlighting seasonal characteristics, giving people the joy of harvest, providing food sources for a variety of animals, enriching species diversity within the habitat, and providing basic elements for building a safe and diverse complex ecosystem. The exploration of high-quality native fruit-bearing plants can add application materials to urban gardens, enriching landscape effects and adding diversity and interactivity to the landscape. *Callicarpa* plants are named after their beautiful purple fruits. By compiling the growth habits and morphological characteristics of *Callicarpa* plants and comparing their differences with common fruit-bearing trees in South China, we summarize their feasibility for garden applications in South China, and explore the ways and means of its application in urban landscaping. The photosynthetic characteristics of plants are one of the key factors affecting the growth and development of plants and landscape effects, combining the light response parameters, physiological index parameters and landscape evaluation parameters of *Callicarpa* plants, we establish the landscape effect evaluation system and breeding and management system of *Callicarpa* plants, carry out the garden planting and application mode practice of *Callicarpa* plants, and provide reference for its promotion and application as fruit-viewing and bird-attracting plants in Shenzhen landscaping.

**Keywords:** *Callicarpa* ; Gardening ; Landscaping ; Breeding and management ; Application practice

乡土植物是在长期的自然选择过程中，经过物种演替与更新，最终存活下来的能高度适应自然植物区系和特定的生态环境的植物，具有抗逆性强、适应性强、材料易得、能经受一定程度的人类活动影响等优势。乡土植物富含自然野趣，给人以同源的亲切感，还因其大多生长良好，给人以蓬勃旺盛的生命力。乡土植物的保护与应用近年来已成为生态文明建设工作的重要内容之一。挖掘优质的乡土植物资源，探索其在城市园林绿化中的应用形式，营造乡土植物景观，对维持城市自然生态平衡与稳定能产生积极的推动作用。

华南地区乡土植物资源丰富，在华南地区的城市园林建设中已有大量的乡土植物应用的成功案例。据统计，华南地区在园林中应用的乡土植物已有210种，有待开发利用的潜在乡土树种有282种[1]。相较于其他观赏植物，在现代园林景观中观果植物的应用还未得到足够的重视，其园林应用占比较总体观赏植物资源来说较少。随着生态文明的发展，越来越多的园林工作者开始注重观果植物资源的保护与开发，加强观果植物的引种驯化、栽培繁育技术研究，以及在野生品种的技术上扩大育种规模[2]已成为当前研究的热点。建立健全的观果植物评价体系，探索观果植物的园林配置和自然生长规律[3]，挖掘观果植物的文化特色，有助于推动观果植物的园林应用，有助于提升城市园林审美意识和水平[4]。

本研究以华南地区常见乡土观果植物紫珠为例，分析其在城市园林应用的可行性，研究其在华南地区的生态适应性，为紫珠属植物的园林应用推广提供基础的生理数据支撑和应用技术指引。

## 一、亚热带新锐观果树木紫珠属植物的园林应用可行性分析

植物是园林绿化中最主要的材料，在净化空气、涵养水源、调节气候、消除噪声、美化居住环境、保护生物多样性等方面发挥重要作用[5]。观果植物作为园林景观植物的组成部分，其果实具有良好且独特的景观效果，使之观赏价值明显区分于其他植物。在当前城市绿化中，观果植物的应用比例远低于观叶植物、观花植物，应用种类也仅限于传统品种，应用形式单一，观赏效果未能得到充分展现[6]。为提升城市园林景观效果，丰富观果植物种类，发掘性状优良的乡土观果植物的必要性和迫切性日益突出。

紫珠属植物作为华南地区常见的乡土植物，花冠色彩形态迷人，秋冬季节累累果实挂满枝条，富有诗意，可作为既能观花又能观果的园林景观植物进行开发应用。本文系统整理14种常见紫珠属植物的基本属性，对比其与25种华南地区常见观果植物的优劣势，分析其在园林绿化应用中的可行性，为其在城市园林绿化应用中提供建议。

图1 紫珠花冠观赏效果：裸花紫珠

图2 紫珠花冠观赏效果：裸花紫珠

图3 紫珠属植物果实形态及颜色：红紫珠

图4 紫珠属植物果实形态及颜色

## （一）紫珠属简介

紫珠属原隶属马鞭草科，后随牡荆亚科被移入管状花目唇形科（APG系统）[7]，全属有190余种，我国范围内约生长有46种，主要分布在长江以南地区，多见于平地至海拔1 500m的山坡林地及灌丛中。紫珠属植物常见形态为直立落叶灌木，稀为乔木、藤本或攀缘灌木；枝条为圆筒形或四棱状；叶对生或交互对生，有短柄或无柄，锯齿状叶缘，伞形且腋生花絮。紫珠属植物花冠颜色以紫色为主，间或红色或白色。核果或浆果状果实，成熟时颜色逐渐由浅变深，最后为紫色、红色、白色或黑色，自带金属光泽[8]（图1、图2）。

## （二）紫珠属植物的形态特征及生长习性

### 1. 形态特征

紫珠属植物形态多样，广东紫珠（*Callicarpa kwangtungensis*）、杜虹花（*C. formosana*）、白棠子树（*C. dichotoma*）等常见形态多为小型灌木，最高可达2m；裸花紫珠（*C. nudiflora*）、木紫珠（*C. arborea*）、尖尾枫（*C. longissima*）常见形态为灌木或小乔木，高3～7m；藤紫珠（*C. peii*）常见形态为藤本或蔓性灌木，枝条长度可达10m。除白棠子树、短柄紫珠（*C. brevipes*）外，其他树种叶片通常较大。该属植物花期通常较长，紫珠（*C. bodinieri*）、杜虹花、裸花紫珠、广东紫珠等种花期为4～7月，尖尾枫花期可至9月。该属植物果实为球形，成熟时多为紫红色或渐变为白色，果期为8～12月，部分种果期持续至翌年1～2月（图3、图4）。

### 2. 地理分布

经梳理统计相关文献资料[9-11]，发现该属植物主要分布于亚洲、大洋洲、美洲的热带和亚热带地区，极少数种分布于温带地区。我国目前发现并记录紫珠属植物主要分布地点为长江以南，少数种生长范围延伸至中部温带地区边缘，广东、海南和广西等地大量分布。

### 3. 生长习性及生态适应性评估

经分析不同地域范围内的紫珠属植物植株形态和分布情况，发现该属植物喜温暖、湿润性气候和疏松肥沃的土壤，主要生长于山坡、路边、溪边等向阳的地方。该属多数品种耐热抗旱，较耐瘠薄，稍耐阴，在阳光不充足的地区长势较弱，稍耐寒，温带地区受低温影响的树种较为矮小。该属植株产生的挥发性油类物质可以抗菌、抗病毒，部分种的挥发油还具有杀虫活性成分，对病虫害侵扰具有防御作用[2]。

## （三）紫珠属植物的景观特性

### 1. 紫珠属植物景观效果评价

对我国境内较常见的14种紫珠属植物进行调查统计（表1），以影响景观效果的生活型、叶形、花色、花期、成熟期果色、果期及枝形为评价因子，对其进行综合评价，发现14种植物观赏性均较好，适宜作为乡土观果树种在华南地区城市园林绿化中推广应用。

表 1 紫珠属植物形态、生物学特性归类表[4]

| 种名 | 叶形 | 枝形 | 花色 | 花期 | 成熟期果色 | 果期 | 生活型 | 中国分布区域 |
|---|---|---|---|---|---|---|---|---|
| 木紫珠 *C. arborea* | 椭圆形 | 四棱形 | 紫色或淡紫色 | 5～7月 | 紫褐色至黑色 | 8～12月 | 乔木 | 广西、云南、西藏 |
| 紫珠 *C. bodinieri* | 卵状长椭圆形至椭圆形 | 小枝 | 紫色 | 6～7月 | 紫色 | 8～11月 | 灌木 | 广东、广西、湖南、湖北、江西、四川、云南、贵州、河南、江苏、安徽、浙江 |
| 白棠子树 *C. dichotoma* | 倒卵形或披针形 | 小枝 | 紫色 | 5～6月 | 紫色 | 7～11月 | 小灌木 | 广东、广西、湖南、湖北、江西、贵州、河南、河北、江苏、安徽、浙江、山东、福建、台湾 |
| 杜虹花 *C. formosana* | 卵状椭圆形或椭圆形 | 小枝 | 紫色或淡紫色 | 5～7月 | 紫色 | 8～11月 | 灌木 | 广东、广西、江西、浙江、福建、台湾、云南 |
| 老鸦糊 *C. giraldii* | 宽椭圆形至披针状长圆形 | 圆柱形 | 紫色 | 5～6月 | 紫色 | 7～11月 | 灌木 | 广东、广西、湖南、湖北、河南、江苏、安徽、浙江、江西、四川、贵州、云南、福建、甘肃、陕西 |
| 尖尾枫 *C. longissima* | 披针形或椭圆状披针形 | 四棱形 | 淡紫色 | 7～9月 | 白色 | 10～12月 | 灌木或小乔木 | 广东、广西、四川、江西、福建、台湾 |
| 大叶紫珠 *C.macrophylla* | 长椭圆形、卵状椭圆形或长椭圆状披针形 | 近四棱形 | 紫色 | 4～7月 | 紫红色 | 7～12月 | 灌木，稀小乔木 | 广东、广西、贵州、云南 |
| 裸花紫珠 *C. nudiflora* | 卵状长椭圆形至披针形 | 小枝 | 紫色或粉红色 | 6～8月 | 红色 | 8～12月 | 灌木至小乔木 | 广东、广西 |
| 藤紫珠 *C. peii* | 宽椭圆形或宽卵形 | 圆柱形 | 紫红色至蓝紫色 | 5～7月 | 紫色 | 8～11月 | 藤本或蔓性灌木 | 广东、广西、湖北、四川、江西 |
| 红紫珠 *C. rubella* | 倒卵形或倒卵状椭圆形 | 小枝 | 紫红色，黄绿色或白色 | 5～7月 | 紫红色 | 7～11月 | 灌木 | 广东、广西、安徽、浙江、江西、湖南、四川、云南、贵州 |
| 华紫珠 *C. cathayana* | 椭圆形或卵形 | 小枝 | 紫色 | 5～7月 | 紫色 | 8～11月 | 灌木 | 广东、广西、河南、江苏、湖北、安徽、浙江、江西、福建、云南 |
| 日本紫珠 *C. japonica* | 倒卵形、卵形或椭圆形 | 圆柱形 | 白色或淡紫色 | 6～7月 | 紫色 | 8～10月 | 灌木 | 辽宁、河北、山东、江苏、安徽、浙江、台湾、江西、湖南、湖北、四川、贵州 |
| 广东紫珠 *C. kwangtungensis* | 狭椭圆状披针形、披针形或线状披针形 | 圆柱形 | 白色或带紫红色 | 6～7月 | 紫色 | 8～10月 | 灌木 | 广东、广西、湖南、湖北、浙江、江西、贵州、福建、云南 |
| 短柄紫珠 *C. brevipes* | 披针形或狭披针形 | 略呈四棱形 | 白色 | 4～6月 | 紫色 | 7～10月 | 灌木 | 浙江、广东、广西 |

## 2. 与华南地区主要园林观果植物对比

为了更科学地对紫珠属植物的景观效果进行评价定位，对华南地区城市园林绿化中的观果植物资源进行调查[13-14]，除高大的观果乔木和水生植物外，总结筛选出25种常见的园林观果植物（表2），对影响果实观赏效果的成熟期果色、果形、果期、果实大小及株型信息进行整理。

表2 华南地区25种观果植物基本信息表[4]

| 种名 | 果色 | 果形 | 果实大小（mm） | 果期 | 生活型 |
|---|---|---|---|---|---|
| 海芋 *Alocasia macrorrhizos* | 红色 | 卵状 | 长8～10，粗5 | 四季皆有 | 草本 |
| 朱砂根 *Ardisia crenata* | 鲜红色 | 球形 | 直径6～8 | 10～12月 | 灌木 |
| 紫金牛 *Ardisia japonica* | 鲜红色转黑色 | 球形 | 直径5～6 | 11～12月 | 小灌木或亚灌木 |
| 虎舌红 *Ardisia mamillata* | 鲜红色 | 球形 | 直径约6 | 11月至翌年1月 | 矮小灌木 |
| 天门冬 *Asparagus cochinchinensis* | 红色 | 球形 | 直径6～7 | 8～10月 | 草本 |
| 鱼尾葵 *Caryota ochlandra* | 红色 | 球形 | 直径15～20 | 8～11月 | 乔木 |
| 落葵 *Basella alba* | 红色至深红色或黑色 | 球形 | 直径5～6 | 7～10月 | 草本 |
| 香橼 *Citrus medica* | 淡黄色 | 手指状肉条形 | 长100～250 | 10～11月 | 灌木或小乔木 |
| 假连翘 *Duranta repens* | 红黄色 | 球形 | 直径约5 | 5～10月 | 灌木 |
| 红果仔 *Eugenia uniflora* | 鲜红色 | 球形 | 直径10～20 | 4～6月 | 灌木或小乔木 |
| 金橘 *Fortunella margarita* | 橙黄至橙红色 | 椭圆形或卵状椭圆形 | 长20～35，宽20～40 | 10～12月 | 灌木 |
| 枸骨 *Ilex cornuta* | 鲜红色 | 球形 | 直径8～10 | 10～12月 | 灌木或小乔木 |
| 铁冬青 *Ilex rotunda* | 红色 | 近球形 | 直径4～6 | 8～12月 | 灌木或乔木 |
| 白花油麻藤 *Mucuna birdwoodiana* | 绿色 | 带形 | 长300～450，宽35～45 | 6～11月 | 藤本 |
| 九里香 *Murraya exotica* | 橙黄至朱红色 | 阔卵形或椭圆形 | 长8～12，横径6～10 | 9～12月 | 小乔木 |
| 南天竹 *Nandina domestica* | 鲜红色 | 球形 | 直径50～80 | 5～11月 | 小灌木 |
| 刺葵 *Phoenix loureiroi* | 橙黄色 | 长圆形 | 长15～20 | 6～10月 | 乔木 |
| 商陆 *Phytolacca acinosa* | 黑色 | 扁球形 | 直径约70 | 6～10月 | 草本 |
| 海桐 *Pittosporum tobira* | 绿色 | 球形 | 直径12 | 8～10月 | 灌木或小乔木 |
| 火棘 *Pyracantha fortuneana* | 橘红色或深红色 | 近球形 | 直径约5 | 8～11月 | 灌木 |
| 乳茄 *Solanum mammosum* | 黄色 | 倒梨状，具5个乳头状凸起 | 长45～55 | 7～10月 | 草本 |
| 珊瑚樱 *Solanum pseudocapsicum* | 橙红色 | 球形 | 直径10～15 | 8～12月 | 小灌木 |
| 紫藤 *Wisteria sinensis* | 绿色 | 倒披针形 | 长100～150，宽15～20 | 5～8月 | 藤本 |
| 薜荔 *Ficus pumila* | 黄绿色 | 近球形 | 长40～80，直径30～50 | 5～8月 | 灌木 |
| 十大功劳 *Mahonia fortunei* | 深蓝色 | 球形 | 直径4～6 | 9～11月 | 灌木 |

对华南地区常用观果树木的果色进行统计分析，发现红黄色系占比高达70%，绿色系次之，紫色系果实极少见。在观赏效果方面，鱼尾葵、刺葵等棕榈科乔木极具热带特色，因其株型高大、叶繁密且硕大，果实显露程度不高。白花油麻藤、紫藤、薜荔等攀缘植物主要被应用于立体绿化，绿色果实隐藏在繁密的绿叶之中，观赏效果并不突出。商陆落果易污染环境，虎舌红和天门冬因植株矮小多被用作地被植物，九里香多被修剪为绿篱，重度修剪下果实不常见。乳茄、香橼、金橘常作为迎春观果盆景，用于室内景观营造。在生态习性方面，朱砂根暴晒易得日照病[15]，假连翘叶片对盐害敏感[16]，枸骨生长较缓慢[17]，海桐易受茎腐病和叶斑病危害[18]。

将紫珠属植物与上述观果植物进行对比，发现其果实较小，直径约2mm，但结实率高，几十枚带光泽的紫色小果聚集成团，缀满整树枝条，别具一格。紫珠、华紫珠、杜虹花、老鸦糊等种冬春落叶，较枸骨、铁冬青、朱砂根、南天竹等常绿观果植物季相性更显著。紫珠属植物喜光耐高温，不易遭病虫害，生长快等特点使其在华南地区园林应用中具有优势。

## （四）紫珠属植物的应用现状

对国内外园林市场进行调研分析，发现日本紫珠、白棠子树、尖尾枫等种已逐步开始被应用于园林绿化造景。在日本京都、大阪等地的庭院和景区均发现栽植有日本紫珠，我国上海、武汉、重庆等地有白棠子树和紫珠作为园林植物引种栽培的记录[19]，杜虹花、紫珠盆景出现于园艺市场，但比较少见。广东紫珠、裸花紫珠、杜虹花、大叶紫珠等种作为传统药用植物在广东、海南、江西和湖南等地已被规模化种植，但在园林绿化中应用较少（图5）。

## （五）紫珠属植物的应用建议

### 1. 修剪整形

裸花紫珠、木紫珠、尖尾枫等种通过修剪培育，集中营养供给3～5个健壮枝条作为主枝，诱导树形向上、向外延伸，可生长成乔木状高大植株。紫珠、杜虹花、日本紫珠、广东紫珠等种可修剪成丛状，定植后在基部10cm处重截，让其萌发4～6根新枝条作为主枝。紫珠、裸花紫珠、日本紫珠等种萌发力强、根茎骨感强烈，在其苗期修剪造型和矮化，促进根茎生长，增

图5 裸花紫珠修剪成绿篱

图6 紫珠的不同造景效果：裸花紫珠

图7 紫珠的不同造景效果：日本紫珠

图8 紫珠的不同造景效果：杜虹花

加根茎与冠幅比例[20]，开花前追肥增加着果率，可培育成传统优美的盆景（图6至图8）。

2. 园林造景

紫珠属植物主要观赏部位为花朵和果实，在园林应用中可从色彩和株型作为切入点，与其他园林树种和景观小品搭配造景，打造乔灌草复层自然式群落结构，丰富植物群落的空间设计[21]。搭配麦冬、沿阶草、韭兰、鼠尾草等低矮秀丽的常绿地被植物，营造静谧、自然的氛围；搭配槭树、枫香树等秋冬观叶乔木，营造季节性景观；搭配栾树、合欢、凤凰木、南洋杉、苏铁等常绿植物，突显花果的奇趣；与铁冬青、南天竹、朱砂根等观果植物对植、丛植于庭院，形成果色和大小对比，又能产层次多样、景色丰富的效果[22]。

3. 苗木繁殖

紫珠属植物种子极小，不易储藏，出苗率不高[23]，分株繁育苗系数小，在实际生产常采用扦插的方式繁育种苗[24]。在园林应用需要大规模苗木繁育的情况下，组织培养技术是最快速有效的繁育手段[5]。

本项目已对裸花紫珠和杜虹花开展组培实验，经灭菌消毒处理后获得无菌苗，选取无菌苗的幼嫩茎段作为外植体，去除叶片后切成长度约为1.5cm的带节小段，接种于添加有低浓度植物生长素的MS培养基上（6-BA浓度为0.2mg/L，NAA浓度为0.05mg/L），在温度为25℃，光照时间为18h/d的恒温组织培养室培育30d后可获得生长良好，增殖系数高的幼苗，为批量繁殖紫珠属植物提供参考。

### （六）结论与讨论

紫珠属植物分布、生长地域广，适应性强，抗逆性强，病虫害少，管养成本低。该属多种植物紫色并带有独特金属光泽的果实在园林景观中极少见，花果期长，具有良好的观赏效果，株型丰富，应用形式多样，建议作为观果植物在华南地区城市园林中推广应用。在造景应用中应考虑华紫珠、杜虹花、尖尾枫、白棠子树等种类冬春落叶，注重种类选择，色彩、株型和材质搭配，避免其落叶期观赏效果欠佳。日常养护过程中应注重树形修剪，诱导形成饱满紧凑的株型，促进花果生长繁茂，提升秋冬园林景观效果。

## 二、南亚热带生境下6种紫珠属植物的园林种植实践

紫珠属植物广泛分布于我国华中、华南等地区山间和林地。该属裸花紫珠（*C. nudiflora*）、广东紫珠（*C. kwangtungensis*）、杜虹花（*C. formosana*）等作为传统中药材应用历史悠久；老鸦糊（*C. giraldii*）、日本紫珠（*C. japonica*）等作为新型园林观果植物应用素材已逐步呈现在园林景观和大型花卉市场；裸花紫珠、大叶紫珠（*C. macrophylla*）等叶片硕大，叶面及叶背密背短毛或绒毛，能有效地吸附扬尘等空气污染物，在城市园林应用中能发挥极佳的生态效益。当前针对紫珠属植物的研究主要集中于化学成分分析和提取物的药理药效研究[26-28]，针对其生理特性的分析较少，其作为新型园林观果引鸟植物的园林应用与种植经验亟待探索与总结。

本研究选取在华南地区高温、湿热环境下生长发育良好的大叶紫珠、裸花紫珠、藤紫珠（*C. peii*）、朝鲜紫珠（*C. japonica* var. *luxurians*）、老鸦糊以及杜虹花为研究对象，项目前期已开展此6种紫珠属植物的光合参数测量，通过光合参数计算和光响应曲线拟合，发现6种紫珠属植物的光合潜能、耐阴性、耐强光能力存在物种间的差异性，朝鲜紫珠的光合潜能最大，杜虹花的耐阴性最强，老鸦糊的耐强光能力最佳。结合6种紫珠属植物的光合特性与生理特性，项目已在深圳市仙湖植物园、深圳市梧桐山风景区管理处等多地开展园林种植试验，通过对紫珠属植物的最佳繁育方式、最适繁育季节、景观配置模式、园林管养方式等进行实践探索，总结南亚热带生境下6种紫珠属植物的园林种植经验，进而为紫珠属植物的栽植繁育与园林应用提供参考依据。

### （一）6种紫珠属植物园林性状简介

植物的园林性状通常是指植物的功能性状中涉及园林观赏效果的部分内容，植物的功能性状主要包含影响植物存活、繁育、生长和生存适宜程度的性状，一般包含植物的生活型、

叶面积、茎面积、比叶面积、落叶与否、花期长短、花量大小、果期长短、果量大小以等[29]。研究发现，植物的生长环境与生态适应能力会造成植物的功能性状的差异，植物通过调节自身的性状来适应不同的生境，从而保障其在不同的生态环境条件下存活率，进而导致其生态型和观赏效果在种间也会存在较大差异。而在为了增加分布范围的生长功能性状上，植物表现出趋同适应，在为了增加更新和扩散的概率上的性状，则表现出趋异适应，这是植物基于生物竞争和环境压力下的生态策略[30]。

影响植物的功能性状的主要因素有环境因子和生物因子。环境因子主要包含光照、水分、温度、海拔、降水和土壤等[31]，生物因子主要包含群落结构、生物量、土壤微生态条件、病虫害状况等，此外，人工修剪、施肥管养等也会植物的功能性状产生极大的影响。

为了减少生物与非生物因子对紫珠属植物的园林性状的评价，本研究以在仙湖植物园内种植的紫珠属植物为研究对象，并尽量综合同种植物在园内不同的地点的景观效果进行评价。结合紫珠属植物的功能性状和主要的园林观赏效果，本研究选取生活型、叶面积、落叶与否、花期长短、花量大小、果期长短、果量大小等指标进行综合梳理与评价，针对其观赏效果的差异开展园林应用实践。

1. 大叶紫珠

大叶紫珠生活型为灌木，高度为 2.5 ~ 5m；叶面积大，披针形叶片长 10 ~ 23cm，宽 5 ~ 10cm；四季常绿，无明显落叶现象；花期 4 ~ 7 月，聚伞花序宽 4 ~ 8cm；花量小，观花效果不佳；果期 7 ~ 12 月，球形果直径约 1.5mm；果量较小。

2. 裸花紫珠

裸花紫珠生活型为灌木至小乔木，高度为 1 ~ 7m；叶面积大，披针形叶片长 12 ~ 22cm，宽 4 ~ 7cm；四季常绿，无明显落叶现象；花期 5 ~ 8 月，聚伞花序宽 8 ~ 13cm；花量大，粉红色至紫色，观花效果极佳；果期 8 月至翌年 2 月，球形果直径约 2mm；果量较大。

3. 藤紫珠

藤紫珠生活型为藤本或蔓性灌木，长度可达 10m，仙湖植物园园内多表现为灌木型；叶面适中，卵形叶片长 6 ~ 11cm，宽 3 ~ 7cm；冬末春初有明显落叶现象；花期 5 ~ 7 月，聚伞花序宽 6 ~ 9cm；花量大，紫红色至蓝紫色，观花效果良好；果期 8 ~ 11 月，球形果直径约 2mm；果量较大。

4. 朝鲜紫珠

朝鲜紫珠生活型为灌木，1.5 ~ 3m；叶片较大，卵形叶片长 10 ~ 16cm，宽 6 ~ 8cm；花期 4 ~ 8 月，聚伞花序宽 2 ~ 5cm；花量大，淡粉色，观花效果极佳；果期 7 月至翌年 4 月，球形果直径约 4mm；果量较大，观果效果良好。

5. 老鸦糊

老鸦糊生活型为灌木，1 ~ 3m；叶片较小，椭圆形叶片长 5 ~ 15cm，宽 2 ~ 7cm；花期 5 ~ 6 月，聚伞花序宽 2 ~ 3cm；花量大，紫色，观花效果良好；果期 7 月至翌年 4 月，球形果直径 2.5 ~ 4mm；果量极大，果色深且成串缀于枝头，观果效果极佳。

6. 杜虹花

杜虹花生活型为灌木，1 ~ 3m；叶片较小，椭圆形叶片长 6 ~ 15cm，宽 3 ~ 8cm；花期 5 ~ 7 月，聚伞花序宽 3 ~ 4cm；花量适中，淡紫色至紫色，观花效果不佳；果期 8 ~ 11 月，球形果直径约 2mm；果量较大，果色为灰紫色，观果效果不佳。

## （二）6种紫珠属植物繁育研究

常见的植物繁殖方式包含营养繁殖、种子繁殖和孢子繁殖等。其中，营养繁殖包含分离繁殖、压条繁殖、扦插繁殖、嫁接繁殖等多种形式。根据紫珠属植物的生长特点，本试验研究主要对 6 种紫珠属植物开展种子繁育、扦插繁育，以及对部分种开展组织培养和悬浮培养探索实践。相关经验归纳总结如下：

1. 大叶紫珠

大叶紫珠种子细小，播种繁殖成功率不高，在华南热带地区采用扦插繁殖成功率较高。于2～4月和10～11月取大叶紫珠半木质化枝条作为插条，将枝条剪至8～12cm，去除叶片，嫩芽可保留1～3个，顶部切口剪至平口，离顶芽约为1.5cm，下切口斜剪。待全部插穗修剪完毕后以400～600倍稀释的生根水浸泡30min，随即进行扦插。扦插基质为经充分翻晒消毒的园土、腐殖土和河沙以2：1：1的比例配比，混合均匀后可伴施低浓度的营养液及有机肥，苗床覆土深度为20～25cm。扦插深度约为插穗2/3，扦插间隔约为10cm，扦插后压紧表土使插穗与土壤紧密结合，全部枝条扦插完毕后喷施水分，确保基质浇透，然后置于阴凉通风处。扦插后定期进行观察，苗床温度控制在22～26℃，土壤湿度保持在80%～90%。每天至少喷水2次，以保持土壤湿度。根据时间观察，大叶紫珠扦插后30d左右可以完成生根，若插穗发生病害，可用多菌灵进行杀菌处理。

扦插8周后，扦插苗根系长3～5cm，长出新叶或新的枝条时即可移栽。上盆基质为园土、腐殖土、河沙以2：1：1的比例混合，将配制好的基质消毒备用。扦插苗移栽时，先用铁铲在苗的四周垂直下切，注意保护幼苗根系，轻轻取出整株幼苗。移栽时先在盆底放些陶粒或较粗的基质，加入基质至盆深度的1/3，放入大叶紫珠扦插苗，在苗的周围加入基质，并适当压紧。栽培基质不要添加过满，基质离盆缘约2cm，浇足水分，置于荫棚下养护即可。上盆半个月后对扦插苗进行施肥。

2. 裸花紫珠

裸花紫珠的繁殖技术主要包括播种繁殖、扦插繁殖、组织培养，3种繁殖方式各有优缺点，可依据实际情况选择合适的技术进行植株繁殖。

裸花紫珠的种子较为细小，但结实率高，出芽率也较高，种子繁殖具有成本低廉、容易大批量繁殖、易获得生长健壮的实生苗、植株抗性高等优点。裸花紫珠果实成熟后摘下晒干或放置在室内自然风干，常温贮藏于干燥处备用。夏季温度在25℃左右时可开始播种，播种前以清水浸泡，搓洗后去除果皮能极大地提高裸花紫珠种子发芽率。由于裸花紫珠种子较小，播种方法采用撒播，在育苗床或者育苗盆上进行，以河沙+园土+腐殖土按1：2：5的比例混合均匀的基质厚度为10～15cm最为适宜。播种前用将基质浇透，再用低浓度多菌灵浸泡种子消毒，滤干种子水分后用干沙拌匀种子，播于苗床上，覆腐殖土或洗砂土3mm，用喷雾器将覆土打湿，然后在育苗床上加盖遮阴网，期间注意保持土壤湿润，种子15～20d即可萌发。

由于裸花紫珠种子育苗存在最佳采种时间短以及种子不宜储藏等问题，在符合要求的条件下扦插繁殖也可快速批量化生产园林种植苗。扦插繁殖具有取材方便、容易操作、设施简单、繁殖周期短、成苗快的特点。繁殖苗木能保留品种的原有性状，裸花紫珠扦插繁殖后当年即可开花。因此，硬枝扦插是裸花紫珠苗木繁殖常用的方法。适宜裸花紫珠扦插的时间为春秋两季，春季2～3月和秋季9～10月，平均温度为22～26℃。有利于插穗的生根。扦插基质与插穗的准备与大叶紫珠相同，在此不一一赘述。

紫珠属植物大部分采用播种、扦插的方式，一些较难得到的品种或新品种等因木本材料少和繁殖系数低，常采用组织培养进行繁殖。外植体的种类、发育阶段以及年龄均是组织培养成功与否的影响因素。常用的外植体有茎段、种子、叶片、茎尖、花芽等。在裸花紫珠组织培养时，通常选用健壮植株的幼嫩茎段及嫩芽为外植体。于晴天午后，剪取当年生幼嫩顶芽或侧芽置于流水下冲洗后，晾干水分，采用75%的酒精先浸泡消毒15～30s，倒掉酒精溶液用流水冲洗1min后再用0.1%升汞浸泡消毒10min，期间可用洁净的玻璃棒轻微搅拌，确保芽段充分浸泡杀菌。将芽段从升汞溶液中取出后用无菌水震荡冲洗5～6次，接种于培养基。适合裸花紫珠生长的培养基有MS培养基、1/2MS培养基、B5培养基以及添加植物生长素或细胞分裂素的 MS 培养基等。经实验观察，裸花紫珠组织培养苗在 7d 左右可生成愈伤组织，15d 左右开始萌发根系，30d 即可获得根系饱满，芽苗健壮的组培苗，可用于进一步试验和园林种植。

3. 藤紫珠

藤紫珠在华南热带地区生长极为迅速，为保证园林观赏效果，冬末春初和夏末秋初均需进行修剪，可获得大量适宜扦插的枝条，因此在园林推广实践中可趁机进行扦插繁殖，扦插基质与方式可参考大叶紫珠扦插繁殖。在园林生产实践中因藤紫珠种子萌发率低，故并不采用种子繁殖方式进行批量化生产，也因尚无组织培养的必要，故并未开展组织培养试验。

4. 朝鲜紫珠

朝鲜紫珠在华南热带地区适应性强，生长迅速，但华南地区气温较高，易引发朝鲜紫珠种子不育，且朝鲜紫珠种子成熟时较易脱落，不容易大量收集，因此扦插繁殖为其最佳繁殖方式。为保证园林观赏效果，朝鲜紫珠需要定期进行修剪整枝，在园林绿化修剪时可获得大量适宜扦插的硬质化插条，稍加修剪后即可扦插，扦插基质与方式可参考大叶紫珠扦插繁殖。

5. 老鸦糊

老鸦糊具有种子量大、经冬不落、极易收集的特点，其种子发芽率较高，因此在园林实践中多采用种子繁殖进行苗木生产。老鸦糊的种子繁殖与裸花紫珠种子繁殖方式相同，可在较短周期内大规模批量化产出实生苗。老鸦糊枝条细软，且株型较小，扦插繁殖虽也能生产出园林种植苗，但在实践中较少采用此种繁殖方式。本研究还探索了老鸦糊组织培养，成功获取老鸦糊的组织培养苗，其组培苗获取方式与裸花紫珠组织培养方式基本相同。

6. 杜虹花

杜虹花为华南地区原生种，生态适应性极强，因此种子繁殖，扦插繁殖都较为简易，本试验也探索了杜虹花的组织培养，成功获取杜虹花组织培养苗。具体繁殖方法可参考裸花紫珠，可根据实际情况进行繁殖方式的选择。

## （三）6 种紫珠属植物园林应用探索

紫珠属植物形态变化多样，生长习性各有不同，在园林应用中应充分结合不同种之间的主要观赏部位和观赏季节进行合理的搭配，此外还要考虑不同种植物对光照、水分、土壤条件的要求各不相同，因地适宜，因时适宜地进行选择，才能充分地展现不同植物的美感。仙湖植物园内天上人间景区、盆景园、雕像园、百果园、弘法寺等多地栽植有紫珠属植物十余种，本研究关注的 6 种紫珠属植物是为经多年来观察下表现较为良好的紫珠属植物，其园林应用经验如下。

1. 大叶紫珠

大叶紫珠株型高大，叶面积大，且叶背密布白色茸毛，对粉尘及空气污染物的吸附效果极佳，因此较为适宜成带状种植，作为绿篱、景观隔绝带、防尘带等，在园林绿化与城市道路中起到良好的固碳降噪、吸尘附灰的作用。大叶紫珠的观叶效果优于观花观果效果，因此在园林应用中可优先考虑其生态作用，其次在维持景观效果时优先保障作为整体绿化带的景观控制，对其单株观花观果效果方面可不作过多要求。本实践在仙湖植物园内科研楼楼梯旁种植有一排大叶紫珠，经两年多的生长观察，大叶紫珠生态适应性良好，列植成带时荫蔽效果极佳。

2. 裸花紫珠

裸花紫珠植株形态多变，无论是作为灌木还是小乔木，其生长表现和景观效果都极佳。裸花紫珠萌芽力强，耐修剪，叶片宽大、株型优美，花序硕大、颜色优美，观花观叶观型均可。依据不同观赏需求，在园林应用中可孤植、篱植、丛植、列植、群植、林植等，都能达到较好的园林景观效果。仙湖植物园内天上人间景区有孤植及丛植裸花紫珠，配以蓝雪花、紫藤、凤仙花等，营造出生机蓬勃的热带景观。仙湖植物园的桃花园内向阳斜坡上列植4条裸花紫珠绿化带，6～7月盛花期，紫色花序交相辉映，蔚为壮观，近景及远观效果均可，已然成为桃花园夏季拍照打卡点。罗汉松园内林植裸花紫珠已生长两年有余，因栽植密度较大，植株昂扬挺直，俨然已成为郁闭度良好的树林，是林土复绿和营林造林的优良示范性种植点。此外，在仙湖植物园内雕像园、罗汉松园、弘法寺停车场、护岸坡等多地都已开展裸花紫珠应用实践，其园林景观效果、固岸护坡、生态修复效果均取得良好表现，可在南亚热带地区作为新型园林景观树种大规模推广种植。

3. 藤紫珠

藤紫珠生活型为灌木时株型疏松开阔，春末夏初生长极为迅速，因此需要适当的修剪，控制好株型。藤紫珠株型不高，适宜作为林下植被或中层过度景观植物进行栽植，因其枝条较为柔软，展幅较大，因此也适合作为固岸护坡植物进行栽植，能迅速有效地达到边坡复绿的效果，同时还能起到防止水土流失和山体滑坡的作用。仙湖植物园内雕像园内种植有藤紫珠，经过两年多的观察，发现藤紫珠在光照充足的环境下较容易开花结果，在半荫蔽及全荫蔽的环境下虽然也能生长良好，但是花果量锐减。此外，在岭南地区高温高湿的环境下藤紫珠依然生长良好，夏季并无明显的灼伤与停滞生长的现象，表明其抗性强。

4. 朝鲜紫珠

朝鲜紫珠是紫珠属植物中花型较大的一种，虽然花序整体较小，但是单朵花明显大于其他紫珠的花朵。朝鲜紫珠的花色为浅粉色至白色，颜色较浅，其果粒较大，在生长良好的情况下单粒果实直径可达5～6mm，果实成熟后为粉紫色，犹如一粒粒彩色糖果点缀于绿色枝条之间。朝鲜紫珠在华南热带地区生长极为良好，应用形式也极为广泛，单株种植、丛植、对植与混植景观表现都极佳。朝鲜紫珠喜光照，喜肥沃湿润的土壤，营养充足时可达到四季开花的效果，适宜作为前景植物观花观果观型，作为中景植物时可在前部搭配低矮草花，后方搭配高大乔木营造复合景观。

5. 老鸦糊

老鸦糊果量极大，株型相对其他紫珠属植物较小，果实从7月开始到翌年4月始终充盈枝头，经冬不落，且紫色果实光泽度极佳，散发出独特的莹润金属光泽，极为少见。老鸦糊作为盆景植物时表现极为良好，冬季缀满紫色果实的老鸦糊盆景能极大地丰富秋冬园林景观素材，且明显区别于红果盆景，可在年花市场进行推广应用。本项目组经过市场调研，发现在岭南花卉市场已有老鸦糊盆景逐步出现。因老鸦糊果实不易脱落，所以待果实变色为深紫色时亦可修剪成为切花材料，广泛应用于插花、捧花制作和花艺市场。经过园林实践，老鸦糊种植在林下时果实容易被枝叶隐蔽遮挡，为了充分地展现老鸦糊的紫色果实，可将其栽植于硬质驳岸及花池花坛边，使其枝条垂坠于无遮挡的硬质边沿，既能达到不同材质颜色的对比，也能充分暴露展现老鸦糊的独特果实。

6. 杜虹花

杜虹花是6种紫珠属植物中抗性最强的一种，经过光合参数计量，发现其无明显的光抑制现象，且经过园林实践，发现杜虹花对水土的要求也较低，在贫瘠和较干旱的地区依然能正常生长。杜虹花作为园林观赏植物的景观效果不及其他5种紫珠属植物，但作为地被小灌木，杜虹花有其独特的优势，既耐光照也耐荫蔽，同时对水土的要求极低，因此建议将其作为地被植物进行栽植与搭配。

## （四）6种紫珠属植物园林管养实践

园林管养精细化程度直接影响园林植物的景观表现效果，不同种紫珠属植物对光照、水分、肥料等需求不同，修剪、遮阴和浇水的情况也存在差别。在植物不同的生长周期，园林管养的措施与方法也存在差别。通常在越冬时节，春季植物萌发新生枝条前适量增施肥料能促进新生枝条萌发，在植物开花、结果前需增施肥料促花促果，花果凋零后适时进行修剪整枝，去除残花败果能保证植物正常生长发育。春季植株大量萌发新芽后，夏秋季节清除徒长枝能有效控制株型，保障良好的景观效果。不同紫珠属植物的园林管养措施大致相同，但也存在细微差异，相关园林管养实践经验如下。

1. 大叶紫珠

大叶紫珠耐瘠薄，耐干旱，喜光照，且建议作为防尘带隔离带使用，所以需要的园林管养程度较低，在秋冬干旱季节适量浇水，适时进行修剪，控制好株型高度，保障植株正常生长即可。大叶紫珠幼嫩叶片在春夏季节易遭受雁鸵蛾啃食，发现虫害时应及时清除，若仅为少量虫害，摘去虫害叶片，杀死害虫即可。若虫害程度较为严重，可每周喷施 1 次 1 000 倍 4.5% 高效氯氰菊酯乳油或 48% 毒死蜱乳油即可有效防治。

2. 裸花紫珠

裸花紫珠耐干旱，怕涝，栽植时应提前选好易排水的场地，浇水时应注意不能过多浇水造成烂根。夏季是华南地区雨季，多有台风雨，降水量大，一般情况下不需要人工额外浇水，同时要注意排水，降水量过大易造成积水。冬季是裸花紫珠第二个生长旺季，需水量较多，加之冬季为华南地区旱季，降水较少，12 月至翌年 2 月可每周浇一次水，每次浇水浇透。2 月中下旬至 4 月，气温逐渐升高，是营养生长期和花芽储备期，此时应适当增加浇水次数和浇水量，每周浇水 2 ~ 3 次。

春季是裸花紫珠的生长季节，为了给裸花紫珠的生长提供充足的肥料，在 2 ~ 3 月，需施基肥，有机肥和复合肥混合施用，氮肥含量高的复合肥更为有利于裸花紫珠的生长。每年 4 ~ 5 月，裸花紫珠为花期储备养分，此时可施磷钾肥，促进花芽分化。

春季修剪裸花紫珠可以起到调整株型，促进花芽分化的作用，因此在 3 月进行轻剪，裸花紫珠可以较快恢复。秋季，裸花紫珠经过春夏两季的生长，会出现枝叶过于茂密，株型走样的情况，待花谢后应及时进行修剪，剪去残花、枯枝、病虫枝、徒长枝及明显扰乱树形的枝条，改善冠形和通风透光条件，降低株高，促进枝条的萌发。老龄裸花紫珠植株应进行修剪复壮，可于早春新芽萌动前，将枝条留 30cm 左右，剪去上部。但应注意不可一次全剪，可分期修剪，每次选 1/5 ~ 1/3 枝条短剪，3 ~ 5 年完成，这样不会影响赏花。

裸花紫珠抗病性强，目前在华南地区能够观测到的病虫害有雁鸵蛾虫害和白粉病，且发病范围较小、病虫为害程度较低，仅有幼嫩叶片会被雁鸵蛾幼虫采食，每周喷施 1 次 1 000 倍 4.5% 高效氯氰菊酯乳油或 48% 毒死蜱乳油即可有效防治虫害。

3. 藤紫珠

藤紫珠既耐光照也耐荫蔽，在华南地区未观测到病虫害，其作为观花植物种植时可在春季萌发前增施基肥和复合肥，促进植株萌发，夏初开花前增施磷钾肥，促进花芽分化。藤紫珠作为边坡护岸植物种植时，应注意控制株型和枝条长度，实施进行修剪，冬季落叶后对藤紫珠进行重剪可有效促进新生枝条萌发，但应当注意不需要每年都进行重剪，中度修剪与重剪轮替结合，才能保障边坡复绿效果。

4. 朝鲜紫珠

朝鲜紫珠应用形式多样，观花、观果、观型均可，在不同的园林应用场景应结合局部地区微景观进行调整，确保整体景观效果良好。朝鲜紫珠作为观花观果植物时应保障充足的水肥和光照，春末夏初补施基肥和复合肥，夏季盛花期和果期应少量多次追施磷钾肥，促进花果生长，延长观花期和观果期。作为观型植物与其他植被进行配置时，应该在初夏朝鲜紫珠萌发期控制好株型，进行轻剪或中剪，保障株型疏朗开阔。经实践探索，朝鲜紫珠不宜进行重剪，对植株伤害过大，短时间内不易进行景观恢复。

5. 老鸦糊

老鸦糊作为盆景应用时，可遵循常见的盆景修剪方法，根据造型需求进行摘心、抹芽、摘叶、疏剪、短剪、蓄植截干，营造出有意境韵味的盆景造型。对老鸦糊盆景进行养护时，要遵循见干见湿、不干不浇的浇水原则，根据植株的长势以及土壤的干湿状况合理浇水，夏季气温高及冬季干燥时需要间隔 3 ~ 4d 浇一次水。老鸦糊盆景根部储肥性较强，在养护过程中可以少量多次为其施加营养均衡的复合肥。老鸦糊盆景不宜长时间种植在室内，为了促使植株生长，需要将盆景摆放在有散光照射的地方，让枝叶充分进行光合作用，使叶片颜色更加浓绿，同时更有利于花芽的萌发。

6. 杜虹花

杜虹花为南亚热带地区乡土种，平时管理较为粗放，天气干旱时注意浇水，避免土壤长期干旱，杜虹花不耐涝，夏季和台风季湿度高且多雨，要注意排水。杜虹花喜肥，栽培中应注意水肥管理，除春季定植时要施足基肥外，可在每年春季萌动前进行一次修剪，剪除枯枝、枯梢以及残留的果穗，将过密的枝条疏剪。其余时间保证水分和土壤的适度疏松，杜虹花几乎没有病虫害，建议推广应用于公园绿地之中。

结合对紫珠属植物的观赏性研究和光合特性研究，发现作为乡土观果植物，紫珠属植物有其独特的不可替代的景观优势，其紫色果实的颜色在华南地区较为少见，其丰硕的果量和秋冬结果，经久不落的特点能极大地补充秋冬华南地区的季节特色。通过多年的紫珠属植物园林应用实践，发现大多数紫珠属植物能在南亚热带地区生长良好，病虫害少，园林管养需求低，耐干旱、耐贫瘠、耐高温，以及能经受强光照等特点使得其作为新型园林植物推广种植极为简易，且成本低廉。针对紫珠属植物的光合研究则充分地印证了作为乡土植物，其生态适应性强，能在华南地区的强光照高湿度环境下保持良好的生长状态和景观效果，并针对不同种紫珠属植物的光合特性，对其具体的园林应用提供了参考。

**注：本文图 1 ~ 2 由马仲辉博士提供，其余图片为作者自摄及绘制。**

## 参考文献

[1] 陈定如，古炎坤，李秉滔.华南园林绿化乡土树种探讨（一）[J].广东园林，2006（2）：35-38，42.
[2] 李羽佳.ASG综合法景观视觉质量评价研究[D].哈尔滨：东北林业大学，2014.
[3] 张涛.沈阳城市绿地秋冬植物景观研究[D].杭州：浙江农林大学，2012.
[4] 徐明.论植物主题造景及在江南地区园林中的应用研究[D].南京：南京农业大学，2005.
[5] 朱纯，潘永华，冯毅敏，等.澳门公园植物多样性调查研究[J].中国园林，2009，25（3）：83-86.
[6] 董乐.基于期刊文献的观果植物研究与发展展望[J].绿色科技，2019（23）：189-190.
[7] 马仲辉.国产紫珠属（唇形科）的分类学修订[D].北京：中国科学院大学，2013.
[8] 中国科学院中国植物志编辑委员会.中国植物志[M].北京：科学出版社，1982，65（1）：25-79.
[9] 黄梅，陈振夏，于福来，等.海南岛裸花紫珠种质资源调查报告[J].中国现代中药，2017，19（12）：1717-1721.
[10] 王进泉，梁文强，王健生，等.日本紫珠的繁育技术[J].山东林业科技，2006（2）：58.
[11] 王宝宁，田中，马跃.紫珠在重庆市的栽培适应性及园林应用[J].现代农业科技，2017（2）：143，145.
[12] 王艳晶，杨义芳，高岱.紫珠属植物的化学成分及生物活性研究进展[J].中草药，2008，39（1）：133-138.
[13] 深圳市建设工程造价管理站.深圳市园林绿化计价标准苗木图鉴[M].北京：中国计划出版社，2019.
[14] 戚嘉敏，徐佳琦，朱雯，等.广州市观果树木资源现状及其园林应用[J].林业与环境科学，2016，32（1）：51-55.
[15] 沈莉.朱砂根的用途及其栽培技术[J].新农村，2013（4）：25.
[16] 唐春艳，张奎汉，白晶晶，等.广东省滨海乡土耐盐植物资源及园林应用研究[J].广东园林，2016，38（2）：43-47.
[17] 钱立海.果红叶翠话枸骨[J].花卉，2020（7）：44.
[18] 杨银虎，吕传红.海桐繁殖技术[J].中国花卉园艺，2016（2）：40-42.
[19] 蒋斌.上海白棠子树引种栽培管理技术[J].上海建设科技，2017（2）：52-53.

[20] 王明荣，宋国防.生态园林设计中植物的配置[J].中国园林，2011，27（5）：86-90.
[21] 李春娇，贾培义，董丽.风景园林中植物景观规划设计的程序与方法[J].中国园林，2014，30（1）：93-99.
[22] 陈法志，童俊，许林，等.野生观果植物白棠子的驯化繁育研究[J].北方园艺，2010（21）：64-67.
[23] 桂炳中，陈东青，邓艳娟.华北地区小紫珠栽培养护[J].中国花卉园艺，2015（4）：42.
[24] 黄东梅，林妃，许奕，等.裸花紫珠组培快繁技术研究[J].农学学报，2014，4（12）：63-66.
[25] 黄烈健，王鸿.林木植物组织培养及存在问题的研究进展[J].林业科学研究，2016，29（3）：464-471.
[26] 占丽丽，叶先文，张敏，等.紫珠属植物化学成分及药理活性研究进展[J].江西中医药，2020，51（8）：66-73.
[27] 黄梅，陈振夏，于福来，等.裸花紫珠主要化学成分的分布及其动态积累研究[J].中草药，2020，51（5）：1308-1315.
[28] 孙宜春，黄春跃，李慧馨，等.基于苯乙醇苷类成分的紫珠属药材鉴别[J].中国医药工业杂志，2021，52（9）：1230-1236.DOI：10.16522/j.cnki.cjph.2021.09.015.
[29] 赵园园，陈洪醒，陈红，等.重庆市6种常见园林植物功能性状对城乡生境梯度的响应[J].生态学杂志，2019，38（8）：2346-2353.
[30] 王一峰，靳洁，侯宏红，等.川西风毛菊花期资源分配随海拔的变化[J].植物生态学报，2015，39（9）：901-908.
[31] 张莉，温仲明，苗连朋.延河流域植物功能性状变异来源分析[J].生态学报，2013，33（20）：6543-6552.

# 基于深圳碳达峰的垃圾焚烧发电碳减排潜力分析

钟日钢，吴浩，彭晓为，郭倩楠
（深圳能源环保股份有限公司）

**摘要：** 生活垃圾焚烧处理是解决城市垃圾围城的重要手段，也是避免垃圾填埋甲烷温室气体排放的重要措施。本文分析了当前深圳垃圾焚烧发电的现状，以及国内外垃圾焚烧发电技术低碳发展的趋势。基于垃圾填埋基准线，系统性量化分析垃圾焚烧发电、厨余协同一体化处理的碳减排效益，以及厨余分出率、电网排放强度、吨垃圾上网电量、气候条件、塑料占比对垃圾焚烧碳减排强度影响的敏感性分析。最后，为进一步提高生活垃圾焚烧发电行业碳减排效益，提出具有前景且技术可行的深度减排技术发展路径。

**关键词：** 垃圾焚烧；无废城市；碳减排；敏感性分析

# Analysis on the Carbon Emission Reduction Potential of Waste-to-Energy Based on Carbon Peak in Shenzhen

Zhong Rigang, Wu Hao, Peng Xiaowei, Guo Qiannan
( Shenzhen Energy Environment Co.,LTD )

**Abstract:** Municipal solid waste incineration is an important way for solving the garbage siege problem and controling greenhouse gas emissions from landfill. This paper analyzed the situation of power generation from soild waste incineration in Shenzhen, and the development trend of low-carbon techology of soild waste incineration for power generation technology at home and abroad. The carbon emission reduction benefits of soild waste incineration for power generation and collabroative treatment of kitchen waste were analyzed systematically and quantitatively based on the landfill baseline. Then, sensitivity analysis was done for the impact of the separation rate of kitchen waste, emission intensity in power grid, electricity per ton of waste on the grid, climate situation, and the proportion of plastics on solid waste incineration with carbon emission reduction intensity. Finally, in order to improve the carbon emission reduction benefits of the waste-to-energy industry, a promising and technically feasible development path for deep emission reductions technology was proposed.

**Keywords:** Solid waste incineration; Zero-waste city; Carbon emission reduction; Sensitivity analysis

# 一、引言

我国“双碳”目标的提出促进了我国的能源转型和技术升级，也给各行各业带来了深刻的影响[1]。“十四五”时期，深圳经济总量将达到 4 万亿元（实际年均增速 5.4%），根据国家“十四五”期间碳排放强度下降 18% 的目标约束，“十四五”时期全市产业结构将持续优化，由此可推动全市碳强度年均下降约 3.9%。到 2025 年，全市碳排放达到 5 310 万 t 二氧化碳（不含深汕合作区），比 2020 年增加 296 万 t，“十四五”碳排放年均增速仅为 1.3%。根据国际上已实现碳达峰地区的历史经验，深圳进入达峰平台期。2021 年，深圳常住人口为 1 768 万人，实际生活人口已达到 2 072 万人左右。深圳总面积只有 1 997$km^2$，扣除近一半的生态红线，深圳建成区的人口密度至少是 2 万人 /$km^2$，是全球人口密度最高的超级城市，世界上已没有相同城市背景下可借鉴的固废治理模式和政策经验。在经济高速发展、土地资源紧缺的背景下，深圳需要依靠自己摸索出一条适合自身城市发展的无废城市和碳达峰路径。

生活垃圾处理行业作为城市基础设施行业，首先要承担垃圾无害化和城市安全运行的职责，同时可进一步采取措施引导推动整个社会体系向更可持续更低碳转型升级，实现垃圾深度低碳化治理，从更加宏远的目标驱动技术和模式进步[2]。本文将结合深圳垃圾焚烧处理的现状，以及垃圾焚烧发电碳减排的潜力和敏感性分析，挖掘可实现深度碳减排的环节，为深圳实现碳达峰目标提供垃圾处理领域碳减排的建议。

# 二、深圳生活垃圾焚烧发电现状

## （一）深圳在运垃圾焚烧处理设施

目前，深圳建成投产的垃圾焚烧发电项目主要有南山能源生态园（一期、二期）、盐田能源生态园、宝安能源生态园（一期、二期、三期）、龙岗能源生态园、平湖能源生态园（一期、二期），具体如表 1 所示。深圳在运垃圾焚烧处理设施总处理能力为 17 425t/d，基本实现深圳生活垃圾全量无害化焚烧处理。

深圳自 2019 年入选全国“无废城市”建设试点以来，垃圾分类按照“大分流细分类”原则，形成了“集中分类投放 + 定时定点督导”分类模式，以及“分类收集减量 + 分流收运利用 + 全量焚烧处置”的回收处理模式，推动生活垃圾从源头到末端的全过程治理，垃圾分类处理取得了显著的成效。数据显示，2021 年深圳生活垃圾清运量 826.41 万 t，其中其他垃圾清运量 694.53 万 t，厨余垃圾清运量 131.88 万 t。2021 年，经分类处理和资源化利用后的生活垃

表 1 深圳已投产垃圾焚烧发电项目统计表

| 序号 | 项目名称 | 项目单位 | 处理能力（t/d） |
| --- | --- | --- | --- |
| 1 | 宝安能源生态园一期 | 深圳能源环保股份有限公司 | 1 200 |
| 2 | 宝安能源生态园二期 | 深圳能源环保股份有限公司 | 3 000 |
| 3 | 宝安能源生态园三期 | 深圳能源环保股份有限公司 | 3 800 |
| 4 | 南山能源生态园一期 | 深圳能源环保股份有限公司 | 800 |
| 5 | 南山能源生态园二期 | 深圳能源环保股份有限公司 | 1 500 |
| 6 | 盐田能源生态园 | 深圳能源环保股份有限公司 | 450 |
| 7 | 龙岗能源生态园 | 深圳能源环保股份有限公司 | 5 000 |
| 8 | 平湖能源生态园一期 | 深圳广业环保再生能源有限公司 | 675 |
| 9 | 平湖能源生态园二期 | 中国天楹股份有限公司 | 1 000 |

圾实现全量焚烧。2021年，深圳厨余垃圾处理能力得到显著提升，除传统大型集中式处理设施外，深圳积极探索小型厨余垃圾处理设施，以及依托垃圾焚烧厂一体化建设的高效低碳的厨余垃圾“三相分离+固相焚烧+液相厌氧”协同处理模式，厨余垃圾处理能力较2020年提升了1.7倍。截至2021年，深圳全市生活垃圾分类回收量达14 768t/d，生活垃圾回收利用率为46.5%，位居全国前列。

表2 深圳生活垃圾清运及处理量（单位：t）

| 序号 | 项目 | 2020年 | 2021年 | 增减 |
|---|---|---|---|---|
| 1 | 生活垃圾清运量 | 7 155 589 | 8 264 087 | 1 108 498 |
|  | 其中：其他垃圾清运量 | 6 671 327 | 6 945 307 | 273 980 |
|  | 其中：厨余垃圾清运量 | 484 262 | 1 318 780 | 834 518 |
| 2 | 焚烧厂处理量 | 6 233 598 | 6 928 350 | 694 752 |
| 3 | 填埋场处理量 | 437 729 | 16 957 | -420 772 |
| 4 | 大型厨余处理设施处理量 | 390 548 | 520 799 | 130 251 |
| 5 | 厨余三相分离处理设施处理量 | 0 | 86 603 | 86 603 |
| 6 | 小型厨余垃圾处理设施处理量 | 93 714 | 711 379 | 617 665 |
| 7 | 焚烧处理率 | 93.4% | 99.8% | 6.4% |

### （二）深圳生活垃圾焚烧建设规划

预计到“十四五”末，深圳生活垃圾焚烧处理需求将达2.1万t/d，以现有生活垃圾发电处理规模要达到全量焚烧仍有缺口。故“十四五”期间，深圳将继续加大生活垃圾焚烧发电项目建设力度。到2025年年底，深圳规划建成龙华能源生态园、光明能源生态园等设施，新增垃圾焚烧处理能力7 000余t/d。

表3 “十四五”新建生活垃圾发电项目核准计划表

| 序号 | 项目名称 | 规划项目所在地 | 垃圾处理规模（t/d） |
|---|---|---|---|
| 1 | 龙华能源生态园 | 深圳市 | 3 600+1 250 |
| 2 | 光明能源生态园 | 深圳市 | 1 500+750 |

## 三、生活垃圾焚烧发电碳减排新模式

从欧盟的减排经验和效果来看，虽然废弃物领域排放占比小，但是具有减排空间大、效果好、手段多样的优点。同时在解决废弃物污染的过程中，促进了其温室气体减排目标的实现，具有典型的减污降碳协同性，目前已经成为欧盟等发达国家完成温室气体减排任务的重要减排策略[3]。

根据英国1990—2007年统计数据，废弃物领域成为英国仅次于能源领域的第二大减排领域。在英国，40%的甲烷排放来自垃圾填埋场，约占英国温室气体总排放量的3%。减少垃圾填埋，提高垃圾焚烧发电处理率是降低甲烷排放的有效技术路径。根据德国环境部的统计数据，1990—2006年，德国垃圾治理行业的碳排放从3 800万t/年降至−1 800万t/年，实现年减排量5 600万t/年，占社会总减排量的24%。德国的治理经验说明，在垃圾领域进行深度碳减排相对更容易、更成功。

### （一）垃圾焚烧发电制氢技术的应用

2020年7月，德国伍珀塔尔市政设施管理

图1 德国伍珀塔尔垃圾发电制氢及利用

图2 欧洲能源公司垃圾焚烧发电碳捕捉及利用

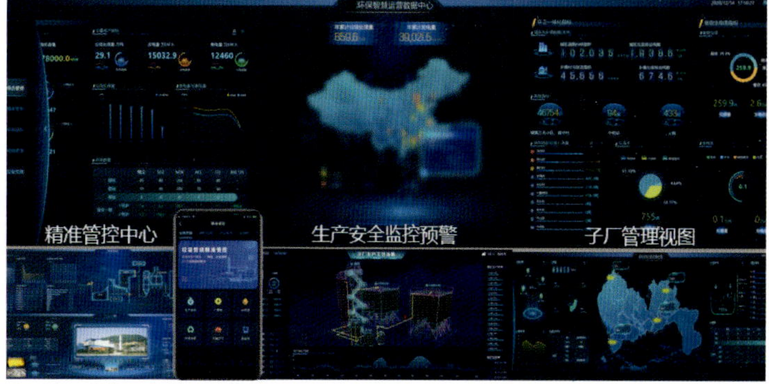


图3 垃圾焚烧发电厂智慧运营管理平台

部门投用了10辆氢燃料电池巴士，巴士补充的氢燃料，由伍珀塔尔AWG垃圾焚烧厂采用电解水制氢方式提供，这是全球第一辆由垃圾发电产生的氢气提供的公共汽车。该项目展示了“如何创造一个从废物处理—到能源生产—到公共交通的理想循环”，项目获得伍珀塔尔工业大会Stadtwerke金奖。日立造船也计划在2022年6月开始在瑞士布克斯Buchs的垃圾焚烧发电厂安装碱性电解水制氢设备，并于2023年初生产第一批氢气，氢气满足SAE J2719和ISO 14687氢燃料质量标准。

此外，垃圾焚烧电厂渗滤液沼气经过净化、除去惰性组分和有害污染物后，其主要成分甲烷可作为制氢的原料，采用目前相对成熟的甲烷重整制氢工艺可以制取氢气。根据深圳目前垃圾处理规模最大的龙岗能源生态园和宝安能源生态园，其渗滤液处理产沼量达到3 355万$m^3$/年，可以提纯甲烷14 430t/年，制取氢气7 169t/年。当前深圳正在大力推广LNG和氢燃料电池等清洁能源垃圾转运车全面替代工作，建设垃圾渗滤液沼气提纯甲烷或制氢示范项目，用于LNG或氢燃料电池垃圾转运车燃料加注，可以打造垃圾焚烧电厂制、储、加一体化的沼气多能创新利用模式。

## （二）垃圾焚烧发电碳中和技术的应用

德国杜伊文垃圾焚烧发电公司AVR是欧洲第一家能够大规模捕获和输送二氧化碳的垃圾发电公司，垃圾发电过程中产生的$CO_2$被其他行业用作原材料再利用。2019年10月，AVR公司就开始捕集$CO_2$提供温室园艺使用，首批7 500t $CO_2$现已通过业务合作伙伴Air Liquide公司被捕获并供应给温室园艺行业的各种买家，用于种植花卉、蔬菜和植物。未来，AVR公司的碳捕集装置捕捉量将达到10万t/年。

## （三）垃圾焚烧发电数智化技术的应用

中国“十四五”规划纲要[4]首次以专篇对数字化发展做出系统布局，提出迎接数字时代，以数字化转型整体驱动生产方式、生活方式和治理方式变革。未来，垃圾焚烧发电应逐步按照“管理规则化、规则标准化、标准信息化、信息数字化、数字智能化”方向发展，需重视人工智能在工业过程控制方面的应用，用数字要素强基赋能。深度运用大数据、机器学习和深度神经网络等技术，实现焚烧炉的大数据燃烧智能控制、智慧烟气预控、设备智能诊断。结合智能能源和灯塔工厂的远景规划，开展位置感知服务机器人、知识图谱型机器人、协作专业机器人等开发应用；以传感技术为基础，以先进控制系统、智能视频监控系统、精准定位系统、图像传输系统、分布式系统为辅助，构建运营智慧管理中心，实现远程监控、远程指挥调度等应急管理。同时，基于全生命周期理念，从物质流和能量流角度，逐步打造垃圾焚烧处理全链条、多层级碳足迹数字化管理平台，加强绿色低碳运营管理。依托垃圾焚烧发电厂数字化转型示范工程，实现固废处理全链条的低碳转型，向能量流、物质流、信息流、碳流“四流合一”的数字产业化转型跨越。

# 四、深圳生活垃圾焚烧发电项目碳减排效益分析

## （一）生活垃圾焚烧发电碳减排效益来源

生活垃圾焚烧发电的碳减排效益主要来自两个方面：一是避免了垃圾填埋产生以甲烷为主的温室气体排放（100 年内甲烷温室效应潜势为二氧化碳的 25 倍）；二是利用热能发电将替代以火力发电为主的南方区域电网同等的电量，减少化石燃料消耗，从而实现了温室气体减排[5]。

## （二）项目碳排放核算边界

根据项目适用的方法学，项目边界的空间范围是在基准线下处理垃圾的 SWDS（垃圾填埋场），在基准线中处理有机废水的厌氧塘或污泥池及替代垃圾处理方案的场址。项目边界也包括现场电力和（或）热的生产和使用，现场燃料使用和用于处理替代垃圾处理方案的废水副产品的废水处理厂。项目边界不包括垃圾收集和运输的设施。具体边界示意图见图 4 所示。

根据方法学 CM-072-V01，垃圾焚烧发电项目边界内所包括的排放源和温室气体种类如表 4 所示：

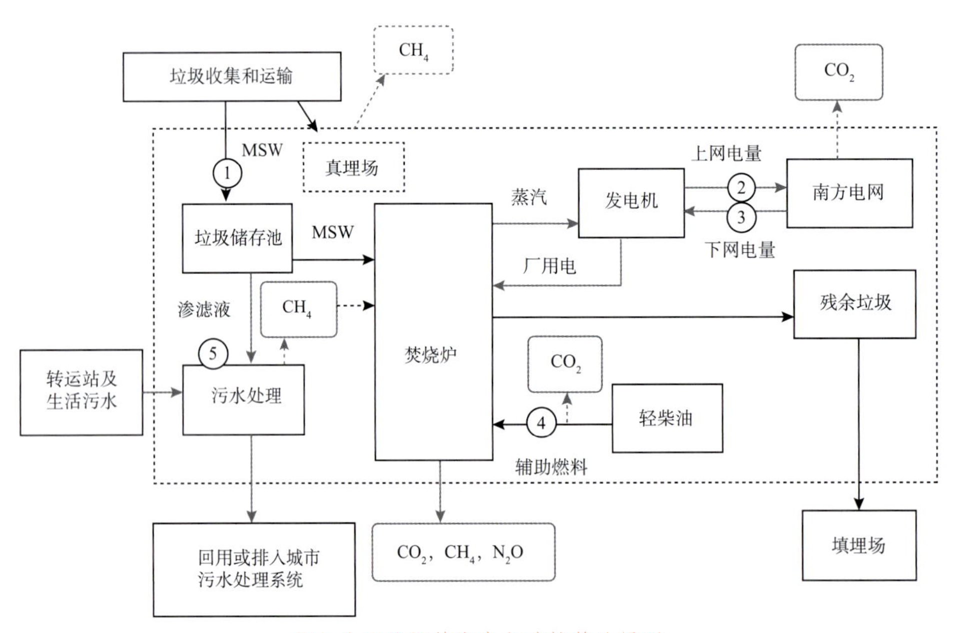


图4 生活垃圾焚烧发电碳核算边界图

表 4 项目边界的温室气体和来源

| | 排放源 | 温室气体 | 包括与否 | 说明理由 / 解释 |
|---|---|---|---|---|
| 基准线 | 来自 SWDS 垃圾分解的排放 | $CH_4$ | 包括 | 基准线下的主要排放源 |
| | | $N_2O$ | 排除 | 垃圾填埋场 $N_2O$ 排放比 $CH_4$ 排放少，排除是保守的 |
| | | $CO_2$ | 排除 | 新鲜垃圾分解产生的 $CO_2$，不予考虑 |
| | 来自发电的排放 | $CO_2$ | 包括 | 主要来源，本项目为发电上网项目 |
| | | $CH_4$ | 排除 | 为简化考虑而排除，这是保守的 |
| | | $N_2O$ | 排除 | 为简化考虑而排除，这是保守的 |

（续）

| 排放源 | | 温室气体 | 包括与否 | 说明理由 / 解释 |
|---|---|---|---|---|
| 项目活动 | 来自现场项目活动导致的非用于发电的化石燃料消耗排放 | $CO_2$ | 包括 | 可能是一个重要的排放源。包括焚化炉需要加入辅助化石燃料等等。不包括运输 |
| | | $CH_4$ | 排除 | 为简化考虑而排除，这部分排放源假定非常小 |
| | | $N_2O$ | 排除 | 为简化考虑而排除，这部分排放源假定非常小 |
| | 来自现场电力消耗的排放 | $CO_2$ | 包括 | 可能是一个重要的排放源 |
| | | $CH_4$ | 排除 | 为简化考虑而排除，这部分排放源假定非常小 |
| | | $N_2O$ | 排除 | 为简化考虑而排除，这部分排放源假定非常小 |
| | 垃圾处理过程的排放 | $CO_2$ | 包括 | 焚烧过程可能产生 $CO_2$ |
| | | $CH_4$ | 包括 | 焚烧过程可能产生 $CH_4$ |
| | | $N_2O$ | 包括 | 焚烧过程可能产生 $N_2O$ |
| | 来自废水处理的排放 | $CO_2$ | 排除 | 新鲜垃圾分解产生的 $CO_2$ 未被计入 |
| | | $CH_4$ | 包括 | 废水厌氧处理过程中的甲烷泄露 |
| | | $N_2O$ | 排除 | 为简化考虑而排除，这部分排放源假定非常小 |

综上，垃圾焚烧发电的碳减排核算见公式 1。

$$ER_y = BE_{CH_{4,t,y}} + BE_{EC,y} - PE_{INC,y} \qquad (1)$$

式中，$ER_y$ 为第 y 年的减排量，t $CO_2$；$BE_{CH4,t,y}$ 为第 y 年的填埋基准线排放量，t $CO_2$；$BE_{EC,y}$ 为第 y 年的发电基准线排放量，t $CO_2$；$PE_{INC,y}$ 为第 y 年项目活动直接排放量，t $CO_2$。

## （三）填埋基准线排放

垃圾填埋产生的甲烷气体温室效应是二氧化碳的 25 倍，因此采用焚烧替代填埋，是有效减少温室气体排放的有效手段。填埋产生的甲烷基准线排放可应用 IPCC（联合国政府间气候变化专门委员会）发布的 EB 最新版“固体废弃物处理站的排放计算工具”进行确定。计算公式见式 2：

$$BE_{CH_{4},y} = BE_{CH_{4},SWDS,y} = \varphi_y \cdot (1-f_y) \cdot GWP_{CH_4} \cdot (1-OX) \frac{16}{12} F \cdot DOC_{f,y} \cdot MCF_y \cdot \sum_{x=1}^{y} \sum_j W_{j,x} \cdot DOC_j \cdot e^{-k_j \cdot (y-x)} \cdot (1-e^{-k_j}) \qquad (2)$$

其中：

| 参数 | 描述 | 数值 | 来源 |
|---|---|---|---|
| $\varphi_y$ | 用来修正模型不确定性的修正因子 | 0.85 | IPCC2006 |
| $f_y$ | 填埋场内收集、点燃或以其他方式处理的甲烷百分比 | 0.2 | IPCC2006 |
| $GWP_{CH4}$ | 甲烷的全球变暖潜势 | 25 | IPCC2006 |
| OX | 氧化因子 | 0.1 | IPCC2006 |
| F | 填埋气中的甲烷比例 | 0.5 | IPCC2006 |
| $DOC_{f,y}$ | 可降解有机碳的比例 | / | IPCC2006 |
| $MCF_y$ | 甲烷修正因子 | 1 | IPCC2006 |
| $W_{j,x}$ | 在第 x 年，避免填埋的 j 类固体垃圾的数量 | / | 项目可研报告 |
| $DOC_j$ | 垃圾类型 j 的可降解有机碳比率（质量比） | / | IPCC2006 |
| $K_j$ | 垃圾类型 j 的降解速率 | / | IPCC2006 |
| j | 废弃物类型（指标） | | |
| x | 在计入期内的年：x 开始于第一个记入期的第一年（x=1）到避免计算排放的年（x=y） | / | / |
| y | 甲烷排放计算的年 | / | / |

通过公式2计算，按10年计入期，填埋基准线排放量如表5所示，平均每年填埋基准线排放量约为15万 t $CO_2$/年，折合吨垃圾填埋基准线排放量437kg $CO_2$/t。

表5 1 000t/d处理规模焚烧厂填埋基准线排放量

| 年份 | $BE_{CH4,t,y}$（t/年） |
|---|---|
| 1 | 52 673 |
| 2 | 90 172 |
| 3 | 117 366 |
| 4 | 137 528 |
| 5 | 152 857 |
| 6 | 164 838 |
| 7 | 174 472 |
| 8 | 182 436 |
| 9 | 189 191 |
| 10 | 195 050 |
| 平均 | 145 658 |

## （四）发电基准线排放

当前我国的电力结构仍以煤电为主，垃圾焚烧产生的电能可替代部分燃煤火电发电量，具有一定的碳减排效益。

第y年与发电相关的基准线排放（$BE_{EC,y}$）应用EB最新版"电力消耗导致的基准线、项目和/或泄漏排放计算工具"来计算，具体见公式3。

$$BE_{EC,y} = \sum_k EC_{BL,k,y} \times EF_{EL,k,y} \times (1 + TDL_{k,y})$$
$$EF_{EL,k,y} = EF_{grid,CM,y} = EF_{grid,OM,y} \times W_{OM} + EF_{grid,BM,y} \times W_{BM} \quad (3)$$

其中：

| 参数 | 描述 | 数值 | 来源 |
|---|---|---|---|
| $EC_{BL,k,y}$ | 上网电量（MWh） | 143,190 | 项目可研报告 |
| $EF_{grid,OM,y}$ | 第y年，电量边际 $CO_2$ 排放因子（$tCO_2$/MWh） | 0.804 2 | 2019年南方区域电网排放因子 |
| $EF_{grid,BM,y}$ | 第y年，容量边际 $CO_2$ 排放因子（$tCO_2$/MWh） | 0.213 5 | 2019年南方区域电网排放因子 |
| $W_{OM}$ | 电量边际排放因子的权重值（%） | 0.5 | IPCC2006 |
| $W_{BM}$ | 容量边际排放因子的权重值（%） | 0.5 | IPCC2006 |
| $TDL_{k,y}$ | 供电平均输电和配电损耗率 | 3% | IPCC2006 |

深圳地区垃圾焚烧发电项目平均吨垃圾上网电量为430kWh/t。根据公式3，1 000t/d处理规模的垃圾焚烧电厂每年单独发电基准线排放量为7.5万 t $CO_2$/年，折合吨垃圾单独发电基准线排放量为225kg$CO_2$/t。

## （五）生活垃圾焚烧发电直接碳排放

城市生活垃圾的碳源可分为化石碳和生物碳[6]。化石碳主要来自塑料、橡胶、皮革、织物等由化工产品，主要来自石油和煤炭等化石能源，是垃圾焚烧直接碳排放的主要来源。生物碳主要来自食品、果蔬，此类物质可通过光合作用实现二氧化碳闭环循环，具有碳中和属性，焚烧过程产生的二氧化碳可不计入直接排放。此外，垃圾焚烧电厂的运行过程中消耗的天然气、柴油、污水处理甲烷泄露等也是碳排放直接来源。

项目活动直接排放的计算公式见式4。

$$PE_{INC,y} = PE_{COM,INC,y} + PE_{EC,INC,y} + PE_{FC,INC,y} + PE_{WW,INC,y} \quad (4)$$

其中：

| 参数 | 描述 |
|---|---|
| $PE_{INC,y}$ | 第y年焚烧产生的项目排放（t $CO_2$e） |
| $PE_{COM,INC,y}$ | 第y年与焚烧相关的化石垃圾项目边界内燃烧产生的项目排放（t $CO_2$e） |
| $PE_{EC,INC,y}$ | 第y年与焚烧相关的电力消耗产生的项目排放（t $CO_2$e） |
| $PE_{FC,INC,y}$ | 第y年与焚烧相关的化石燃料消耗产生的项目排放（t $CO_2$e) |
| $PE_{WW,INC,y}$ | 第y年与焚烧相关的废水处理过程产生的项目排放（t $CH_4$) |

### 1. 电力消耗产生的项目排放（$PE_{EC,INC,y}$）

本项目用电主要来自自发电量，没有从电网外购电量，为简化计算，$PE_{EC,INC,y}$=0。

### 2. 化石燃料消耗产生的项目排放（$PE_{FC,INC,y}$)

本项目涉及的化石燃料消耗源是用于点火启动焚化炉所用的少量天然气，在监测期内，使用的天然气量为330t。化石燃料消耗产生的碳排放见公式5。

$$PE_{FC,t,y} = PE_{FC,j,y} = \Sigma_i FC_{i,j,y} \times COEF_{i,y} = \Sigma_i FC_{i,j,y} \times NCV_{i,y} \times EF_{CO_2,i,y} \quad (5)$$

其中：

| 参数 | 描述 | 数值 | 来源 |
| --- | --- | --- | --- |
| $FC_{i,j,y}$ | 第 y 年在过程 j 中燃烧的天然气的量（$m^3$/ 年） | 460 000 | 项目可研报告 |
| $NCV_{i,y}$ | 第 y 年天然气的加权平均净热值（$GJ/m^3$） | 0.038 931 | 中国能源统计年鉴 2014 |
| $EFCO_{2,i,y}$ | 第 y 年天然气的加权平均 $CO_2$ 排放因子（$tCO_2/GJ$） | 0.054 3 | IPCC2006 |

根据公式 5 及以上各参数数值计算可得，$PE_{FC,INC,y}=972\ tCO_2$。

3. 项目边界内的燃烧产生的项目排放（$PE_{COM,INC,y}=PE_{COM,c,y}$）

$$PE_{COM,c,y}=PE_{COM,CO_2,c,y}+PE_{COM_{CH_4},N_2O,c,y} \quad (6)$$

（1）在项目边界内燃烧产生 $CO_2$ 的项目排放（$PE_{COM,CO_2,C,y}$）

$$PE_{COM,CO_2,c,y}=EFF_{COM,c,y}\times\frac{44}{12}\times\sum_j Q_{j,c,y}\times FFC_{j,y} \quad (7)$$

其中：

| 参数 | 描述 |
| --- | --- |
| $PE_{COM,}CO_{2,c,y}$ | 第 y 年在项目边界内与燃烧室 c 相关的燃烧产生的 $CO_2$ 项目排放（$t\ CO_2$） |
| $Q_{j,c,y}$ | 第 y 年供给到燃烧室 c 中的新鲜垃圾类型 j 的量（t） |
| $FCC_{j,y}$ | 第 y 年垃圾类型 j 中的总碳含量比例（tC/t） |
| $FFC_{j,y}$ | 第 y 年垃圾类型 j 总碳含量中的化石碳比例（重量比例） |
| $EFF_{COM,c,y}$ | 第 y 年燃烧室 c 的燃烧效率（比例） |
| 44/12 | 转换因子（$tCO_2/tC$） |
| c | 项目活动中所使用的燃烧室：气化炉，焚化炉或 RF/SB 燃烧室 |
| j | 垃圾类型 |

根据 IPCC2006 相关数据取值，各类垃圾燃烧 $CO_2$ 排放特性见表 6。

**表 6 各类垃圾燃烧 $CO_2$ 排放特性**

| 垃圾种类 | $Q_{j,c,y}$（t） | $FCC_{j,y}$ | $FFC_{j,y}$ | $EFF_{COM,c,y}$ | $PE_{COM,}CO_{2,c,y}$ |
| --- | --- | --- | --- | --- | --- |
| 纸 / 厚纸板 | 38 198 | 50% | 5% | 1 | 3 501 |
| 纺织品 | 17 452 | 50% | 50% | 1 | 15 998 |
| 食品垃圾 | 176 429 | 50% | 0 | 1 | 0 |
| 木头 | 19 414 | 54% | 0% | 1 | 0 |
| 花园和公园垃圾 | 0 | 55% | 0% | 1 | 0 |
| 卫生纸 | 0 | 90% | 10% | 1 | 0 |
| 橡胶和皮革 | 0 | 67% | 20% | 1 | 0 |
| 塑料 | 47 536 | 85% | 100% | 1 | 148 153 |
| 金属 | 4 862 | 0% | 0% | 1 | 0 |
| 玻璃 | 10 181 | 0% | 0% | 1 | 0 |
| 其他，惰性垃圾 | 18 598 | 5% | 100% | 1 | 3 410 |
| 数据来源 | | IPCC2006 | IPCC2006 | IPCC2006 | |
| 合计 | | | | | 171 062 |

（2）项目边界内燃烧产生的 $N_2O$ 和 $CH_4$ 项目排放（$PE_{COM\_C}H_4,N_2O_{,c,y}$）

$$PE_{COM_{CH_4,N_2O,c,y}}=Q_{waste,c,y}\times(EF_{N_2O,t}\times GWP_{N_2O}+EF_{CH_4,t}\times GWP_{CH_4} \quad (8)$$

其中：

| 参数 | 描述 | 数值 | 来源 |
| --- | --- | --- | --- |
| $Q_{waste,c,y}$ | 第 y 年供给燃烧室 c 的新鲜垃圾量（t/y） | 333,000 | 项目可研报告 |
| $EFN_2O_{,t}$ | 与垃圾处理方式 t 相关的 $N_2O$ 排放因子（$tN_2O$/t 垃圾） | 0.000 060 5 | $1.21\times50\times10^{-6}$，IPCC 2006 |
| $EFCH_{4,t}$ | 与垃圾处理方式 t 相关的 $CH_4$ 排放因子（$tCH_4$/t 垃圾） | 0.000 000 242 | $1.21\times0.2\times10^{-6}$，IPCC 2006 |
| $GWPN_2O$ | 氧化亚氮全球变暖潜势 | 298 | CM-072-V01 |
| $GWPCH_4$ | 甲烷全球变暖潜势 | 25 | CM-072-V01 |

根据公式 8 及以上各参数数值，计算得 $PE_{COM\_}CH_{4,}N_2O_{,c,y}$=6006 $tCO_2$。

4．排放废水管理产生的排放（$PE_{WW,INC,y}$）

$$PE_{WW,INC,y}=Q_{ww,y}\times P_{COD,y}\times B_0\times MCF_{ww}\times GWPCH_4\times(1-\eta_{flare,h}) \quad (9)$$

其中：

| 参数 | 描述 | 数值 | 单位 | 来源 |
| --- | --- | --- | --- | --- |
| $Q_{ww,y}$ | 第 y 年项目活动产生的且经厌氧处理或未经处理直接排放的排放水量 | 65,601 | $m^3$ | 项目可研报告 |
| $P_{COD,y}$ | 第 y 年项目活动产生的排放废水的 COD | 0.023 478 | $tCOD/m^3$ | 项目可研报告 |
| $B_0$ | 最大的甲烷生产能力，表示给定的化学需氧量可产生的最大量 | 0.25 | $t\ CH_4$/tCOD | CM-072-V01 |
| $MCF_{ww}$ | 甲烷转换因子 | 0.8 | | IPCC 2006 |
| $GWP_{CH4}$ | 甲烷全球变暖潜势 | 25 | $t\ CO_2e/tCH_4$ | CM-072-V01 |
| $\eta_{flare,h}$ | 第 h 小时甲烷燃烧效率 | 90% | % | CM-072-V01 |

根据公式 9 及以上各参数数值，计算得 $PE_{WW,INC,y}$=770 $tCO_2$。因此，项目活动直接排放 $PE_{COM,INC,y}$=178 810 $tCO_2$，折合吨垃圾燃烧直接排放 532 $kgCO_2$/t。

## （六）垃圾焚烧发电单位碳减排量分析结论

根据上文各环节碳排放计算结果，汇总得到垃圾焚烧发电碳减排量，具体见表 7。

一座 1 000t /d 处理规模的垃圾焚烧发电厂，平均每年碳减排量为 4.2 万 t $CO_2$/ 年，折合吨垃圾碳减排量 126$kgCO_2$/t。深圳垃圾焚烧处理量约 18 982t /d，年碳减排量达到 87 万 t。预计到 2025 年，光明、龙华能源生态园投产后，深圳地区的垃圾焚烧发电的碳减排量将达到 97 万 t/ 年。

表 7　垃圾焚烧发电碳减排量

| 年份 | 基准线排放（$tCO_2$） | 项目排放（$tCO_2$） | 减排量（$tCO_2$） |
| --- | --- | --- | --- |
| 1 | 127 721 | 178 810 | -51 089 |
| 2 | 165 220 | 178 810 | -13 590 |
| 3 | 192 414 | 178 810 | 13 604 |
| 4 | 212 576 | 178 810 | 33 766 |
| 5 | 227 905 | 178 810 | 49 095 |
| 6 | 239 887 | 178 810 | 61 077 |
| 7 | 249 520 | 178 810 | 70 710 |
| 8 | 257 485 | 178 810 | 78 674 |
| 9 | 264 239 | 178 810 | 85 429 |
| 10 | 270 098 | 178 810 | 91 288 |

## 五、深圳垃圾焚烧发电碳减排强度敏感性分析

垃圾焚烧发电的碳减排效益来源于两个方面：一是避免填埋减少的甲烷温室气体排放；二是发电上网替代了化石燃料发电。因此，生活垃圾中的厨余垃圾以及焚烧发电效率是影响垃圾焚烧项目碳减排效益的主要敏感因素。此外，不同纬度造成的温度和湿度差异对垃圾降解速率的影响，以及垃圾中塑料占比的影响也需要综合考虑。

因此，本文将对厨余垃圾分出率、吨垃圾上网电量、电网碳排放强度、垃圾降解速率和塑料占比作为敏感因素进行分析。

### （一）厨余垃圾分出率的影响

随着各地“无废城市”建设的推进，生活垃圾中的厨余垃圾分出率逐步提高，势必会造成垃圾中的厨余垃圾占比持续下降，进而影响填埋基准线的碳排放量。不同厨余垃圾分出率下的垃圾组分比例变化见表 8。

表 8 不同厨余垃圾分出率对垃圾组分比例的影响

| 组分 | 厨余垃圾分出率（%） | | | | | |
|---|---|---|---|---|---|---|
| | 0 | 20 | 40 | 60 | 80 | 100 |
| 纸 / 厚纸板 | 11.47 | 12.84 | 14.57 | 16.84 | 19.94 | 24.44 |
| 纺织品 | 5.24 | 5.87 | 6.66 | 7.69 | 9.11 | 11.17 |
| 食品垃圾 | 52.98 | 47.46 | 40.38 | 31.11 | 18.42 | 0.00 |
| 木头 | 5.83 | 6.53 | 7.41 | 8.56 | 10.13 | 12.42 |
| 花园和公园垃圾 | 0.00 | 0.00 | 0.00 | 0.00 | 0.00 | 0.00 |
| 卫生纸 | 0.00 | 0.00 | 0.00 | 0.00 | 0.00 | 0.00 |
| 橡胶和皮革 | 0.00 | 0.00 | 0.00 | 0.00 | 0.00 | 0.00 |
| 塑料 | 14.28 | 15.99 | 18.14 | 20.96 | 24.82 | 30.43 |
| 金属 | 1.46 | 1.63 | 1.85 | 2.14 | 2.54 | 3.11 |
| 玻璃 | 3.06 | 3.43 | 3.89 | 4.49 | 5.32 | 6.52 |
| 其他惰性垃圾 | 5.59 | 6.26 | 7.10 | 8.21 | 9.72 | 11.91 |

根据表8的组分比例以及前文的核算过程，可以计算得到不同厨余垃圾分出率下垃圾焚烧发电项目碳减排量的变化趋势，具体见图 5。当厨余垃圾分出率超过 20% 时，垃圾焚烧发电将变成正排放。原因来自两方面：一是厨余垃圾分出率提高导致填埋甲烷排放减少，避免填埋减排基准线减小；二是厨余垃圾分出率提高，导致垃圾的塑料占比提高，吨垃圾焚烧直接排放增加。可见，厨余垃圾分类对垃圾焚烧发电项目的减碳效果影响明显。需要明确的是，厨余垃圾分类仅对于垃圾焚烧发电项目碳减排量减少造成影响，但从城市生活垃圾治理整体角度考虑，通过对分类得到的厨余垃圾进行高效综合利用，更有助于提升生活垃圾治理整体碳减排效益。

### （二）电网碳排放强度的影响

随着国家“3060 双碳目标”的加速推进，电力脱碳进程将会加快，风光水核等绿色电力比例的提升将会使电网的碳排放强度持续下降，进而影响发电基准线的碳排放量[7]。为了研究电网碳排放强度对垃圾焚烧发电碳减排效

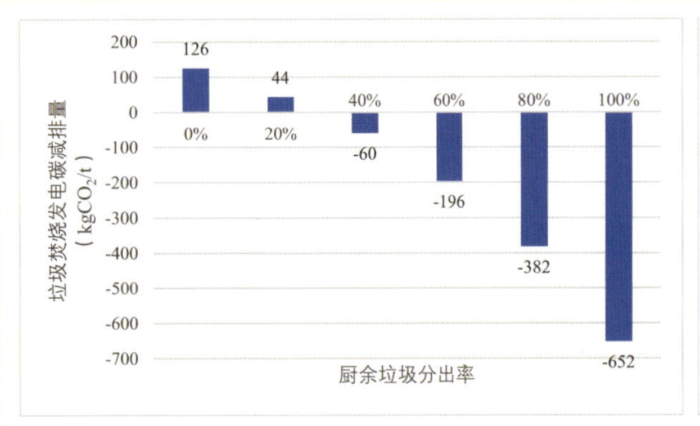


图5 不同厨余垃圾分出率对碳减排量的影响

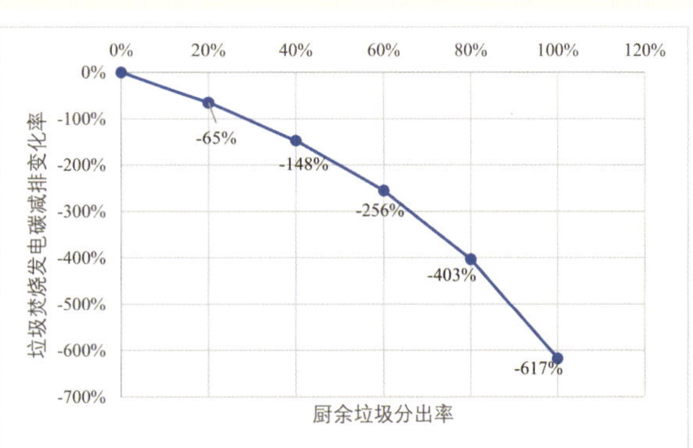


图6 不同厨余垃圾分出率对碳减排变化率的影响

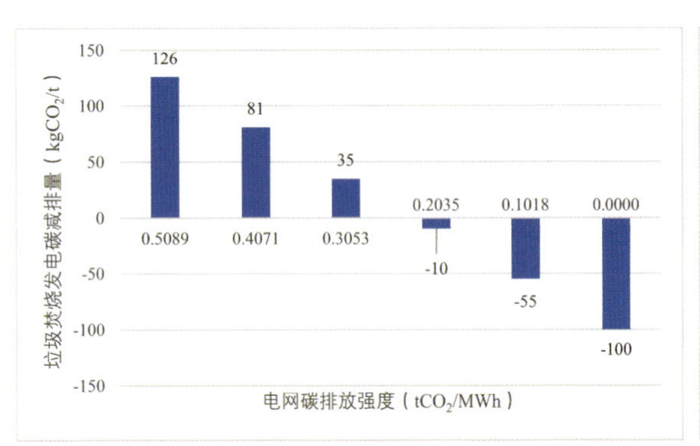


图7 不同电网碳排放强度对碳减排量的影响

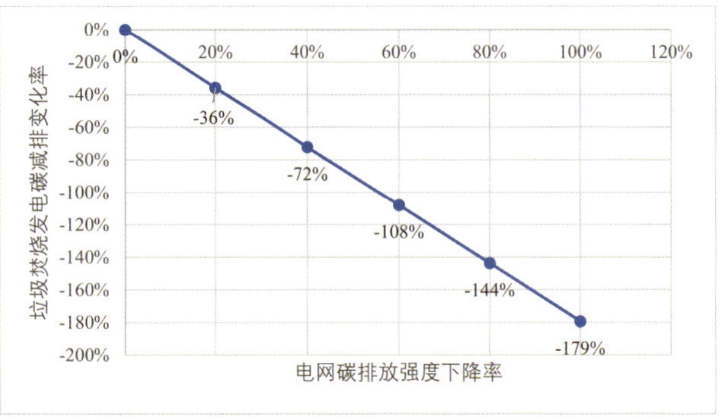


图8 不同电网碳排放强度下降率对碳减排变化率的影响

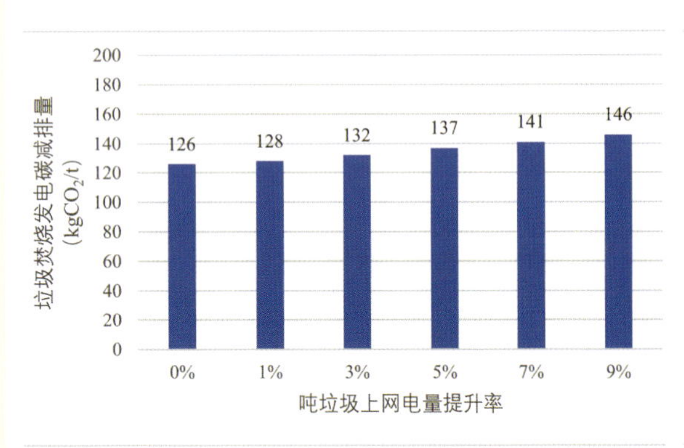


图9 吨垃圾上网电量提升率对碳减排量的影响

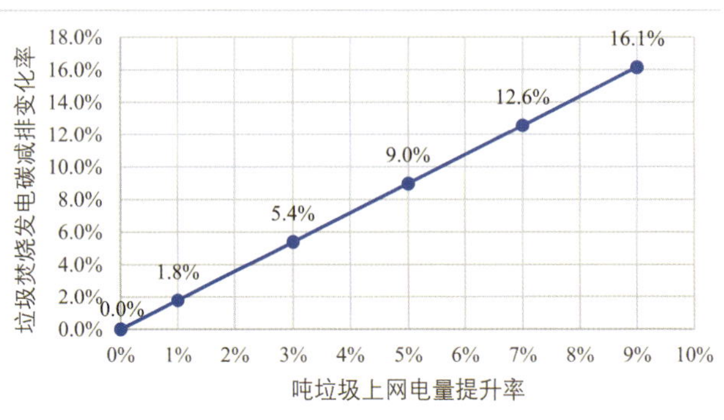


图10 吨垃圾上网电量提升率对碳减排变化率的影响

益的影响程度，本研究以2019年南方区域电网碳排放强度0.508 9$tCO_2/MWh$为基准，设定电网排放强度下降20%（0.407 1$tCO_2/MWh$）、40%（0.305 3$tCO_2/MWh$）、60%（0.203 5$tCO_2/MWh$）、80%（0.101 8$tCO_2/MWh$）和100%（0$tCO_2/MWh$）。根据前文核算方法计算得到电网碳排放强度降低对碳减排效益的影响趋势，具体见图7和图8。从图中可以看出，电网碳排放强度每降低20%，垃圾焚烧发电碳减排量下降约36%。

## （三）吨垃圾上网电量的影响

当前，随着垃圾分类工作的推进，以及焚烧炉参数的不断提高，吨垃圾焚烧发电量稳步提升，为了研究垃圾发电量对碳减排效益的影响程度，本研究以吨垃圾上网电量为

430kWh/t 为基准，设定吨垃圾上网电量提高 1%（434kWh/t）、3%（443kWh/t）、5%（452kWh/t）、7%（460kWh/t）和 9%（469kWh/t）。根据前文核算方法计算得到吨垃圾上网电量提高对碳减排效益的影响趋势，具体见图 9 和图 10。当前高参数垃圾焚烧发电，如中温超高压再热，最高发电效率也只能提高到 30%，比常规中温中压发电效率（20%）高 10%。当上网电量提升 9% 时，碳减排量增加不超过 17%，由此可见发电效率的提升对碳减排的提升空间相对有限。

## （四）垃圾降解速率的影响

不同纬度的温度和湿度对垃圾的降解速率有明显影响，根据 2006IPCC 国家温室气体排放清单指南规定，不同地区的垃圾降解速率见表 9。

表 9 不同地区垃圾降解速率

| 垃圾类型 | | 北方和温带（MAT ≤ 20℃）干（MAP/PET<1） | 北方和温带（MAT ≤ 20℃）湿（MAP/PET>1） | 热带（MAT>20℃）干（MAP<1 000mm） | 热带（MAT>20℃）湿（MAP>1 000mm） |
|---|---|---|---|---|---|
| 慢速降解 | 纸浆、纸和厚纸板（非污泥），纺织品 | 0.04 | 0.06 | 0.045 | 0.07 |
| | 木头，木制品和秸秆 | 0.02 | 0.03 | 0.025 | 0.035 |
| 中速降解 | 其他易腐的花园和公园垃圾（非食物） | 0.05 | 0.10 | 0.065 | 0.17 |
| 快速降解 | 食物、食物垃圾、污水污泥、饮料、烟草 | 0.06 | 0.185 | 0.085 | 0.40 |

根据表 9 的垃圾降解参数和前文碳减排核算方法，计算得到不同地区气候条件对垃圾焚烧发电碳减排效益的影响，具体见图 11。从图中可以看出，湿度对垃圾降解速率具有明显影响，干燥条件下项目为正排放，主要原因是气候干燥导致垃圾降解率变弱，填埋甲烷排放减少，进而导致填埋基准线减排量减小。而在湿润条件下，温带气候的碳减排量比热带气候减少 80%。

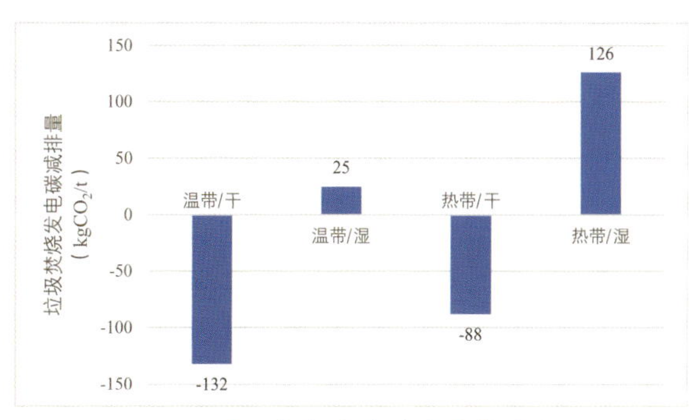

图11 不同地区气候条件对碳减排量的影响

## （五）塑料垃圾占比的影响

塑料垃圾占比对碳排放具有较大影响的原因在于，塑料垃圾属于化石石油产品，其总碳含量高达 85%，且碳属性全部属于化石碳[8]，燃烧时所排放的 $CO_2$ 全部归属于直接碳排放。图 12 和图 13 所示为不同塑料占比对垃圾焚烧发电碳减排的影响。从图中可以看出，塑料占比的降低对碳减排效应的提高具有明显影响，塑料垃圾占比每降低 2%，吨垃圾焚烧发电碳减排量提高 52%。

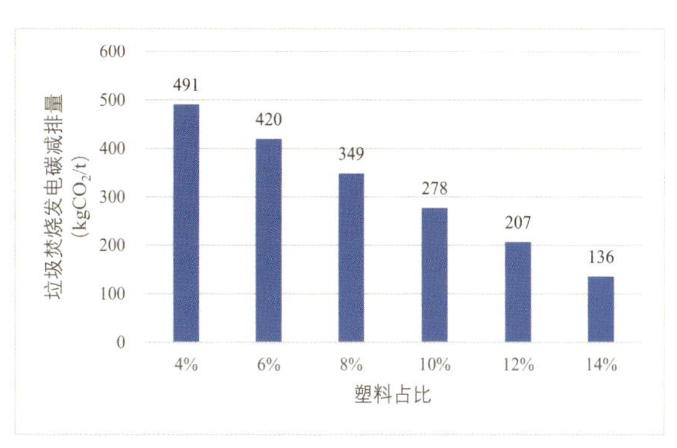

图12 垃圾塑料占比对碳减排量的影响

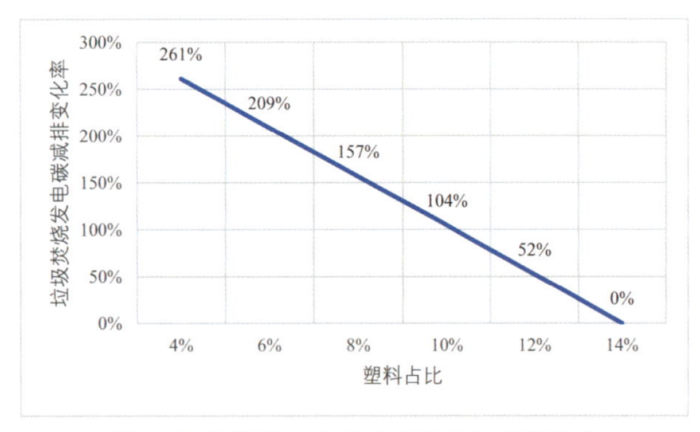


图13 垃圾塑料占比对碳减排变化率的影响

### （六）垃圾焚烧发电碳减排强度敏感性分析结论

敏感性分析表明，厨余垃圾分出率、电网碳排放强度、地区气候和塑料占比对垃圾焚烧的碳减排效应影响明显，发电效率提升对碳减排影响较弱。厨余垃圾完全分出时，垃圾焚烧发电碳排放将从负排放 126kg$CO_2$/t 变成正排放 652kg$CO_2$/t；电网碳排放强度每降低 20%，垃圾焚烧发电碳减排下降 36%；在湿润条件下，温带气候的焚烧发电碳减排量比热带气候减少 80%；塑料垃圾占比每降低 2%，吨垃圾焚烧发电碳减排量提高 52%；上网电量提升 9% 时，垃圾焚烧发电碳减排量增加不超过 17%。

## 六、深圳厨余垃圾“三相分离 + 固相焚烧 + 液相厌氧”碳排放潜力分析

目前厨余垃圾集中处理方式主要有填埋、好氧堆肥、破碎制浆 + 三相分离 + 全物料厌氧、三相分离 + 固相焚烧 + 液相厌氧等。根据 IPCC 温室气体计算同步性原则，假设生物质生产过程中吸收的 $CO_2$ 量和生物质处理过程中产生的 $CO_2$ 量相等，因此厨余垃圾处理过程中排放 $CO_2$ 量不需要估算和报告，只考虑处理过程中排放的除 $CO_2$ 以外的其他温室气体（$CH_4$ 和 $N_2O$），以及上网发电替代燃煤的 $CO_2$ 减排量[9]。

“三相分离 + 固相焚烧 + 液相厌氧”主要工艺流程先通过预处理分拣出杂物，随后通过三相分离机分离出粗油脂、固渣和水相，水相通过厌氧处理得到沼气。杂物、固渣、厌氧沼渣、沼气进入垃圾焚烧电厂协同焚烧，油脂通过精炼得到生物柴油。

### （一）沼气泄露碳排放量

根据龙华餐厨垃圾处理项目可行研究报告，1t 厨余垃圾的液相厌氧发酵可产生 38$m^3$ 沼气，沼气中的甲烷含量取值 55%。厌氧消化器在运营过程中存在一定程度的沼气泄露，包括：厌氧消化器维修时的排放，从消化器顶部和四壁的泄漏，为了降压安全阀的放气。根据 IPCC2006 的规定，厌氧消化器的沼气泄露量取值 5%；甲烷的全球变暖温室潜势为 25。由此计算得到，甲烷泄露导致的碳排放量为 19kg$CO_2$/t。

### （二）填埋基准线排放量

填埋作为厨余垃圾处理的对比情景，其碳排放来自厨余垃圾中大量可降解有机物在填埋厌氧过程中产生的甲烷温室气体排放。根据联合国政府间气候变化专门委员会（简称 IPCC）发布的《2006 年 IPCC 国家温室气体清单指南》碳排放核算标准，厨余垃圾在填埋场厌氧填埋过程中，无甲烷收集处理设施的情况下，甲烷排放量计算公式如下：

$$E_{CH_4} = W \cdot DOC \cdot DOC_f \cdot MCF \cdot F \cdot 16/12 \qquad (10)$$

其中：

| 参数 | 描述 | 数值 | 单位 | 来源 |
|---|---|---|---|---|
| W | 原生厨余垃圾质量 | 1 | t | / |
| DOC | 厨余垃圾可降解有机碳含量 | 11.4% | / | IPCC2006（含水率 70%，干物质碳含量 38%） |

（续）

| 参数 | 描述 | 数值 | 单位 | 来源 |
|---|---|---|---|---|
| $DOC_f$ | 实际分解的可降解有机碳比例 | 50% | / | IPCC2006 |
| MCF | 甲烷氧化因子 | 1 | / | IPCC2006 |
| $F$ | 沼气中 $CH_4$ 体积比例 | 50% | / | IPCC2006 |

甲烷的全球变暖潜势为 25，根据公式 10 及以上各参数数值，计算得到厨余垃圾填埋碳排放量为 950kg$CO_2$/t。

## （三）发电基准线排放量

“三相分离 + 固相焚烧 + 液相厌氧”工艺的发电来源包括了沼气、杂物、固渣、沼渣入炉焚烧发电。可燃物进行焚烧发电的计算公式如下：

$$P_g = Q_{wt} \cdot LHV \cdot K_e / 3.6 \quad (11)$$

式中：$P_g$ 为发电量，kW·h；$Q_{wt}$ 为可燃物焚烧量，t；LHV 为可燃物热值，kJ/kg；Ke 为发电效率。

沼气、杂物、固渣和沼渣的燃烧发电计算参数见表 10。

表 10 沼气、杂物、固渣和沼渣发电计算参数

| 项目 | 数值 | 单位 | 来源 |
|---|---|---|---|
| 甲烷低位热值 | 35 900 | kJ/$m^3$ | 中国能源统计年鉴 2014 |
| 甲烷燃烧效率 | 90% | / | IPCC2006 |
| 杂物产量 | 0.13 | t/t 垃圾 | 项目可研 |
| 固渣产量 | 0.23 | t/t 垃圾 | 项目可研 |
| 沼渣产量 | 0.033 | t/t 垃圾 | 项目可研 |
| 杂物热值 | 7 500 | kJ/kg | 项目可研 |
| 固渣热值 | 5 860 | kJ/kg | 项目可研 |
| 沼渣热值 | 2 721 | kJ/kg | 项目可研 |
| 垃圾焚烧炉发电效率 | 25% | / | 项目可研 |

根据公式 11 和以上参数计算得到，沼气焚烧发电量为 45kWh/t 垃圾，杂物发电量为 68kWh/t 垃圾，固渣发电量为 94kWh/t 垃圾，沼渣发电量为 6kWh/t 垃圾，合计发电量为 213kWh/t。扣除厂用电量 55kWh/t，上网电量为 158kWh/t。

根据《2019 年度减排项目中国区域电网基准线排放因子》，南方电网平均 1 度电的碳排放量为 0.508 9kg$CO_2$/kWh，则发电基准线排放量为 80kg$CO_2$/t。

## （四）生物柴油基准线排放量

厨余垃圾预处理提取出的地沟油可以通过精炼得到生物柴油，可以替代化石石油，可有效减少碳排放。生物柴油的生产参数如表 11 所示。

表 11 生物柴油生产参数

| 项目 | 数值 | 单位 | 来源 |
|---|---|---|---|
| 毛油产量 | 0.015 | t/t 垃圾 | 可研报告 |
| 生物柴油转化率 | 0.98 | / | 文献 |
| 生物柴油热值 | 38.81 | MJ/kg | 文献 |
| 化石柴油热值 | 42.652 | MJ/kg | 中国能源统计年鉴 2013 |
| 化石柴油排放因子 | 3.16 | t$CO_2$/t 柴油 | IPCC2006 |

根据以上数据可知，生物柴油的产量为 0.014 7t/t 垃圾，相当于替代化石柴油 0.013 4t/t 垃圾，折合基准线排放量 42kg$CO_2$/t。

## （五）甲烷不完全燃烧排放量

根据 IPCC2006 的规定，甲烷在燃烧器中的燃烧效率为 90%，剩余 10% 甲烷会因不完全燃烧排放到大气中。沼气生产利用情况见表 12。

表 12 沼气生产利用情况参数

| 项目 | 数值 | 单位 | 来源 |
|---|---|---|---|
| 沼气产量 | 38 | $m^3$ | 项目可研 |
| 甲烷含量 | 55% | / | 项目可研 |
| 甲烷泄漏率 | 5% | / | IPCC2006 |
| 甲烷燃烧效率 | 90% | / | IPCC2006 |
| 甲烷摩尔质量 | 16 | g/mol | / |
| 甲烷全球变暖潜势 | 25 | / | IPCC2006 |

甲烷不完全燃烧排放量计算公式如下：

$$PE_{ww,t,y} = PE_{CH_{4,w,y}} \times (1 - \eta_{flare}) \times GWP_{CH_4} \quad (12)$$

式中：$PE_{ww,t,y}$ 为甲烷不完全燃烧碳排放量；$PECH_{4,w,y}$ 为甲烷焚烧量；$\eta_{flare}$ 为甲烷燃烧效率；$GWPCH_4$ 为甲烷全球变暖潜势。

根据公式 12 和以上参数计算得到，甲烷不完全燃烧导致的碳排放量为 36kg$CO_2$/t。

### （六）厨余垃圾“三相分离+固相焚烧+液相厌氧”碳减排结论

图 14 所示为厨余垃圾“三相分离 + 固相焚烧 + 液相厌氧”的碳排放图。从图中可以看出“三相分离 + 固相焚烧 + 液相厌氧”的能源替代基准线减排量为 122kg$CO_2$/t，避免填埋基准线减排量为 950kg$CO_2$/t，直接排放量为 55kg$CO_2$/t，合计总减排量为 1 017kg$CO_2$/t。

常规厨余垃圾全物料厌氧产沼技术占地面积大，目前深圳常住人口稳步增长，土地资源紧缺，大型厨余垃圾处理设施存在无法落地风险。相比之下，厨余垃圾“三相分离 + 固相焚烧 + 液相厌氧”工艺可以与垃圾焚烧电厂一体化建设，共用垃圾电厂部分污水处理设施，减少占地面积，减少投资[10]。同时可实现能量和物质梯级利用，提高能源效率，增强碳减排效益。此外，发酵产生的臭气可作为一次风送入焚烧炉燃烧分解，解决臭气影响，具有显著的经济效益和环境效益。

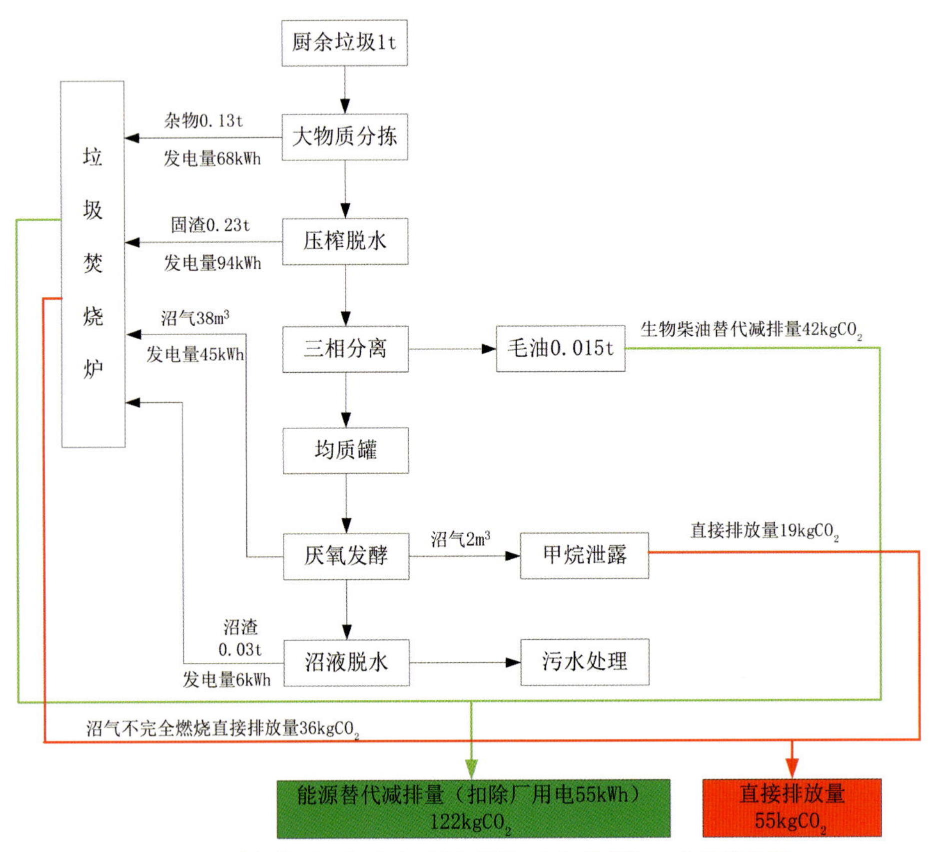

图14 厨余垃圾“三相分离+固相焚烧+液相厌氧”工艺碳排放图

## 七、结论和建议

2021 年，深圳地区垃圾焚烧处理量 693 万 t，实现碳减排量 87 万 t/ 年，折合吨垃圾碳减强度为 126kg$CO_2$/t，其中避免填埋减排 437kg$CO_2$/t，发电减排 225kg$CO_2$/t，焚烧直接排放 536kg$CO_2$/t。预计到 2025 年，深圳垃圾焚烧发电碳减排量达到 97 万 t，占深圳全市碳排放总量的 1.9%，具有重要减排意义。为进一步提高生活垃圾焚烧发电行业碳减排效益，可从以下 5 个方面开展技术升级。

（1）推动垃圾分类政策深入实施，关注生活方式及经济水平对生活垃圾组分带来的变化，加强快递和外卖行业塑料餐盒和塑料包装回收利用，从源头减少塑料垃圾进入焚烧末端。

（2）创新发展垃圾高效清洁焚烧，利用最佳可行技术与适宜的装备安全焚烧处理垃圾，并在最大化利用焚烧热能的同时，减少厂内资源和能源消耗。

（3）积极探索垃圾焚烧设施多能利用，打造气、电、氢一体化多能利用模式，并与中端清洁能源垃圾转运车辆用能协同耦合。

（4）试点垃圾焚烧碳捕集应用，开展固废源钙基吸附剂合成和工业源 $CO_2$ 捕集研发，降低垃圾焚烧行业直接碳排放水平。

（5）加快垃圾焚烧设施数智化转型，持续进行人工智能在工业过程控制方面的应用，用数字要素强基赋能，实现低碳数字化、智慧化。

## 参考文献


[1] 吴晗，滕柯延，路超君.部分国家和地区碳达峰情况比较研究及对中国的启示[J/OL].环境工程技术学报：1-11[2022-08-23].

[2] 姜玲玲，丁爽，刘丽丽，等.“无废城市”建设与碳减排协同推进研究[J].环境保护，2022，50（11）：39-43.

[3] 北京中创碳投科技有限公司.生活垃圾处理行业温室气体排放现状及低碳发展转型建议[EB/OL]. 2022; https：//www.iwm-nama.org/zh-hans/topic/.

[4] 新华社.中华人民共和国国民经济和社会发展第十四个五年规划和2035年远景目标纲要[EB/OL].（2021-03-13）. http：//www.gov.cn/xinwen/2021-03/13/content_5592681.htm?pc

[5] 王文波，张灿.垃圾焚烧发电行业的碳减排效应浅析[J].中国有色冶金，2022，51（3）：8-13.

[6] 李颖，武学，孙成双，等.基于低碳发展的北京城市生活垃圾处理模式优化[J].资源科学，2021，43（8）：1 574-1 588.

[7] 赵国涛，钱国明，王盛.“双碳”目标下绿色电力低碳发展的路径分析[J].华电技术，2021，43（6）：11-20.

[8] 何品晶，陈淼，杨娜，等.我国生活垃圾焚烧发电过程中温室气体排放及影响因素——以上海某城市生活垃圾焚烧发电厂为例[J].中国环境科学，2011，31（3）：402-407.

[9] 陈海滨，刘金涛，钟辉，等.厨余垃圾不同处理模式碳减排潜力分析[J].中国环境科学，2013，33（11）：2 102-2 106.

[10] 粟颖.广东省厨余垃圾处理技术现状分析与建议[J].再生资源与循环经济，2020，13（11）：13-16.

# 基于“双碳”目标的深圳城市园林废弃物资源化利用途径与模式研究

史正军
（深圳市中国科学院仙湖植物园；深圳市园林研究中心）

**摘要：**“双碳”目标下城市园林废弃物的合理处置和再利用成为城市固废管理、降低碳排放和提高绿地碳汇能力的重要环节。本文以城市园林废弃物的资源化利用为研究方向，对园林废弃物资源化基本特征、主要利用技术和国内外相关发展历程、发展趋势和配套政策进行了归纳解读。深圳目前推行的园林废弃物生物质成型燃料、堆肥化利用及有机覆盖等利用途径符合减碳增汇的“碳达峰”“碳中和”的国家战略要求和深圳低碳绿色可持续发展实际，但目前堆肥化利用和有机覆盖资源化工作还严重滞后，对提高土壤质量和绿地碳汇的预期不明显。同时，深圳虽然建立了园林废弃物资源化利用的基本模式框架，但在实施层面不够清晰完整。本文在此基础上对深圳园林废弃物资源化利用模式进行了细化，完善了整体流程、明确了各方职责分工以及投资、运行主体，以期为新形势下深圳园林废弃物处置和资源化利用工作提供参考。

**关键词：**双碳目标；园林废弃物；资源化利用；途径和模式

# Study on Ways and Models of Recycling and Utilization of Green Waste in Shenzhen Under the Dual Carbon Goal

Shi Zhengjun
(Fairy Lake Botanical Garden, Shenzhen & Chinese Academy of Sciences; Shenzhen Landscape Architecture Center)

**Abstract:** Under the dual carbon goal, the rational disposal and reuse of urban green waste has become an important link in the management of municipal solid waste, reducing carbon emissions and improving the carbon sink capacity of urban green space. In this paper, the recycling of urban green waste as a research object, the basic characteristics of the recycling of green waste, the main utilization methods and related development at home and abroad, development trend and supporting policies are summarized and interpreted. It is concluded that the utilization ways of biomass forming fuel, compost utilization and organic mulch of green waste currently implemented in Shenzhen are in line with the national strategic requirements of “carbon neutrality” and “carbon peak” to reduce carbon emissions and increase carbon sinks and the reality of low carbon and sustainable development in Shenzhen. However, the work of compost utilization and organic mulch resource utilization is still seriously lagging behind, and the expectation of improving soil quality and green space carbon sequestration is not obvious. At the same time, although Shenzhen has established the basic model framework of recycling and utilization of green waste, it is still not clear and complete from the implementation level. On this basis, this paper refined the recycling and utilization mode of green waste in Shenzhen, improved the overall process, and clarified the division of responsibilities of all parties, as well as the main body of investment and operation. In order to provide reference for the disposal and resource utilization of green waste in Shenzhen under the new situation.

**Keywords:** Dual carbon goal; Green waste; Resourceful utilization; Ways and models

## 一、引言

城市生态系统正在全球范围内迅速膨胀，城市化已成为全球环境变化的主导因素之一。就全球范围来说，城市区域是人为温室气体排放的主要来源，构建高质量的城市生态系统，一方面要提高城市碳汇能力，另一方面要在碳减排方面做出努力。随着城镇化不断推进和持续增长，城市生活垃圾与城市生态环境保护、城市土地空间有效利用的矛盾不断激化。2018年12月29日，国务院办公厅印发的《“无废城市”建设试点工作方案》，要求持续推进固体废物源头减量和资源化利用，实现城市固体废物产生量最小、资源化利用充分、处置安全的目标[1]。园林废弃物是城市富碳生活垃圾的重要组成部分，对其妥善处置及充分资源化利用是城市区域实现“碳达峰”“碳中和”的有效手段。本文在对国内外园林废弃物处置及资源化利用进行系统分析的基础上，结合新形势下“双碳”国家战略目标等发展要求，对深圳园林废弃物资源化利用现状、运行模式及存在问题进行分析评估，并从可实施层面对深圳园林废弃物资源化利用模式进行梳理和细化补充，以期为相关工作提供参考。

## 二、国内外园林废弃物资源化利用研究和应用进展

### （一）园林废弃物定义及资源化利用概况

园林废弃物是城市园林维护和灾害天气过程中产生的绿化修剪物、枯死木、自然凋落物、盆栽残花等各类植物残体的总称[2-4]，一般包括乔灌木枝干、枝条、叶片、草屑、残花等。根据《城市绿地分类标准》（CJJ/T 85—2017）对“城市绿地”涵盖范围的界定，城市绿地包括了城市建设用地内的公园绿地、防护绿地、广场用地、附属绿地以及城市建设用地外的区域绿地的总称。相应的，城市运行中涉及的植物废弃物管理还应包括城市范围内林地区域自然及人为更新所产生的植物残体。对此，个别城市如深圳市的各类相关法规条例及规范性文件对城市绿地植物残体统称为“绿化垃圾”，包括了城市绿地管养过程中以及绿化植物培育、加工、贸易过程中产生的生物质固体废物的总称；国家标准《绿化植物废弃物处置和应用技术规程》（GB/T 31755—2015）涉及的“绿化植物”范围更广，涵盖了用于生态林业、园林绿化的各类植物，包括用于林地、城市绿地、郊区绿地或室内装饰等各种绿化用途的植物。

图1 园林废弃物艺术造景

为和主要研究文献保持一致，本文主题沿用“园林废弃物”，但其涵盖范围与上述“绿化垃圾”寓意相同。

园林废弃物是以纤维素、木质素为主的有机清洁材料，是自然碳汇过程重要形成物，且产量巨大，但过去很长间里被进行简单焚烧和填埋处置，造成了碳排放环境污染和资源浪费。近年来，随着科学技术的发展和环保意识的增强，园林废弃物各项资源化再利用技术得到充分发展，如堆肥化后作为土壤改良剂、有机肥、栽培基质材料，粉碎后用作绿地裸土覆盖物，热裂解后生产的生物炭用于土壤改良和水土污染治理，主杆和硬枝用于木材加工业以及近年来兴起的艺术造景（图1）等。此外，园林废弃物也是良好的生物质能清洁能源材料。

## （二）国内外园林废弃物资源化利用主要用途

### 1. 堆肥化处理和应用

腐殖质是土壤有机质的主要组成部分，参与吸附、络合及配位等土壤物理化学过程，对土壤矿物质发育演化、养分循环、污染物分解转化至关重要[5, 6]。堆肥是指在人工控制条件下，有机质经微生物作用由不稳定态转化为稳定的类似腐殖质的过程[7]。根据微生物对氧气的需求，堆肥技术主要分为好氧堆肥技术和厌氧发酵技术。好氧堆肥是国内外植物材料堆肥的主要方式，其特点为材料分解快，整体堆肥周期约是厌氧发酵的1/3[8]，堆体温度高，可杀灭多数植物杂草种子和病虫害，同时更易实现机械化、规模化生产（图2）。加工和施用堆肥是农业生产基本技术措施，也是现代社会有机固体废弃物处理及资源循环利用的有效手段[9]。堆肥产品在农林业生产、水土保持、生态环境治理以及污染物处置和再利用方面始终发挥着重要作用。

自然界中植物从土壤汲取养分，又通过枯枝落叶转化分解等方式与土壤融合，保持了土壤系统的稳定性和可持续性[10]。城市绿地植物枯枝落叶的移出，使得城市绿地生态系统的物质循环和能量流动断裂，土壤肥力得不到自我

图2 园林废弃物堆肥化处理现场（2019年摄于上海植物园）

维持。土壤施用堆肥可通过提供有机质和养分、调节土壤“水、肥、汽、热”因子，保持或改善土壤生产力[11]。园林废弃物堆肥施用对土壤肥力改良及生态环境修复具有显著效果，并增加土壤碳储量、改善土壤的水分调节能力，对减少温室气体排放[12]和提高城市抵抗雨洪、干旱等极端气候能力[13]具有重要意义。

园林废弃物堆肥也是花卉栽培基质配制中代替泥炭的良好材料。泥炭是国内外园艺行业优质的基质原料，但属于日益枯竭的自然资源，并且其开采对生态环境及土地破坏很大，近年来越来越多的研究寻找泥炭的替代物。园林废弃物堆肥是替代泥炭的方便且经济的方法[14]。如LU[15]等试验证明用70%园林废弃物堆肥可替代泥炭介质用于菖蒲无土栽培；Tesfamichael等[16]试验证明在莴苣无土栽培中用堆肥可以降低25%的泥炭用量；李燕等[17]试验发现添加园林废弃物堆肥替代60%的泥炭用于红掌和鸟巢蕨栽培；樊波等[18]发现用40%～50%废弃物作为栽培基质主料，可完全代替泥炭用于簕杜鹃种植。

### 2. 有机覆盖物加工和应用

植被凋落物层是土壤有机质、养分的重要来源[19, 20]，有机覆盖物基于自然凋落物循环转化原理，利用各种有机生物材料通过粉碎、加工处理后铺设于裸土表面，具有保持土壤湿润、增加土壤肥力、抑制杂草，促进树木生长等作用[21,22]。

国外发达国家将有机覆盖物用于城市绿地地表覆盖已有几十年的历史[23]。有机覆盖物具有可分解、可供养和可变色三大特性[24]，其中以阔叶树种为材料加工的有机覆盖物分解速率较快，而松、柏类木片、树皮和针叶的分解速率相对较慢[25]。有机覆盖物经自然分解可提高土壤中的有机质和氮磷钾等养分含量[26,27]，促进植物生长[28-30]；有机覆盖物还可改善土壤物理特性、减少土壤侵蚀和保护径流、保持土壤水分和温度、抑制杂草生长、吸滞、降解污染和美化绿地景观[23,31-33]。

3. 生物炭加工和应用

生物炭是生物质在有限供氧的密闭环境中与相对较低的温度条件下（< 700℃）热解生成的一类富含碳（C% ≥ 60%）、芳香化的固态物[34]，具有比表面积大、性质稳定、营养元素丰富等特点，已被广泛用于土壤改良[35,36]，同时近年来也成为缓释肥料的新型载体[37]。生物炭施入土壤后比腐殖质碳更稳定[38]，且能够防治土壤酸化、提高盐基交换量，并能通过吸附解吸作用使土壤养分持续缓慢释放[39]。

近年来，生物炭加工及应用研究成为国际固体废弃物资源化利用的热门方向[40-42]。张登晓等[43]将城市园林废弃物生物炭添加到蔬菜温室栽培基质中，证实生物炭能够增加基质氮养分供应能力，减少蔬菜中硝酸盐累积。田雪等[44]发现，用园林废弃物树枝和树叶制备的生物炭其对水体磷、氨氮具有显著吸附效果。Somerville[40]等发现用生物炭对于城市土壤物理性质和生物特性的改良与堆肥等效。此外，多项研究表明生物炭对于城市土壤有机污染物、重金属污染修复效果显著[38,45-47]。

4. 生物质燃料加工和应用

木质纤维素类生物质是继煤炭、石油、天然气等化石能源之后最重要的可应用能源之一，与风能、太阳能同属可再生能源[48,49]。与天然化石能源相比，生物质能源具有资源丰富、可再生、易储藏、可替代及$CO_2$零排放等特性（$CO_2$零排放是指生物质能源燃烧所释放的$CO_2$大体与其经光合作用所吸收的大气$CO_2$相当[50]）。另外生物质能源具有低污染性，燃烧过程中生成的$SO_2$、$NO_X$较少，属于清洁能源而且成本相对较低，可应用于国民经济各个领域[49]。

城市生活垃圾中的园林废弃物等富含木质纤维素类材料，可通过生物质能转化技术制成各种固态、液态和气态的清洁能源燃料[51]，其中生物质固化成型燃料由于原料来源丰富、加工简单、储运方便、技术相对成熟等优点，在实际应用中较为广泛[52]，是目前园林废弃物衍生燃料的主要类型。

## （三）国内外园林废弃物处置利用主要运行模式发展历程及趋势

1. 国外主要运行模式

早期城市生活垃圾处置的主要方式为填埋和焚烧，由此导致场地、大气污染、温室气体排放和土地难以再利用[53]，美国、日本、德国等经济发达国家较早启动了对城市生活垃圾分类处置和资源化利用的管控[54]。

美国早在1976年就颁布实施了《资源保护和回收法》，20世纪80年代末起，在20多个州先后颁布了禁止园林废弃物焚烧和填埋处理的法令，并于1994年颁布了园林废弃物和固体废弃物堆肥的EPA530-R-94-003法则，对园林废弃物的收集、堆肥加工工艺做了详细规定；同时，美国各州也相应制定了园林废弃物土地利用相关政策、经费补贴政策，为该项工作的开展提供了政策保障。资料数据显示，美国园林废弃物用于堆肥的比例从1990年的12.4%上升到2009年的59.9%[50]。英国从1996年起对有机废弃物填埋进行征税，逐步引导有机废弃物的堆肥化再利用；比利时布鲁塞尔等较大城市绿化管理机构很早就采取混合堆肥方式处理园林废弃物，并由非营利组织进行组织、质量控制和促销。德国、加拿大、日本等国主要提倡分散式、家庭式堆肥，同时也设置了规模化的园林废弃物堆肥处理场，并制定了相关的技术规程、产品标准[55]。

近年来，各国更关注生活垃圾分散式处置利用的模式。美国将有机生活垃圾列入资源保护体系，开始推行社区堆肥的利用模式，现有的社区堆肥业务均由非营利组织运营，资金由基金会或政府补助，人员由志愿者组成，强调公众参与青少年教育[56,57]。加拿大鼓励市民自制园林废弃物堆肥，每年给居民发放大量的堆肥箱[58]。

园林废弃物应用于生物质能源材料也是欧美发达国家目前努力发展的固废资源再利用方向。欧盟和美国生物质能源发展最快，已普遍将生物质能源应用上升到国家战略地位，已形成了包括原材料收集、储存、固化成型及应用的一套较完善的产业链条和模式，并建立了相对完善的法律法规和标准化体系[59,60]。

2. 我国主要运行模式

我国1992年颁布的《城市市容和卫生管理条例》（国务院令第101号），首次对城市生活垃圾分类问题提出了具体要求。1995年颁布的《中华人民共和国固体废物环境污染防治法》规定城市生活垃圾应当逐步做到分类收集、贮存、运输和处置，并积极开展合理利用和无害化。2008年颁布的《中华人民共和国循环经济促进法》提出了垃圾处理应当减量化、再利用和资源化的基本要求。

我国现有城市生活垃圾分类管理的全国及地方性主要相关法规条文，如2019年发布的《住房和城乡建设部等部门关于在全国地级及以上城市全面开展生活垃圾分类工作的通知》、2020年修订实施的《北京市生活垃圾管理条例》、2019年实施的《上海生活垃圾管理条例》、2018年实施的《广州市生活垃圾分类管理条例》、2020年实施的《深圳市生活垃圾分类管理条例》等涉及的"有害垃圾""干垃圾""湿垃圾""可回收物"等四大生活垃圾基本分类中，对园林废弃物尤其城市公共绿地产生的园林废弃物的类别归属尚未列明，但全国各城市总体上均将园林废弃物纳入生活垃圾管理体系，但一般规定园林废弃物应有独立的收集系统，不能混入生活垃圾投放。

我国园林废弃物资源化利用起步较晚，最早开始用堆肥化利用替代填埋、焚烧的城市主要有北京、上海、广州、深圳等。2007年，国家建设部发布了《关于建设节约型城市园林绿化的意见》（建城［2007］215号），文中指出"鼓励通过堆肥、发展生物质燃料、有机营养基质和深加工等方式处理修剪的树枝，减少占用垃圾填埋库容，实现循环利用"。2015年，我国颁布国家标准《绿化植物废弃物处置和应用技术规程》（GB/T 31755—2015），首次规范了绿化植物废弃物再利用过程中处置场的标配、处置工艺、绿化植物废弃物产品质量的控制标准和检测方法等各项技术问题。

北京市2005年修建了植物垃圾处理厂，将园林废弃物制成栽培基质进行资源化再利用；2007年出台了《北京市园林绿化废弃物资源化发展规划》，建立了国内第一个规模化的园林废弃物专业处理场；2010年制定了《北京市园林绿化废弃物资源化利用及生物质能源产业"十二五"发展规划》；2011年出台了《园林绿化废弃物堆肥技术规程》（DB11/T 840—2011），规范绿化废弃物堆肥利用；2016年发布《北京市关于杜绝焚烧园林绿化废弃物积极推进资源化利用的意见》规定园林绿化废弃物要全面"零焚烧"；2018年北京市园林绿化局发布《关于加快园林绿化废弃物科学处置利用的意见》和《关于加强园林绿化裸露地生态治理工作的意见》的通知，要求"科学规范处置园林绿化废弃物，变废为宝，就地还肥于林、还肥于地"，并提出将园林绿化废弃物制成不同类型的覆盖物产品应用于林地绿地裸露地治理；同时2018年发布《园林绿化废弃物资源化利用规范》（DB11/T 1512-2018），对园林绿化废弃物资源化利用包括站点设置、收集、处置、转运等进行规范化要求。

总体来讲，目前北京市园林绿化废弃物的资源化处理遵循"减量化、资源化、无害化"的原则，主要采用"落叶化土，还肥于林"的生态循环利用方式[3,61,62]。在堆肥化处理模式上，北京主要采取集中处理和就近处理两种模式。

上海市2006年建立园林植物废弃物循环利用试验基地，2008年公布了《园林植物废弃物处理处置技术》，将绿化废弃物纳入城市有机废物系列，并鼓励社会投资举办绿化废弃物等回收利用的处理试点[50]；2009年出台了《绿化植物废弃物处置技术规范》（DB31/T 404-2009）；2017年发布《绿化有机覆盖物应用技术规范》（DB31/ T1035-2017）；2019年通过了《上海市生活垃圾管理条例》，同年7月1日，上海入选实行垃圾分类试点的城市[63]，在园林废弃物资源化利用方面成效显著。

广州市2005年在广州华南植物园建成国内第一个绿化废弃物堆肥厂，2010年出台了《城市绿色废弃物循环利用技术通用规范》（DBJ440100/T 59-2010），对处理场地、机械配置、绿色废弃物的收集和处置及其产品的使用进行了规范。近年来，广州结合城市天桥绿化等绿化建设，在园林废弃物堆肥化生产栽培基质方面工作颇具特色和影响力。

在园林废弃物等生物质能源利用方面，我国近年来也在大力推进农林废弃物用于生物质燃料的工作，现有法律确立了生物质能源属于可再生能源的法律地位。2016年《可再生能源发展“十三五”规划》（发改能源［2016］2619号）发布后，国家和部分省市相继出台了相关税收、补贴政策，但行业产业链条还需要补充完善[60]。与欧美发达国家相比，我国目前推进生物质能源利用方面各项相关政策之间协调性差、商业推广模式可复制性差，同时还存在标准规范欠缺或执行力不够等问题[59]。

# 三、深圳园林废弃物处置利用现状及问题

## （一）发展历程及现状

深圳自特区成立以来，在经济高速增长的同时，也面临着人口剧增、土地资源紧张、环境污染严重和资源缺乏等严峻问题，历届政府始终高度重视生态文明建设和生态环境保护工作。近年来，深圳围绕生活垃圾、建筑废弃物等城市废弃物再生资源回收实施了系列重大工程，初步实现了固体废物源头减量、资源利用、无害化处置[64]。

深圳对绿化垃圾处置也经历了从最初的填埋、简单焚烧到目前的多途径、可持续资源再利用模式的探索。1998年设立深圳市绿化管理处树枝粉碎场，对全市主要绿化垃圾进行减量化处理，同时尝试了堆肥化利用。但由于场地限制等因素，截至目前深圳在园林废弃物规模化堆肥方面成效并不明显。自2015年《深圳市生活垃圾分类和减量工作实施方案（2015—2020）》实施以来，在深圳市城管局主导下，深圳各区园林绿化管理部门全面推进园林废弃物就地、就近处理和资源化利用工作。至2018年，深圳全市已经建设绿化垃圾处理设施34处，全市580多个市政公园、社区公园产生的园林废弃物采取了分类收集处理方式（图3），相关工作已初见成效。2018年深圳市城管局发布的《深圳市生活垃圾强制分类工作方案》，明确要建立完善绿化垃圾分类收运处理体系，要求全市市政公园、郊野公园的绿化垃圾实行就地粉碎回填利用，全市社区公园的绿化垃圾就近处理，同时要求在郊野公园探索建立集中堆肥利用试点，消化市政公园、社区公园不能完全就地就近处理的绿化垃圾。

2019年深圳入选国家11个“无废城市”建设试点，全市生活垃圾基本实现全量焚烧和趋零填埋，资源化利用率超过75%，提前完成“十三五”规划目标，生活垃圾回收利用率超过30%[64]。2020年9月1日起实施的《深圳市生活垃圾分类管理条例》中第三十八条规定“绿化垃圾处理单位应当将绿化垃圾枝叶粉碎后通过堆肥或者作为生物质燃料等方式资源化利用，有使用价值的较大树干可以在除去枝叶后直接进行资源化利用”。2021年8月1日起实施的深圳市地方标准《绿化垃圾回收及综合利用规范》（DB4403/T 174—2021）要求绿化垃圾除有使用价值的较大树干可直接利用外，不能直接利用的树冠、枝丫、枝条、树叶、草屑等绿

图3 深圳东湖公园绿化垃圾收集点

图4 园林废弃物热裂解加工生物炭（2019年摄于深圳大鹏）

化垃圾宜综合利用。主要利用途径包括有机覆盖物、堆肥产品、生物质燃料及其他方式，包括胶粘覆盖垫、人造板材、生物炭等。

加工生物质成型燃料是深圳处理城市有机固废的重要手段。为了防治生物质燃料燃烧污染，深圳市2015年发布了《生物质成型燃料及燃烧设备技术规范》（SZJG 51—2015），对生物质锅炉排放标准、燃烧设备、燃料质量及排放治理措施等都做了较详细规定；2021年发布的《深圳市生态环境保护“十四五”规划》，在第四章“积极应对气候变化，控制温室气体排放”章节中提出扎实推进碳达峰行动，构建清洁低碳能源体系，发展氢能、太阳能、风能等新能源，因地制宜发展生物质能。深圳目前已有多家生活垃圾收运企业开展了绿化垃圾等废弃物的生物质颗燃料研发加工业务，如龙岗区建立了生物质能燃料生产线，垃圾日处理最高可达2 000t。

此外，大鹏新区有企业建立了生物炭中试生产线，通过热裂解工艺，将绿化垃圾制成了生物炭产品，并开展了碳基复合肥等产品的深加工（图4）。

## （二）主要存在问题

深圳园林废弃物（绿化垃圾）日产量约为1 000t，台风灾害天气可增至30 000t/d以上[65]。就目前来看，深圳对于绿化垃圾的处置和资源化再利用方向已基本明确，即除了大型主杆可作为木材等原料直接利用外，其余部分逐步趋向于分散就近、就地处理通过有机覆盖物、堆肥形式回用绿地和集中收集、处理后作为生物质颗粒燃料进行资源再利用。但只有生物质颗粒燃料利用的产业链较为成熟，目前大部分绿化垃圾被加工成燃料。而堆肥、园林覆盖推进实施效果尚不明显。究其原因，主要存在以下问题：

就堆肥加工和利用而言，推进不力的主要原因可能在于：①现有园林废弃物堆肥主要为传统的条垛式或槽式堆肥工艺，对场地空间占用较多，堆肥周期长(一般要1~2个月)、经济效益不显著，设施不足或条件控制不当时还容易产生臭气和废水污染，这导致管理部门和企业投入的意愿不强。②与深圳目前重点发展的高新产业导向不符，还未得到相关政策的足够鼓励和支持。园林废弃物堆肥产能不足导致目前深圳园林行业处于较为尴尬的局面。一方面管理部门、社会公众已普遍认可园林废弃物应回用绿地，同时越来越多的园林绿化建设养护工程项目已将园林废弃物堆肥作为首选的土壤改良和养护施肥材料，另一方面本地市场却无足够的产品供应，迫使施工养护单位不得不从市外采购。

就园林有机覆盖物加工利用而言，因其对场地、加工设备设施要求不高、操作简单、成本低廉，目前基本不存在较大的机制障碍因素，主要的问题可能在于还缺乏对材料分类、覆盖厚度及维护方法等具体技术规范性引导文件支撑。

此外，深圳生物质燃料应用产业链虽已相对成熟完善，但仍然存在燃料产品质量不高、加工过程容易产生空气污染等问题。深圳市特种设备安全检验研究院2015年对深圳市780批次工业锅炉所使用的生物质颗粒燃料进行了质量检测[66]，发现燃料质量普遍不佳，易导致烟尘排放浓度等污染物超标。

## 四、深圳园林废弃物资源化利用运行模式建议

### （一）建立健全园林废弃物资源化利用全产业链

对比国内外现状和发展趋势，结合《深圳市生态环境保护“十四五”规划》《深圳市生活垃圾分类管理条例》、深圳市地方标准《绿化垃圾回收及综合利用规范》等法律法规、技术文件的要求，生物质能源、堆肥和有机覆盖物等园林废弃物资源化利用途径方式符合深圳实际，且符合“碳达峰”“碳中和”战略目标要求和“无废城市”、循环经济相关低碳绿色发展要求，可作为现在和未来可预见技术发展条件下深圳园林废弃物资源化利用的主要发展方向。但目前深圳在实际实施中，园林废弃物偏重于作为生物质燃料焚烧，而回用绿地不足，因此须做到：

#### 1. 鼓励园林废弃物回用城市土壤

土壤经过对有机质的固定作用，成为地球陆地最大的碳库，其碳储量分别是陆地生物及大气中碳含量的3倍和2倍，影响着全球气候变化。《联合国气候变化框架公约》(UNFCCC)启动的“千分之四土壤增碳”计划，目的就是通过土壤增碳抵消化石能源碳排放[1]。同时，通过增加有机质提升城市土壤质量，是促进绿地植物生长，增加绿地碳汇功能的重要举措。深圳75%的现状城市园林绿地土壤有机质含量小于8.8g/kg，远小于深圳农业地方标准《园林绿化种植土质量》(DB440300/T 34-2008)中要求土壤有机质含量应达到15g/kg的最低要求；2022年4月发布的《深圳市国土空间规划保护与发展“十四五”规划》提出对渣土受纳场等受损系统进行生态修复的要求，推广园林废弃物堆肥化利用意义重大。总的来说，对园林废弃物应通过就近、就地堆肥和覆盖处理回用，实现区域绿地生态系统内碳储存和循环，通过集中堆肥处理，达到全市域内调剂利用的目标。

#### 2. 提高园林废弃物生物质效能

针对深圳目前生物质燃料生产加工还存在

的产品质量问题及加工过程污染排放等问题：一是要通过技术创新来提高燃料产品质量，提高生产效率；二是要通过加强过程监管，建立赏罚机制引导企业改进工艺、规范生产。

3. 加强技术创新，促进城市固废资源化协同利用

深圳园林废弃物堆肥化资源利用推进不利的主要原因之一是现有主流技术工艺较粗放、对场地占用大，不符合城市空间紧张、人口稠密条件下对土地须集约高效利用的实际情况。因此，应通过自主研发或引进先进相关生产工艺，以及研究园林废弃物与餐厨垃圾等有机固废联合堆肥，通过建立立体式、封闭式的先进堆肥生产线提高场地利用效率、缩短堆肥周期，从而达到集约化高效生产的目标，此外，还可考虑对地下空间的利用。

## （二）梳理完善运行机制，推动园林废弃物资源利用可持续发展

长期以来，深圳城市生活垃圾等城市固废收运处置及园林绿化养护项目主要采取通过定期市场竞标委托企业管理的模式。从基本业务推进落实来说该模式运行较为高效，但由于企业流动性较大、长期投入的意愿不强等因素，某种程度上对技术革新和业务扩展、深化造成不利。就园林废弃物收集和资源化利用来讲，虽然从《深圳市生活垃圾分类管理条例》《绿化垃圾回收及综合利用规范》（DB4403/T 174—2021）等管理、技术文件中可以勾画各级政府管理部门、业主单位、受托企业的基本分工和业务运行模式框架，但从执行落实层面尚待补充细化。本文结合对实际工作的调研了解，提出一套较细化的深圳园林废弃物资源化利用推荐模式（图5）。该模式以现行相关法规条文、基本运行框架为基础，从分工、执行角度对相关关键环节进行了细化，主要包括：

1. 建立现行法规框架下园林废弃物收集及产品加工、应用流程

针对园林废弃物作为生物质能源、堆肥产品、有机覆盖物等不同处理和利用途径和价值实现目标，从园林废弃物集中收集处置利用和就地、就近分散收集利用两种途径方面构建了相应的技术流程。其中包括：

（1）公园内设置临时收集点和粉碎机等基本设施，一般可进行有机覆盖物粉碎加工及公园内就地回用，有条件的可进行堆肥加工并实现公园内就地回用。街道及社区可设置带粉碎设施的临时收集点，主要集中收集辖区内各类附属绿地的园林废弃物，经粉碎后集中运往区级或市级集中收集处理点进行资源化加工处理，有条件的街道及社区可进行堆肥加工，并回用于辖区内绿地，产品供应超额部分可允许企业外销。

（2）各行政区可设置1个或若干个大、中型的集中处理场所，应具备园林废弃物单独堆肥或与餐厨垃圾等其他固废协同堆肥的条件，其中大型生活垃圾处理点应具备生物质成型燃料加工的条件。全市设置若干个市级园林废弃物单独集中收集处理或生活垃圾综合处理场所。市级收集处理场所主要处理灾害天气或其他各处理点超额的部分。市级、区级处理场所生产的堆肥、生物质燃料可在全市调剂使用，在满足本市供应的条件下，允许企业以合理价格向市外销售。

2. 明确不同层级管理部门、受托企业职责权限

（1）应界定园林废弃物处置属于政府公用事业和民生范畴，应由各级政府管理部门根据相应权限主导运行。园林废弃物处理应由市级政府管理部门进行顶层设计规划，原则上应根据各区的园林废弃物产生量等因素，明确各行政区的处理能力、任务分配，同时应规划若干个跨行政区的市级大型集中收集处理场所。

（2）区级政府管理部门应根据上级单位要求的处理能力任务分配，协调各街道及有条件的社区、绿化单位设置临时收集点和资源化加工点，同时规划设置1个或若干个区级的园林废弃物或生活垃圾资源化集中处理场所，主要收集本辖区内废弃物并进行园林废弃物专项或生活垃圾综合加工，加工范围应包括生物质成

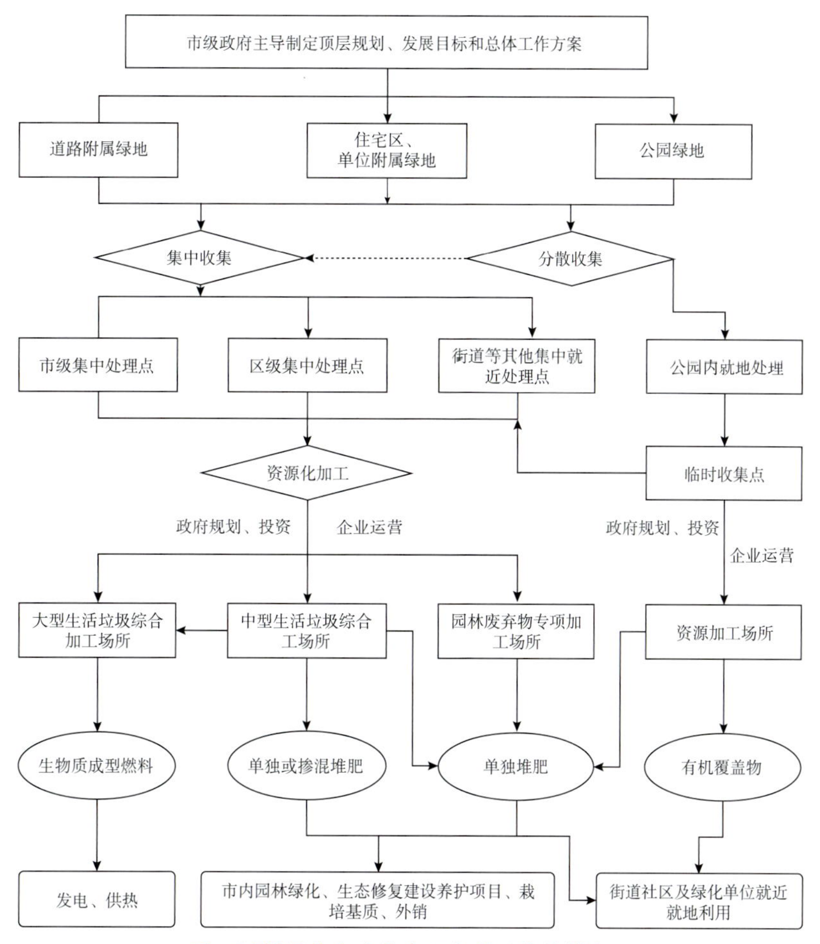

图5 深圳园林废弃物资源化利用推荐模式图

型燃料、堆肥产品。街道及社区管理部门主要协调管理本管辖范围内各绿化单位园林废弃物的收集、加工工作，同时管理本辖内的集中收集、加工点运行，并协调产品在本辖区的应用。

3. 明确园林废弃物资源化加工场所投资、运行主体

（1）各级临时收集点、资源化加工设备设施原则上应由各级相应政府管理部门投资，由企业在约定期限内运行管理。场地、大型基本设备实施应归政府所有，受托企业主要负责运行期间的短期成本投入。

（2）加工产品原则上应由市级价格管理部门进行全市统一定价，定价应主要考虑园林废弃物处理量、并扣除委托项目经费，有特殊情况的通过委托项目经费的增减，保证企业合理利润。

## 五、结论

生物质成型燃料、堆肥化利用及有机覆盖等深圳目前主要倡导应用的园林废弃物资源化利用方式，符合深圳城市低碳绿色可持续发展的实际，也符合减碳增汇的“碳达峰”“碳中和”以及“无废城市”等国家政策要求。但目前深圳堆肥化利用和有机覆盖利用工作还严重滞后，园林废弃物资源化利用的模式还不够清晰完整。本文对现有模式框架进行了梳理，并从可实施层面对园林废弃物收集、资源化加工利用的各关键环节进行了细化，完善了整体流程、明确了各方职责分工以及投资、运行主体；本文认为深圳园林废弃物资源化相关加工场所应采取政府长期投资、企业负责运行的模式。

## 参考文献

[1] 张浪.基于废弃物资源利用的土壤质量提升[J].园林，2021，38（12）：1.

[2] 刘瑜，赵佳颖，周晚来，等.城市园林废弃物资源化利用研究进展[J].环境科学与技术，2020，43（4）：32-38.

[3] 胡小燕.北京地区园林废弃物资源化利用现状及探讨[J].中国园艺文摘，2018，34（3）：107-108.

[4] Belyaeva O N，Haynes R J. Chemical，microbial and physical properties of manufactured soils produced by co-composting municipal green waste with coal fly ash[J]. Bioresour Technology，2009，100（21）：5203-5209.

[5] 吴云当，李芳柏，刘同旭.土壤微生物—腐殖质—矿物间的胞外电子传递机制研究进展[J].土壤学报，2016，53（2）：277-291.

[6] 谢承陶，李志杰，章友生，等.有机质与土壤盐分的相关作用及其原理[J].土壤肥料，1993（1）：19-22.

[7] 解新宇，史明子，齐海石，等.堆肥腐殖化：非生物学与生物学调控机制概述[J].生物技术通报，2022，38（5）：29-35.

[8] 魏自民，席北斗，赵越.生活垃圾微生物强化堆肥技术[M].北京：中国环境科学出版社，2008.

[9] 魏源送，王敏健，王菊思.堆肥技术及进展[J].环境科学进展，1999（3）：12-24.

[10] Batlle-Aguilar J，Brovelli A，Porporato A，et al. Modelling soil carbon and nitrogen cycles during land use change. A review[J]. Agronomy for Sustainable Development，2011，31（2）：251-274.

[11] Cantero-Flores A，Bailón-Morales R，Villanueva-Arce R，et al. Compost made with green waste as an urban soil improver[J]. Ingeniería Agrícola y Biosistemas，2016，8（2）：71-83.

[12] Coker C，Ziegenbein J，et al. California Composting[J]. Biocycle Journal of Composting & Recycling. 2018，59（3）：28-31.

[13] Alexander R. 10 trends in the compost marketplace[J]. BioCycle，2014，55（8）：32.

[14] McGuinness John. Green waste gets a new drive-through treatment Ireland's first drive-through green waste centre [N]. Sunday Business Post，2015-08-02.

[15] Zhang L，Sun X，Tian Y，et al. Composted green waste as a substitute for peat in growth media：effects on growth and nutrition of Calathea insignis[J]. PLoS ONE，2013，8（10）：e78121.

[16] Tesfamichael A A，Stoknes K. Substitution of peat with vermicompost from food waste digestate and green waste compost[J]. Acta Horticulturae，2017（1168）：399-406.

[17] 李燕，孙向阳，龚小强.园林废弃物堆肥替代泥炭用于红掌和鸟巢蕨栽培[J].浙江农林大学学报，2015，32（5）：736-742.

[18] 樊波，袁丽丽，史正军，等.不同配方基质理化性质对簕杜鹃营养生长的影响[J].广东农业科学，2022，49（5）：27-35.

[19] 郑思俊，张庆费，吴海萍，等.上海外环线绿地群落凋落物对土壤水分物理性质的影响[J].生态学杂志，2008（7）：1122-1126.

[20] 张璇，唐庆龙，张铭杰，等.深圳市绿地植被凋落物存留特征及其影响因素[J].北京大学学报（自然科学版），2011，47（3）：545-551.

[21] 阚丽艳.有机地表覆盖物对城市园林植物茶梅土壤三参数、养分、微生物的影响及肥力综合评价[J].上海交通大学学报（农业科学版），2016，34（5）：84-91.

[22] 张敬沙，方海兰，周建强，等.有机覆盖物在中国应用现状和标准化对策[J].中国标准化，2021（15）：176-180.

[23] 黄利斌，李荣锦，王成.国外城市有机地表覆盖物应用研究概况[J].林业科技开发，2008（6）：1-8.

[24] 沈亚鹏.木奇对城市绿地微域生态环境的影响研究[D].郑州：河南农业大学，2018.

[25] 王欣国.有机覆盖物及其在美国城市园林中的应用概况[J].广东园林，2015，37（2）：77-79.

[26] Balasubramanian D，Arunachalam K，Arunachalam A，et al. Effect of Water Hyacinth（Eichhornia crassipes）Mulch on Soil Microbial Properties in Lowland Rainfed Rice-Based Agricultural System in Northeast India [J]. Agricultural Research，2013，2（3）：246-257.

[27] Mary A A，Yating W. Soil Nutrients and Microbial Biomass Following Weed - Control Treatments in a Christmas Tree Plantation[J]. Soil Science Society of America Journal，1999，63（3）：629-637.

[28] Marichamy M S，Thomas A，Thomas A，et al. Effect of Different Mulches on Vegetative and Reproductive Components of Chilli（Capsicum a nnuum L）Hybrid Sierra[J]. Advances in Life Sciences，2016，5（3）：888-893.

[29] Bert M C，Robert S. Weed Control and Organic Mulches Affect Physiology and Growth of Landscape Shrubs.[J]. HortScience，2009，44（5）：1419-1424.

[30] Piotr K，Marek K，Bożena K. The response of Šampion trees growing on different rootstocks to applied organic mulches and mycorrhizal substrate in the orchard[J]. Scientia Horticulturae，2018，241：267-274.

[31] Oliveira M T，Merwin I A. Soil physical conditions in a New York orchard after eight years under different groundcover

management systems[J]. Plant and Soil，2001，234（2）：233-237.
[32] Randy B F，Natalie S C. Evaluating the efficacy of wood shreds for mitigating erosion[J]. Journal of Environmental Management，2008，90（2）：779-785.
[33] Yanlong C，Ting L，Xiaohong T，et al. Effects of plastic film combined with straw mulch on grain yield and water use efficiency of winter wheat in Loess Plateau[J]. Field Crops Research，2015，172：53-58.
[34] 王欣，尹带霞，张凤，等.生物炭对土壤肥力与环境质量的影响机制与风险解析[J].农业工程学报，2015，31（4）：248-257.
[35] 赵伟宁.园林废弃物生物质炭的制备及其对水中铅的吸附效果研究[D].杭州：浙江农林大学，2018.
[36] 王怀臣，冯雷雨，陈银广.废物资源化制备生物质炭及其应用的研究进展[J].化工进展，2012，31（4）：907-914.
[37] 邢莉彬，成洁，耿增超，等.不同原料生物炭的理化特性及其作炭基肥缓释载体的潜力评价[J].环境科学，2022，43（5）：2770-2778.
[38] 窦森，周桂玉，杨翔宇，等.生物质炭及其与土壤腐殖质碳的关系[J].土壤学报，2012，49（4）：796-802.
[39] 吴道军，田立超，何薇，等.园林废弃物资源化应用现状及前景[J].绿色科技，2017（23）：88-89.
[40] Somerville P D，Farrell C，May P B，et al. Biochar and compost equally improve urban soil physical and biological properties and tree growth，with no added benefit in combination[J]. Sci Total Environ，2020，706：135736.
[41] Barnes R T，Gallagher M E，Masiello C A，et al. Biochar-induced changes in soil hydraulic conductivity and dissolved nutrient fluxes constrained by laboratory experiments[J]. PLoS ONE，2014，9（9）：e108340.
[42] 张志卿，于光辉，熊天龙，等.园林废弃物资源化利用进展[J].四川环境，2015，34（2）：154-158.
[43] 张登晓，周惠民，潘根兴，等.城市园林废弃物生物质炭对小白菜生长、硝酸盐含量及氮素利用率的影响[J].植物营养与肥料学报，2014，20（6）：1569-1576.
[44] 田雪，周文君，郑卫国，等.不同温度制备的园林废弃物生物炭对氮磷吸附解吸的研究[J].江西农业学报，2021，33（1）：98-104.
[45] Kargar M，Clark O G，Hendershot W H，et al. Immobilization of Trace Metals in Contaminated Urban Soil Amended with Compost and Biochar[J]. Water，Air，& Soil Pollution，2015，226（6）：1-12.
[46] Rizwan M，Ali S，Qayyum M F，et al. Mechanisms of biochar-mediated alleviation of toxicity of trace elements in plants：a critical review[J]. Environmental science and pollution research international，2016，23（3）：2230-2248.
[47] Meyer-Kohlstock D，Schmitz T，Kraft E. OrganicWaste for Compost and Biochar in the EU：Mobilizing the Potential[J]. Resources，2015，4（3）：457-475.
[48] 张子晨，宋元达.木质纤维素材料综合利用生物技术研究进展[J].广东农业科学，2021，48（1）：150-159.
[49] 高兴忠，卢芯彤，聂晶，等.生物质颗粒燃料生产及运用[J].再生资源与循环经济，2021，14（8）：36-39.
[50] 王芳，李洪远.绿化废弃物资源化利用与前景展望[J].中国发展，2014，14（1）：5-11.
[51] 袁国安.城市典型木质废弃物热解工艺研究[J].广东化工，2022，49（8）：130-132.
[52] 王金明，李发达，陈维铅，等.甘肃省生物质固体燃料产业发展现状及策略[J].甘肃科技，2022，38（2）：1-3.
[53] Castillo M S，Sollenberger L E，Vendramini J O M B，et al. Municipal Biosolids as an Alternative Nutrient Source for Bioenergy Crops：I. Elephantgrass Biomass Production and Soil Responses[J]. Agronomy Journal，2010，102（4）：1308-1313.
[54] 园林废弃物，国外怎么管[J].党的建设，2015（4）：58.
[55] 李芳.园林绿化废弃物资源化就近消纳利用模式的探讨[Z]. 20104.
[56] 米粒儿，李超骕.城市社区堆肥：美国实践案例研究及其对中国的启示[J].现代城市研究，2021（3）：48-54.
[57] Ai N，Zheng J. Community-Based Food Waste Modeling and Planning Framework for Urban Regions[J]. Journal of Agriculture，Food Systems，and Community Development，2019，9：1-20.
[58] 张琰，马岩，赵天戈.城市园林垃圾资源化利用技术及管理模式研究[J].中华建设，2019（7）：46-47.
[59] 刘娜，王丽萍，李丹，等.中欧美生物质成型燃料相关政策对比与启示：2020中国环境科学学会科学技术年会[Z].中国江苏南京：20207.
[60] 田宜水，赵立欣，孟海波，等.欧盟固体生物质燃料标准技术进展[J].可再生能源，2007（4）：61-64.
[61] 夏鲁卿，郑爽，阎旭.园林绿化废弃物资源化利用现状及前景分析——以北京市为例[J].山东林业科技，2021，51（1）：92-95.
[62] 孙向阳，索琳娜，徐佳，等.园林绿化废弃物处理的现状及政策[J].园林，2012（2）：12-17.
[63] 李鲍佳.城市生活垃圾分类研究[D].上海：华东政法大学，2021.
[64] 董战峰，杜艳春，陈晓丹，等.深圳生态环境保护40年历程及实践经验[J].中国环境管理，2020，12（6）：65-72.
[65] 陈红忠，刘荣杰，李水坤，等.深圳市生活垃圾分类制度体系的完善[J].环境卫生工程，2021，29（6）：82-87.
[66] 程静，吴继权，蔡青青.生物质成型燃料质量现状及对锅炉大气污染物排放影响分析[J].中国特种设备安全，2021，37（3）：75-77.

# 土地资源稀缺型城市的厨余垃圾处理技术模式选择与优化

李水坤，吴远明，陈红忠，姜建生
（深圳市生活垃圾分类管理事务中心）

**摘要：** 深圳作为我国率先实施生活垃圾强制分类的46个城市之一，自2020年9月实施《深圳市生活垃圾分类管理条例》后，厨余垃圾的处理成为了社会的重点关注问题。本文对深圳市厨余垃圾的回收情况、处理现状以及选择处理技术模式的影响因素进行了研究分析，通过与国内典型城市的厨余垃圾处理项目情况进行对比分析，讨论了深圳市与国内其他城市厨余垃圾的处理水平，并从不同因素角度下综合评估深圳市厨余垃圾的处理技术，可为土地资源稀缺型城市厨余垃圾处理技术模式的选择和优化提供参考，有利于提高生活垃圾分类和资源化利用水平。

**关键词：** 厨余垃圾；处理设施；技术模式；土地资源

# Technology Patterns of Food Waste Treatment in Cities with Scarce Land Resources

Li Shuikun, Wu Yuanming, Chen Hongzhong, Jiang Jiansheng
（Shenzhen Municipal Solid Waste Sorting Management Center）

**Abstract:** Shenzhen is one of the 46 cities in China that took the lead in implementing the mandatory policy of waste separation. Since Shenzhen implements a local regulation on waste separation in September 2020, the treatment of food waste has become a major concern of the society for this mega-city. This study analyzes the recycling situation and treatment status of food waste in Shenzhen and even the factors affecting the selection of treatment technology pattern. By comparing and analyzing the situation of food waste treatment projects in typical cities in China, this paper discusses the treatment level of food waste in Shenzhen and other cities in China, and comprehensively evaluates the treatment technology of food waste in Shenzhen from the perspective of different factors. This paper could provide a reference for the selection and optimization of the technical pattern of food waste treatment in cities with scarce land resources, and is conducive to improving the recycling capacity of food waste across the nation.

**Keywords:** Food waste; Treatment facility; Technology pattern; Land resource

# 一、引言

厨余垃圾是指容易腐烂的食物残渣、瓜皮果核等含有机质的生活垃圾，包括家庭厨余垃圾、餐厨垃圾和其他厨余垃圾（如果蔬垃圾）等，是生活垃圾分类形成的高水分、易污染的有机固废[1]。厨余垃圾主要来源于居民住宅小区、各类酒店、饭馆、蔬菜基地、农贸市场以及高校、企事业单位和政府机关等集体供餐食堂。其中，农贸市场产生的果蔬垃圾以生料为主，含水量高、油脂含量较低，而食堂和餐饮业的餐厨垃圾以熟料为主，其油脂含量相对偏高。厨余垃圾的含固率在 20% ~ 30%[2-4]，包含丰富的有机物质，可生化性较好[5-7]，有较高的资源化利用潜力[8-10]。厨余垃圾如果不经处理直接排入环境，在适宜温度和细菌的作用下，短期内会腐败变质、滋生蚊蝇，造成严重的环境卫生问题。随着城市化进展的加快，厨余垃圾产量逐渐增加，占生活垃圾总量的 45% ~ 65%[11-13]。在已实施垃圾分类的城市中，北京市厨余垃圾回收量已达到 4 246t/d（2020 年 12 月数据），上海市已达到 9 200t/d（2020 年 8 月数据），深圳市已达到 4 800t/d（2021 年 1 ~ 9 月数据），因此对厨余垃圾的处理与利用已成为城市生活垃圾分类推进的关键[14-16]。

随着生活垃圾分类政策推行，上海、北京、杭州、宁波、福州、合肥、重庆等城市相继落地厨余垃圾处理设施[17]，但现有的处理能力仍无法满足实际处理需求。在此背景下，深圳市各辖区积极推广中小型设备对厨余垃圾进行就地处理，但是深圳市受到土地利用条件的限制，存在厨余垃圾处理技术模式繁多且效果参差不齐，各级主管部门对不同处理技术的设施设备配置、运行情况缺乏系统分析，对不同处理技术的处理能力、技术操作水平等信息掌握不全等问题，因此本文以深圳厨余垃圾处理系统为研究对象，结合深圳市土地资源紧缺的实际情况，对全市现有的厨余垃圾产生规模、处理技术与处理设施应用情况进行全面调查，从多方面分析评估厨余垃圾不同处理技术的应用情况，并与国内典型城市开展比较，进而从不同因素角度下综合评估深圳市厨余垃圾的处理技术，可为土地资源稀缺型城市厨余垃圾处理技术模式的选择和优化提供参考，有利于提高生活垃圾分类和资源化利用水平。

# 二、深圳市厨余垃圾的回收处理

## （一）概况

2021 年 1 ~ 9 月深圳市厨余垃圾的平均回收量约为 4 780t/d，如图 1 所示，果蔬垃圾的回收量相对稳定，为 750 ~ 1 000t/d，而家庭厨余垃圾、餐厨垃圾的回收量不够稳定，在 1 250 ~ 2 500t/d 波动。与果蔬垃圾相比，家庭厨余垃圾、餐厨垃圾的产生源分布更为分散，导致它们的回收量会受到居民收入与消费能力、居民垃圾分类习惯、厨余垃圾回收网络的完善程度等多方面因素的影响。

深圳市厨余垃圾处理能力相对不足：目前 4 座大型集中式处理设施的处理能力仅为 1 130t/d，无法满足实际需求；待光明（1 000t/d）、盐

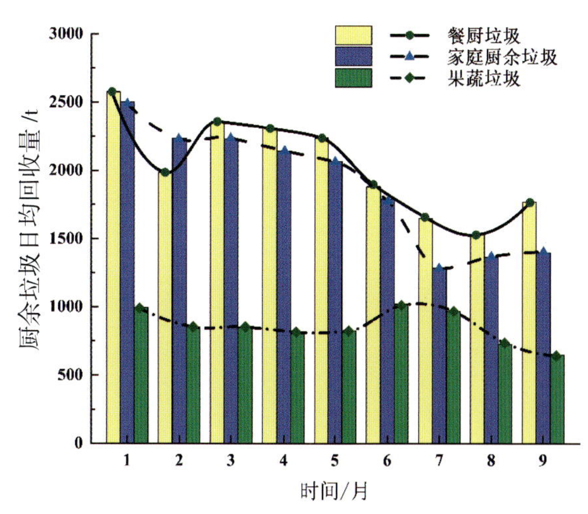

图1 2021年1~9月深圳市厨余垃圾的回收情况

田（200t/d）和龙华（400t/d）等大型厨余垃圾处理设施建成后，集中式处理能力可达到近3 000t/d，但仍无法完全满足实际需求。因此在较长一段时间内，深圳市厨余垃圾处理不得不采取集中式与分布式相结合的技术模式。

## （二）技术模式

深圳市人口密度全国最高，土地面积仅相当于北京的1/8，上海、广州的1/3，而实际管理人口超过2 000万，2018年统计数据显示深圳市人口密度高达每平方千米6 484人。土地资源紧、人口密度高、环境标准严等特点促使深圳市必须加速探索土地集约利用的厨余垃圾资源化处理技术模式，因此设施占地面积成为影响厨余垃圾处理技术选型的重要因素之一。

截至2021年9月，深圳市已建成厨余垃圾处理设施93座（含4座集中式处理设施和89座分布式处理设施），设施占地面积合计约为98 171m²。其中，设施占地面积大于等于10 000m²的有3座，介于10 000m²和1 000m²之间的有12座，介于1 000m²和100m²的有32座，小于100m²的有46座。各设施的用地类型如图2所示，主要由区、街道提供（占78%），其余为物业提供（占15%）、自行租用（占5%）和自有用地（占2%）。设施占地面积超过1 000m²的处理设施数量仅为13%，反映出深圳市土地资源紧缺、土地成本高，导致设施占地面积小、用地费用较低的垃圾收运处理用地或者街道提供的临时用地成为分散式厨余垃圾处理设施的首选用地。

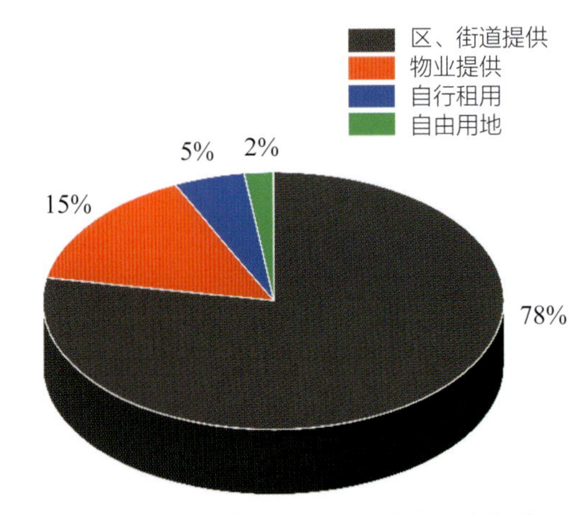

图2 深圳市厨余垃圾处理设施的用地类型

《深圳市生活垃圾分类管理条例》第三十四条指出，厨余垃圾应当主要采用产沼、制肥等生化处理方式进行资源化利用。但是，在用地条件制约下，利用零散地块建成的分散式厨余垃圾处理设施大多采用简化版的技术模式。图3归纳了深圳市93座厨余垃圾处理设施的技术模式：工

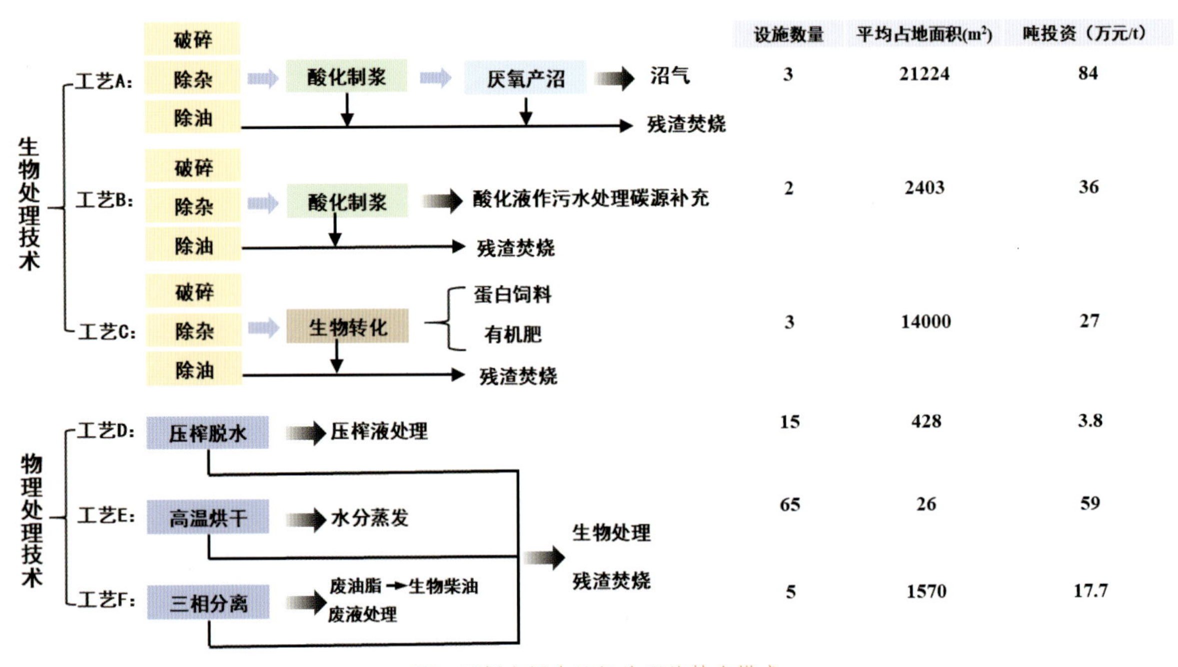

图3 深圳市厨余垃圾处理的技术模式

艺A采用完整的厌氧消化产沼气技术工艺，设施设备涵盖预处理（破碎、除杂、除油）、酸化制浆和厌氧产沼等工艺单元，以沼气为主要产品；工艺B采用中度简化的厌氧消化技术工艺，仅保留了预处理和酸化制浆，未涵盖厌氧产沼，产生的酸化液用作污水处理厂的补充碳源；工艺C采用好氧型的生物处理工艺，以蛋白饲料、有机肥为主要产品；工艺D、E、F则未涵盖生物处理环节，仅采取了物理挤压分离、高温烘干、油脂三相分离等预处理措施，产生的残渣需依托其他垃圾的处理设施（主要是生活垃圾焚烧厂）进行兜底处置。工艺A、B、C可归类为生物处理技术，工艺D、E、F则只能归类为物理处理技术。

图3表明，仅从设施占地面积、投资成本来看，在确保有生活垃圾焚烧厂作为兜底处置设施的前提下，物理处理技术（工艺D、E、F）具有较大的优势：①深圳市仅有8座中型以上厨余垃圾处理设施（约9%）采用生物处理技术（工艺A、B、C），其中厌氧产沼技术（工艺A）与生物转化技术（工艺C）的吨占地面积相差不大，但因生物处理需要的停留时间较长，故占地面积远大于其他处理技术，导致相关处理设施落地困难、建设周期长。②厌氧产沼技术（A）工艺路线复杂，吨投资高达84万元/t，且运行维护能力要求高，进一步制约了推广应用。③85座厨余垃圾处理设施（数量占比91%）采用物理处理技术（工艺D、E、F）进行，由于仅采取预处理措施，所以在占地面积方面具有优势，提高了厨余垃圾处理的灵活性。④物理处理技术（工艺D、E、F）中，尽管高温烘干（工艺E）能耗大、吨投资较高，但因其对浆液/污水收集处理的要求不高、建设周期短且占地面积更小，故应用较多，进一步说明用地条件是影响厨余垃圾处理技术模式选择的关键因素。以上分析结果表明选择厨余垃圾处理技术是一个复杂的系统工程，需要综合考量技术成熟度、运行稳定性、政策规定等因素。

### （三）与国内城市的比较

近年来国内其他城市新建的厨余垃圾处理项目呈现逐年递增趋势，整体的技术应用和运营管理水平相对较先进，厨余垃圾的资源化利用水平也显著提升。据不完全统计，截至2021年5月，全国已投运、在建、筹建的厨余垃圾处理项目（50 t/d以上）有196座，总设计处理能力约为3.87万t/d，分布在全国31个省（自治区、直辖市）。目前国内集中式厨余垃圾处理设施主要采用厌氧消化技术（占87.5%），固液分离协同焚烧、好氧堆肥和生物养殖等其他技术约占12.5%。

本研究收集了国内10个城市、17座采用厌氧消化产沼技术（工艺A）的厨余垃圾集中式处理设施的基本情况，并与深圳市3座同类设施的主要技术指标进行比较，见下表。

国内典型城市厨余垃圾处理情况表（多个项目平均值）

| 城市 | 处理对象 | 处理能力（t/d） | 平均占地面积（$m^2$） | 吨占地面积（$m^2$/t） | 吨投资（万元/t） |
|---|---|---|---|---|---|
| 北京 | 多种厨余垃圾 | 500 | 27 332 | 55 | 55 |
| 上海 | 多种厨余垃圾 | 1 015 | 35 222 | 35 | 96 |
| 广州 | 多种厨余垃圾 | 1 220 | 52 981 | 43 | 47 |
| 深圳 | 多种厨余垃圾 | 300 | 21 224 | 71 | 84 |
| 杭州 | 多种厨余垃圾 | 349 | 26 551 | 76 | 76 |
| 绍兴 | 多种厨余垃圾 | 400 | 34 684 | 87 | 68 |
| 宁波 | 多种厨余垃圾 | 700 | 53 031 | 76 | 38 |
| 义乌 | 多种厨余垃圾 | 530 | 54 167 | 102 | 110 |
| 南京 | 多种厨余垃圾 | 1 350 | 146 000 | 108 | 74 |
| 苏州 | 多种厨余垃圾 | 500 | 18 000 | 36 | 71 |
| 合肥 | 多种厨余垃圾 | 800 | 67 392 | 84 | 76 |

由表 1 可知：①随着生活垃圾分类政策的推进，表 1 中国内典型城市厨余垃圾处理设施都将餐厨垃圾、家庭厨余垃圾等垃圾类型纳入了处理对象。②从厨余垃圾处理设施的占地面积来看，国内城市厨余垃圾处理设施的占地面积普遍较大，深圳厨余垃圾处理设施的占地面积在一线城市中最小。从吨占地面积来看，国内城市厨余垃圾处理设施的吨占地面积大多在 55 ~ 91m²/t，波动范围较大，北京、上海与广州的吨占地面积较小，而南京与义乌的吨占地面积较大可能是因为设施面积包含了其他类型设施。总体来看，一线城市处理设施的吨占地面积小于二三线城市，反映出一线城市的设施用地条件更易受到制约；相比之下，深圳采用厌氧产沼处理技术的占地面积为 21 224m²，在一线城市中最小，凸显了深圳的用地紧张；③从厨余垃圾处理设施的吨投资来看，国内城市厨余垃圾处理设施的吨投资大多在 47 ~ 78m²/t 范围内波动一线城市处理设施的吨投资与二三线城市的差异不如吨占地面积的差异强烈，反映出厨余垃圾厌氧消化产沼技术相关的设施设备选型已相对成熟。相比之下，深圳采用厌氧产沼处理技术的吨投资相对较大，表明过于紧张的用地条件会加大设施设备的布设难度，从而增大了吨投资。

## 三、处理技术模式的评估

对于土地资源稀缺型城市来说，为平衡好厨余垃圾处理能力不足与土地资源紧张之间的矛盾[18]，应结合土地使用情况、设施建设周期、设施处理能力以及投资成本等实际情况，因地制宜选择厨余垃圾处理技术，规划厨余垃圾处理规模，适度增设厨余垃圾处理设施数量。

### （一）占地面积

目前深圳市土地资源紧张，设施占地面积是选择厨余垃圾处理技术的关键。经过对调查数据的统计分析，压榨脱水与高温烘干的平均占地面积最小，高温烘干技术的设施一般以小型分布式设备就近分布在小区、垃圾转运站等，设施设备普遍具有处理规模小、占地面积小的特点。相比之下，三相分离较压榨脱水多出油水分离的工序，其平均占地面积相较压榨脱水略有所增加。对于厨余垃圾的生物法处理，生物转化、酸化制浆与厌氧产沼技术由于处理规模相对较大，处理工序较为复杂，在设施占地面积上不具有优势，其中厌氧产沼与生物转化技术占地面积相差不大，这与其复杂的处理工艺有关，设备投入较多，占地面积随之增加。

### （二）设施建设周期

厨余垃圾处理设施建设周期的长短直接反映设施的落地难易程度，对厨余垃圾的中远期处理规划起着重要作用。采用不同处理技术的厨余垃圾处理设施的建设周期不同，若处理技术工序越复杂，配套设施设备则越多，相应的建设周期越长，设施的落地越难；技术工艺越简单，则说明该技术设施可在短期内建设投产运行，可作为过渡期或应急期的选择之一。

本研究经调查统计，不同技术设施的实际建设周期一般为高温烘干 > 压榨脱水 > 三相分离 ≈ 生物转化 > 酸化制浆 > 厌氧产沼。厨余垃圾的物理处理方式作为预处理，多为分布式处理设施，建设时间最短，其中高温烘干技术工艺相对简单，大部分能在 2 周或 1 个月内完成建设并投产，可作为在厨余垃圾的应急处理方式之一。对于厨余垃圾的生物处理方式，厌氧产沼技术的建设周期最长，这是由于该技术工艺环节多且通常处理规模较大，建设周期长，快则需半年，慢则需要 1 年以上，并且该技术运行后需经过反复调试才能正式投产，在一定程度上也会延长项目建设期。

### （三）处理能力

厨余垃圾处理设施的处理能力大小直接影响厨余垃圾处理设施的建设数量，处理能力越大，则设施建设数量可相对减少，便于集中管理。本研究经调查统计，深圳市采用厌氧产沼技术的设施处理规模大，处理能力均在200t/d及以上，其次为三相分离、生物转化、酸化制浆技术。而压榨脱水和高温烘干技术的处理能力波动较大，与其设备的选择及场所等因素有关，其中高温烘干多以中、小、微规模的设备就地或就近建设，在处理能力上不具有优势。

### （四）经济成本

投资成本是评估项目是否具有可行性的重要评估指标，包括前期投入及后期改扩建投入，如土建成本、征地费用、设备安装及调试费等。本研究经调查统计，从吨垃圾投资成本来看，压榨脱水处理的平均吨投资费用最低，约为3.8万元/t，三相分离约为17.7万元/t，而高温烘干处理的平均吨投资高达59万元/t，这与其处理能力应用范围、设施成本投入及设施占地面积大小的波动性有关。生物法处理技术的吨投资水平普遍较高，平均吨投资水平在25万~85万元/t内波动，这与生物处理技术的工艺复杂且占地面积大等因素有关。

## 四、结论与展望

（1）深圳市厨余垃圾回收量大，2021年1~9月厨余垃圾的日均回收量为4 779t/d，但资源化处理能力仅为1 130t/d，虽然在积极筹建大型厨余垃圾处理设施，但仍然存在较大厨余垃圾处理能力缺口，在较长一段时间内不得不采取集中式与分布式相结合的技术模式。

（2）国内典型城市厨余垃圾处理项目的吨占地面积大多在55~91$m^2$/t范围内波动，吨投资水平大多保持在47万~78万元/t内，而深圳由于土地资源稀缺，不同厨余垃圾处理技术的占地面积都很小，其中高温烘干技术即使吨投资很高，但由于其平均占地仅为26$m^2$，在深圳93座垃圾处理设施中应用率高达70%。使用厌氧产沼的平均占地面积（21 224$m^2$）低于国内其他一线城市，而84万元/t的吨投资水平高于国内其他城市。

（3）深圳市厨余垃圾预处理技术中压榨脱水与高温烘干的平均占地面积最小，一般以小处理规模的分布式设备为主，三相分离的占地面积略有增加，整体而言深圳厨余垃圾预处理技术的处理能力弱，但建设周期短且经济成本相对较低。对于厨余垃圾的进一步生物处理，厌氧产沼、生物转化占地面积较大，酸化制浆则相对较小，整体上厨余垃圾的生物处理技术处理能力强，但相应的设施投资大且建设周期长。

（4）土地资源稀缺是限制深圳市厨余垃圾处理的关键因素，未来深圳市各地应合理规划土地资源，因地制宜选择厨余垃圾处理技术，从设施占地面积、建设周期、处理能力与投资成本等方面综合评估技术适用性。另外，可统筹规划建设厨余垃圾处理设施、生活垃圾焚烧厂和污水处理厂等环境基础设施，实现共建共享、协同增效，从而集约节约利用土地资源。

## 参考文献

[1] 陈洪一，杜奇，黎莉，等. 厨余垃圾水热炭化处理技术研究进展[J]. 环境卫生工程，2021，29（4）：64-72.

[2] 赵明星. 厨余物厌氧产氢过程控制因素优化研究[D]. 无锡：江南大学，2010.

[3] 黄伟钊. 干式半连续厌氧消化处理厨余垃圾的中试研究[J]. 环境卫生工程，2022，30（2）：24-30.

[4] 杨璐，张影，汤岳琴，等. 温度对厨余垃圾高温厌氧消化及微生物群落的影响[J]. 应用与环境生物学报，2014，20（4）：704-711.

[5] Cerda A，Artola A，Font X，et al. Composting of food wastes：Status and challenges[J]. Bioresource Technology，2018，248：57-67.

[6] Dai X，Duan N，Dong B，et al. High-solids anaerobic co-digestion of sewage sludge and food waste in comparison with mono digestions：Stability and performance[J]. Waste Management，2013，33（2）：308-316.

[7] Abdalla A M，Hossain S，Nisfindy O B，et al. Hydrogen production，storage，transportation and key challenges with applications：A review[J]. Energy Conversion and Management，2018，165：602-627.

[8] Braguglia C M，Gallipoli A，Gianico A，et al. Anaerobic bioconversion of food waste into energy：A critical review[J]. Bioresource Technology，2018，248：37-56.

[9] Betz A，Buchli J，Göbel C，et al. Food waste in the Swiss food service industry – Magnitude and potential for reduction[J]. Waste Management，2015，35：218-226.

[10] Elkhalifa S，Al-Ansari T，Mackey H R，et al. Food waste to biochars through pyrolysis：A review[J]. Resources，Conservation and Recycling，2019，144：310-320.

[11] Luo J，Huang W，Guo W，et al. Novel strategy to stimulate the food wastes anaerobic fermentation performance by eggshell wastes conditioning and the underlying mechanisms[J]. Chemical Engineering Journal，2020，398：125560.

[12] Čičková H，Newton G L，Lacy R C，et al. The use of fly larvae for organic waste treatment[J]. Waste Management，2015，35：68-80.

[13] 席爽，周小娟，龙思杰. 厨余垃圾资源化处理技术研究进展[J]. 绿色科技，2022，24（8）：189-193.

[14] Li Y，Jin Y，Li J，et al. Current Situation and Development of Food Waste Treatment in China[J]. Procedia Environmental Sciences，2016，31：40-49.

[15] 张慧，池涌，王立贤，等. 典型厨余垃圾处置利用技术的环境与生命周期评价[J]. 环境工程学报，2022，16（6）：2088-2098.

[16] 杜欢政，刘飞仁. 我国城市生活垃圾分类收集的难点及对策[J]. 新疆师范大学学报（哲学社会科学版），2020，41（1）：134-144.

[17] 郑苇，康建邨，马换梅，等. 厨余垃圾厌氧沼渣处理案例探析[J]. 环境卫生工程，2022，30（1）：41-44.

[18] 姜建生，刘学民，葛姣菊. 深圳市垃圾分类减量计划实践模式探究[J]. 生态经济，2018，34（5）：126-131.

# 高级氧化技术用于处理垃圾填埋场膜浓缩液的研究

李华英[1]，肖雄[1]，任兆勇[2,3]，赵建树[2]，孟了[1]，黄俊标[1]，钟锋[1]，金青海[2]，屈浩[1]，张柳山[2]
[1.深圳市下坪环境园；2.深圳市盘古环保科技有限公司；3.哈尔滨工业大学（深圳）]

**摘要：**纳滤/反渗透膜浓缩液组成复杂，含有腐殖酸类物质为主的大量难降解有机物，对生态环境和人居安全危害极大。浓缩液的妥善处理是实现渗滤液全量化处理的关键支撑，因此需要选择切实有效的处理工艺。高级氧化技术能快速高效地去除浓缩液中的难降解有机物、氨氮等污染物，环境友好，相较于循环回灌及蒸发减量等工艺具有突出的优势。本文重点讨论了高级氧化工艺处理浓缩液的国内外研究现状，简要分析了各种高级氧化技术的反应机理。最后，从工程化应用的角度出发，围绕提高处理效率和降低经济成本两个方面，进一步对高级氧化法的完善和前景进行了阐述。

**关键词：**垃圾填埋场；膜浓缩液；高级氧化技术；组合工艺

# Application of Advanced Oxidation Technology in the Treatment of Membrane Concentrate in Municipal Landfill

Li Huaying[1], Xiao Xiong[1], Ren Zhaoyong[2,3], Zhao Jianshu[2], Meng Liao[1], Huang Junbiao[1], Zhong Feng[1], Jin Qinghai[2], Qu Hao[1], Zhang Liushan[2]
[1.Shenzhen Xiaping Environmental Park；2.Shenzhen Pangu Environmental Protection Technology Co. LTD；3.Harbin Institute of Technology（Shenzhen)]

**Abstract:** The landfill leachate concentrate derived from nanofiltration membrane and reverse osmosis membrane contains a great amount of refractory matter mainly in the form of humic substances, possessing a great threat to the ecological environment and human settlement security. The proper treatment of membrane concentrate is the key support to realize the full quantitative treatment of leachate, so it is necessary to select a practical and effective treatment process. Advanced oxidation process (AOPs) can quickly and thoroughly degrade the refractory organic matter, ammonia nitrogen and other pollutants of the membrane concentrate, which is environmentally friendly and superior to recharging and evaporation technique. In this paper, the research status of AOPs for treatment of membrane concentrate at home and abroad is discussed, with the relative reaction mechanism briefly analyzed. Finally, from the point of engineering application, the perfection and prospect of AOPs are further expounded, focusing on improving the treatment efficiency and reducing the economic cost.

**Keywords:** Landfill leachate; Membrane concentrated solution; Advanced oxidation process; Integrated process

# 一、引言

## （一）垃圾渗滤液膜浓缩液的产生

2015年，全球城市固体废物（MSW）的产生速率为约2.01亿t/年，预计到2050年将达到3.40亿t/年[1]。随着我国经济社会快速发展，城镇生活垃圾产生量与日俱增，渗滤液产生量逐年攀升，2020年我国城镇各类生活垃圾设施渗滤液产生量达5 000万t左右。由于经济上的可行性，相较于垃圾焚烧和堆肥，垃圾填埋是一种比较主流的垃圾处理模式。据统计，垃圾填埋技术在全球的发达国家和发展中国家所占有的比例分别为90%和70%[2]。城市生活垃圾在填埋后，随即发生一系列生化和物理化学反应。据估计，在整个分解过程中，每吨固体废物将产生0.2$m^3$的垃圾渗滤液[3]。渗滤液一般呈深褐色，主要源自微生物细胞的过程、生活垃圾有机部分的降解、废物中所含的固有水分以及雨水通过废物的渗透作用[4]。即使封场50年后，垃圾填埋场仍然会产生渗滤液。垃圾渗滤液污染物组分复杂，除了重金属（镉、铅、铬、砷、铜、钴、镍、锌和汞等）和氨氮外，目前在垃圾填埋场渗滤液中鉴定出的有害化合物约200种，包括多种致癌、致畸、致突变的有毒有害物质以及痕量环境内分泌干扰物[5,6]。渗滤液如果不受控制的释放或处理不当，将对地表水、地下水以及土壤造成二次污染[7-9]。另一方面，渗滤液中污染物的组分会随着填埋时间的推进会发生变化，如溶解性有机物和芳香族化合物的分子量会随着垃圾填埋年龄的增加而增加，因此，老龄垃圾填埋场渗滤液（>10年）成分更复杂，可生物降解性更低。

表1 垃圾填埋场渗滤液水质随填埋龄的变化[10]

| 指标 | 初期（≤5年） | 中后期（5～10年） | 老龄期（≥10年） |
|---|---|---|---|
| COD | 10 000～30 000 | 4 000～10 000 | 1 000～5 000 |
| $BOD_5$/COD（B/C） | 0.5～1.0 | 0.1～0.5 | ＜0.1 |
| $NH_3$-N | 600～3 000 | 800～4 000 | 1 000～4 000 |
| TN | 630～3 600 | 840～4 800 | 1 050～4 800 |
| TP | 10～50 | 10～50 | 10～50 |
| SS | 500～4 000 | 500～1 500 | 200～1 000 |
| pH | 5～7 | 6～8 | 7～9 |

目前，渗滤液的方法总体可分为两类：生物过程（如好氧和厌氧稳定法、自然滤池法和活性污泥法）和物理化学过程（如吸附、浮选、化学沉淀、混凝/絮凝、离子交换、膜过滤和高级氧化处理）[11]。由于污染物种类、含量和水量在不同地区和季节的区别很大，且含有大量难处理的物质，单纯采用某一项工艺很难达到渗滤液的排放要求，须将不同的工艺进行合理耦合。为了满足日益严苛的环境保护标准，国内外通常在生化法或物化处理单元后串联膜组件（纳滤NF或反渗透RO）以保证良好的出水水质[12-15]。纳滤和反渗透具备优异的高截留性，可以移除85%～95%的氨氮、80%～96%的COD、78%～99.8%的总磷以及98%～99.9%的色度[16]，可以获得良好的出水水质。但需要注意的是，膜处理工艺本质上并没有去除污染物，而只是通过截留部分污染物实现渗滤液的减量，并且会产生15%～40%的膜滤浓缩液[17,18]。膜处理过程中产生的难生物降解且含盐量高的膜滤浓缩液的处理已成为膜技术广泛应用的障碍，如何有效地处理这些含有大量污染物的浓缩液已经成为一个亟待解决的问题[19-22]。

### （二）垃圾渗滤液膜浓缩液的水质特点

近年来，随着垃圾渗滤液产生量的增长，垃圾渗滤液膜滤浓缩液的处理成为威胁环境安全的重要问题。膜浓缩液呈黑棕色，含盐量和有机物浓度较高[23]。由于前段 MBR 生化单元去除了大部分可降解有机物，难降解有毒污染物被富集转移至浓缩液中，导致纳滤浓缩液的 B/C 比很低，处理难度很大[24]。浓缩液中的有机物以难降解的大分子腐殖酸类物质 HS（主要由富里酸 FA 和胡敏酸 HA 组成）为主。HS 一方面会与氯离子反应生成多种卤化物造成水体的酸化，另一方面会与多种重金属离子形成毒性更大的络合物使得重金属离子不断在浓缩液中富集。一旦进入水体或土壤中会给人类健康带来巨大的潜在危害。浓缩液危害极大，如果处置不当很容易造成严重的二次污染，对周边人居环境及生态平衡造成不可挽回的危害。寻找一个更加经济、高效、可靠的处理技术来有效解决膜浓缩液难题已经迫在眉睫。

表 2　垃圾渗滤液膜浓缩液的主要污染指标[25,26]

| 项目 | 数值 |
|---|---|
| pH | 6.5 ~ 8.8 |
| 电导率（mS/cm） | 10 ~ 30 |
| COD（mg/L） | 500 ~ 8 000 |
| TOC（mg/L） | 0 ~ 250 |
| TN（mg/L） | 100 ~ 2 000 |
| $NH_3$-N（mg/L） | 30 ~ 1 000 |

## 二、高级氧化技术应用于处理垃圾渗滤液膜浓缩液

### （一）垃圾渗滤液膜浓缩液的处理技术

膜浓缩液组成复杂、污染物浓度极高，处理难度较大。浓缩液处理工艺的选择取决于处理规模、进出水指标和地理环境。目前，膜浓缩液的处置方式主要可以分为 3 大类：一是循环回灌处理，目前正逐渐被禁止；二是减量处理，如蒸发等；三是全量处理，如高级氧化、回喷焚烧等[27-31]。回灌处理在过去 10 年膜浓缩液处理中比较普遍[32-34]。但随着时间的推移，浓缩液回灌暴露出的问题也日益突出。一方面，不断积累的难降解物质，降低微生物活性，影响处理工艺的稳定性；另一方面，浓缩液回灌还会导致膜结垢严重，影响膜通量，使其产水率降低甚至失效。目前，多数地区环评已要求禁止浓缩液回灌。蒸发是指通过加热把膜浓缩液中的挥发组分和水分去除，重金属、无机物残留在剩余溶液中，该过程对膜浓缩液体积减量效果显著，可减量 70% ~ 90%。欧洲率先将蒸发应用于渗滤液的处理，瑞士某焚烧厂利用四级闪蒸法对渗滤液进行蒸发处理，优化工艺参数后能去除 99.5% 的 COD 和 98.5% 的氨氮[35]。近年来，我国也开展了诸多关于蒸发处理膜浓缩液的相关研究，其中不乏工程实例，比如浸没燃烧蒸发技术[36]和机械压缩蒸发技术[37]。采用蒸发技术处理膜浓缩液可实现部分有机物的去除和盐分回收，但高温蒸发设备易腐蚀，低温低压蒸发设备易结垢，蒸发过程也会产生明显的恶臭。此外，蒸发后的残留液需要妥善处置，以防止产生二次污染。焚烧法作为一种重要的无害化手段在处理高浓度有机废液、放射性废液等危险废液方面已有了较为广泛的应用，同样可以处置渗滤液膜过滤浓缩液。将焚烧厂膜浓缩液通过高压泵雾化后回喷至垃圾焚烧炉可以实现污染物的高温分解。入炉前保证垃圾低位热值高于 4 184kJ/kg，控制炉内温度使其高于 850℃是回喷焚烧的先决条件，回喷量也应控制在垃圾焚烧量的 10% 以内[38]。严浩文等人[39]的研究表明，采用回喷焚烧方法处理浓缩液，会一定程度上降低焚烧炉内温度，但在严格控制喷入量为圾焚烧量 8% 的情况下，基本可以实现焚烧炉的稳定运行。焚烧法具有占地少、处理速度快、污染物破除彻底、可回收能量等优点，但焚烧法的初期投资较大、焚烧过

程控制复杂、操作水平要求高。此外，由于膜浓缩液含有大量氯化物、硫酸盐等物质，回喷焚烧将不可避免对焚烧系统和烟气处理系统造成腐蚀、炉渣结渣、结焦等问题[40]。膜浓缩液中富集的重金属等有害物质也会增加烟气净化系统的处理负荷，增加石灰浆、活性炭等药剂的使用量，工程的运行、维护成本随之增加。这些都限制了焚烧法在国内的推广速度。

随着研究的不断深入，高级氧化技术（AOPs）由于其独有的优势逐渐成为垃圾渗滤液浓缩液处理的有效手段。高级氧化技术的核心是在能量场的作用下（高温高压、光、声、电、磁等），通过一系列物理化学过程产生大量的高活性自由基（如·OH、·Cl 等）。在自由基的作用下，大分子目标污染物分解成小分子物质（断链、开环），甚至矿化成为 $CO_2$[41,42]。此外，AOPs 可以降低浓缩液的毒性，有利于微生物的生长繁殖，从而可以提高污染物的可生活性。因此，高级氧化技术也可作为预处理单元，后接生化单元进一步脱氮和降解有机物。高级氧化技术反应迅速、氧化效果好并对外界环境影响较小，投资成本较低，工程应用前景良好。

## （二）高级氧化技术处理膜浓缩液

根据产生自由基的方式和反应条件的不同，可以分为臭氧氧化、芬顿/类芬顿氧化、电化学氧化、光（催化）氧化以及上述几种技术与 UV 辐射、微波等的联用[43–45]。

### 1. 臭氧氧化

臭氧（$O_3$）是一种极强的氧化剂，氧化还原电位高达 2.08V，反应生成自由基类物种可以氧化许多种化合物，其中最为主要的基团为中间产物–羟基自由基，可以取代 –H、–$NH_2$、–$NO_3$ 等，形成易于生物降解的羟基取代衍生物[46,47]。另外，也可以通过脱氢作用，或诱发一系列连续的自氧化链反应，大大提高氧化反应效率。Chen 等[48]利用混凝联合臭氧氧化技术处理膜浓缩液，不仅 COD 的去除最高可达 88.32%，腐殖酸和富里酸类大分子有机物亦在该组合工艺中得到了有效降解和矿化。Zheng 开展了臭氧氧化处理 RO 膜浓缩液的研究，结果表明最优工况下的处理出水可生化性明显提高[49]。Wang 等[50]向反渗透浓缩液 ROCL 和纳滤浓缩液 NFCL 中分别连续通入 $O_3$，研究了浓缩液中腐殖质类物质 HS 的分解转化行为。实验数据表明，$O_3$ 氧化工艺处理 ROCL 和 NFCL 的 COD 去除率分别为 55.5% 和 43.2%，$O_3$ 将浓缩液中的大分子物质降解为小分子物质，实现了胡敏酸类物质 HA 的完全去除。除了对传统的臭氧化方法进行改造外，通过引入 $H_2O_2$ 作为助氧化剂或使用紫外线照射可以促进羟基自由基的产生，从而提高臭氧的使用效率[51,52]。有研究者分别采用 $O_3$、$O_3/H_2O_2$、$O_3$/UV 处理纳滤膜浓缩液，得到的 COD 去除率分别为 41.7%、51.7% 和 56.7%，该研究还同样证实了胡敏酸类物质 HA 的彻底去除[53]。He 等人采用以 $\gamma$–$Al_2O_3$ 为催化剂的催化臭氧化工艺处理反渗透膜浓缩液[54]。污染物吸附到 $\gamma$–$Al_2O_3$ 表面，在 $O_3$ 和产生的活性氧基团的作用下发生降解。催化剂和 $O_3$ 的协同作用使得 COD 去除率提高到 70%，色度也被完全去除。

然臭氧氧化工艺在实际应用中较为常见，其应用效果好，操作方便。但也存在一定的问题，比如臭氧利用效率低、工艺持续时间长、处理费用过高，氧化率不理想。由于浓缩液成分复杂，臭氧氧化的效率可以受到有机污染物的负面影响，因此臭氧氧化多用于处理有机负荷较低的废水。

### 2. 芬顿（Fenton）/类芬顿氧化

目前，国内常用的高级氧化技术为芬顿（Fenton）氧化，近年来在废水处理中受到越来越多的关注[55,56]。Fenton 氧化的反应实质是基于电子在双氧水（$H_2O_2$）和亚铁离子（$Fe^{2+}$）之间的转移，通过 $Fe^{2+}$ 催化分解 $H_2O_2$ 形成具有强氧化性的羟基自由基·OH，反应体系内的·OH 首先与有机物 RH 反应生成游离基·R，·R 后进一步氧化成 $CO_2$ 和 $H_2O$，以实现污染物的降解。羟基自由基氧化还原电位为 2.80V，其氧化活性仅次于 $F_2$（E=3.06V）[42]。Fenton 技术是指利用 $Fe^{2+}$ 和 $H_2O_2$ 反应生成·OH 来降解污染物，其氧化效果主要受 pH、$Fe^{2+}$ 及 $H_2O_2$ 投加量的影响[57-59]。许玉东等[60]采用 Fenton 法来处理渗滤液 MBR-NF 浓缩液，实验表明，初始 pH 为 7.6、$FeSO_4 \cdot 7H_2O$ 为 0.055 mol/L、$H_2O_2/Fe^{2+}$ 的投加比为 4：1 的条件下，可去除 79.6% 的 COD、93.7% 的腐殖酸（$UV_{254}$）和 97.8% 的色度。结果还显示 Fenton 氧化方法对纳滤浓缩液中的富里酸（FA）的去除效果好，能明显改变其结构，但是对亲水性有机酸的去除效果较差。Xu 等[19]利用 Fenton 法处理膜浓缩液混凝预处理出水，发现当 pH 为 2、$H_2O_2$ 投加量为 1mol/L、$Fe^{2+}$ 投加量为 17.5 mmol/L 时，TOC 的去除率达 68.9%。

芬顿工艺在实际工程运营中存在工作 pH 范围窄、铁污泥产量大、$H_2O_2$ 的利用效率不高、$Fe^{2+}$ 循环利用困难等缺点[61,62]。为解决上述相关问题，学者们继而提出使用 $Fe^{3+}$、$FeS_2$、零价铁（$Fe^0$）等来替代 $Fe^{2+}$ 的类芬顿技术[63-65]。其中，零价铁来源广泛、生产工艺简单、价格低廉，是一种氧化还原电位较低的还原剂。Zhou 等[66,67]研究发现，零价铁类芬顿技术可高效降解氯酚类废水中的有机物，且具良好的脱氯性能。零价铁不仅能作为芬顿反应的催化剂，还可作为还原反应的还原剂。Pan 等人[68]研究发现，零价铁类芬顿工艺对橙黄 G 具有较好的降解效果，去除率可达 73.6%。为强化类芬顿反应，研究人员尝试将光能、电能、微波能等引入氧化体系[69]，目前研究比较多的为 UV-Fenton 工艺[70,71]。与 Fenton 法相比，UV-Fenton 法可以显著提高·OH 的产量。$H_2O_2$ 的光解和 $Fe^{2+}$ 的光还原再生 $Fe^{3+}$，新生成的 $Fe^{2+}$ 再次与 $H_2O_2$ 反应生成产生·OH 和 $Fe^{3+}$，从而形成良性循环[62]。张爱平等[72]利用微波强化零价铁类芬顿体系处理膜浓缩液中的效果，证实最优条件下的 COD 去除率为 58.7%，Fenton 及 $Fe^0/H_2O_2$ 类 Fenton 反应的高级氧化作用是有机物的主要去除机制。为了解决传统芬顿不能回收铁催化剂和产生铁泥二次污染的难题，开发高效的非均相 Fenton 催化体系成为另一种芬顿改进方法。目前，广泛研究的非均相芬顿催化剂包括复合物负载型催化剂、含铁型催化剂和氧化铁矿物类等。通过将均相 Fenton 工艺的效率与非均相催化优势相结合，这些材料在处理难降解有机污染物方面显示出巨大的潜力。

### 3. 电化学氧化

电化学氧化法是在常温常压下，利用电解作用产生·OH 和活性氯物种等自由基团，去除浓缩液中的难降解有机物、氨氮以及氯离子[73]。电氧化工艺常用的电极有硼掺杂金刚石（BDD）、钛基氧化物涂层电极（DSA）等。有机物在电极表面发生反应不同，整个电化学过程是复杂的过程，阳极发生的直接氧化和间接氧化不是独立发生的，而是二者共同对有机物进行去除[42,75-79]。

陶正[80]分别利用钌铱涂层钛、铱钽涂层钛、铂涂层钛等不同材料作为阳极，对膜浓缩液进行电化学氧化处理，发现铅涂层钛电极 $Ti/PbO_2$ 电极对 COD 的去除效果最好，8h 电解后可达 76.97%。龚逸等[81]研究了电化学方法处理膜浓缩液的污染物转化机制，发现有机物主要成分的类腐殖酸物质被分解为低腐殖化、低聚合度的小分子物质。王庆国等[82]研究指出，利用电化学氧化处理具有较高氯离子含量的有机废水，具有较高的电导率，因此不需外加电解质。同时，浓缩液中的氯离子有利于在反应过程中产生 HClO、$ClO^-$ 等强氧化性中间产物，从而促进对氨氮和有机物的氧化去除。Chen 等人[26]分别采用电絮凝 EC、电氧化 EO、EC-EO 串联组合工艺处理膜浓缩液，结果表明串联 EC-EO 的组合工艺处理效果最好，可以去除 82.16% 的 COD。三维荧光光谱表征证实了经过 EC-EO 工艺处理后的浓缩液，其中大部分的难降解有机物得到了去除。Wang 等人[83]制备了掺杂 Fe 和活性炭 AC 的 DSA 电极，形成电氧化－芬顿原位耦合工艺，将其成功地应用于膜浓缩液的处理。阳极电氧化和阴极电芬顿的耦合，使得浓缩液中的 COD、TOC 以及色度都得到了有效地去除，显著提高了可生化性。通单因素实验和正交实验获得了电芬顿实验的最佳反应条件。在该条件下，浓缩液的 COD 浓度由 1 512.32mg/L 降低为 44.48mg/L，COD 去除率高达 97.06%。有趣的是，在该电化学反应体系中不需要额外投加 $H_2O_2$ 和亚铁离子，但反应液的 pH 要明显高于传统芬顿废液。反应后出水呈中性或弱碱性，可以显著降低调节 pH 药剂的投加量，从而降低运行成本。

电化学法具有反应快速、去除彻底、适用广泛、环境友好等优点，可通过优化极板间距、电流密度、体系温度等因素来达到最佳处理效果。但是，电化学法也存在析氧析氢副反应、能耗大、设备成本高等缺点，限制了其在实际工程上的应用。在今后的研究中可以从开发新型电极材料、设计优化新颖结构的电化学反应器、限制电极副反应、组合传统生物法降低能耗等方面展开进一步的研究，推动其在工程上的应用。

4. 光化学氧化 / 光催化氧化

光化学氧化法通过向垃圾浓缩液中加入 $H_2O_2$、$ClO_2$、$O_3$ 等氧化剂，在太阳光或人工光源（紫外灯、日光灯）照射下产生强氧化性的·OH，最终使大分子的有机物被氧化降解成 $CO_2$、$H_2O$ 或小分子有机物[84,86]。光化学氧化法的反应条件温和，实验过程简单，不会对环境造成二次污染。盘古环保科技有限公司技术团队与哈尔滨工业大学（深圳）合作，选用多种高级氧化组合工艺处理浓缩液[86]。在三种高级氧化技术单元（UV-$H_2O_2$、Fenton、UV-Fenton）中，COD 去除效率大小顺序为 UV-Fenton > Fenton > UV-$H_2O_2$。通过单因素实验优化得到 UV-Fenton 最优条件为 pH=3，初始温度 25℃，反应时间 3h，$FeSO_4 \cdot 7H_2O$ 用量 7.2mmol/L，$H_2O_2$ 用量 400mmol/L。在此条件下，连续加入 $H_2O_2$ 可使处理后的 COD 值由 1 280mg/L 降至 92.3mg/L，符合国家排放标准。三维荧光光谱证明，纳滤浓缩液含有高浓度的类富氏菌和富里酸类物质。经 UV-Fenton 处理后，大分子有机物则降解为无荧光特性的小分子化合物。GC-MS 表征证实，该类小分子物质主要以分子量小于 300 的为短链烷烃和酯类为主。此外，该团队还采用"三维电氧化 + 光芬顿 + 电催化氧化"组合的高级氧化工艺，以深圳某垃圾填埋厂垃圾渗滤液膜浓缩液为处理对象开展了 120d 的中试实验，考察了组合工艺各处理单元对膜浓缩液中 COD、氨氮和总氮的去除效率，并评估了处理成本。试验结果表明上述组合工艺对膜浓缩液中 COD 的去除率达到 98.3%，氨氮的去除率达到 98.9%，总氮的去除率达到 94.5%，处理出水水质达到《生活垃圾填埋场污染控制标准》（GB 16889—2008）排放要求[87]。类似地，徐苏士等[88]发现 UV-Fenton 方法能够有效降解渗滤液纳滤膜浓缩液，实验表明 TOC 的去除率随着 $H_2O_2$ 的投加量的增加而上升，$H_2O_2$ 投加量为 1 665mg/L 和 13 320mg/L 时，TOC 去除率为 53.3% 和 69.8%。TOC 的去除率随着温度的上升略微下降，去除率受 pH 影响较小，反应对污染物的去除在 2h 的时间内完成。与传统光化学氧化法相比，光催化氧化法发生反应时，催化剂在光照下表面会发生价电子的跃迁，导致催化剂表面产生空穴，该空穴的得电子能力很强，产生更多的·OH，进而将有机物氧化成 $CO_2$、$H_2O$ 以及小分子物质。常见的光催化氧化催化剂包含 $TiO_2$、ZnO 和 $SnO_2$ 等[89-91]。光化学氧化法主要局限在于氧化不彻底、副产物多、紫外光源能耗大等问题，而进一步提高催化剂活性、充分利用太阳能、研制高效反应器等方面则成为目前光催化氧化研究的主要方向。

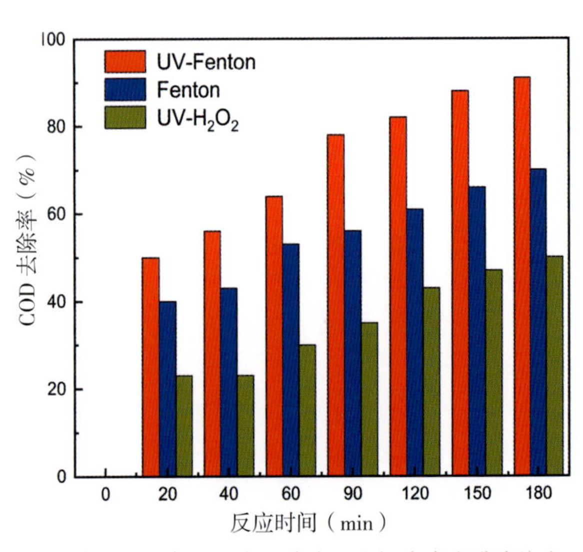


图1 多种高级氧化组合工艺处理垃圾渗滤液膜浓缩液对COD的去除效果

### 5. 多种高级氧化工艺的组合

为了克服单种高级氧化工艺的缺点，实现优势互补，更好地提高对污染物的去除效率，增强工艺的稳定性，多种高级氧化工艺组合成为更好的选择，比如光氧化–电氧化[92]、电解–光氧化–氯化[93,94]，电解–臭氧化组合工艺[95-97]等。西南交通大学刘建课题组[98]采用零价铁类芬顿、电化学氧化进一步处理膜浓缩液混凝出水。结果表明零价铁类芬顿联合电化学氧化组合工艺对混凝出水中TOC和CN的去除效果最好，零价铁类芬顿反应60min、电化学氧化30min后，去除率为66.96%和98.91%。三维荧光光谱3D–EEM表明，电化学氧化对膜浓缩液混凝出水中腐殖质的降解能力强于零价铁类芬顿。零价铁类芬顿联合电化学氧化处理后，混凝出水中的类腐殖酸及类富里酸物质几乎全部被降解为小分子物质。零价铁类芬顿去除有机物主要通过均相Fenton反应、铁系氧化物非均相Fenton反应以及铁基胶体的吸附沉淀，而电化学氧化去除有机物的机理主要为阳极直接氧化和电解过程中产生的$Cl_2$、HClO和$ClO^-$的间接氧化作用。类似地，Wang等人[53]利用$UV/O_3/H_2O_2$组合技术处理垃圾渗滤液时，发现组合工艺使垃圾渗滤液的COD去除率达到了89%，相比于单独使用$UV/H_2O_2$或$UV/O_3$技术，在相同条件下仅能去除54%和59%的COD。Zhou[99]采用Cu/N掺杂的$TiO_2/Ti$作为光电极，开发出光氧化–电氧化组合工艺（PEO）处理反渗透膜浓缩液，实验结果表明COD去除率高达76.9%。

## 三、结论与展望

垃圾渗滤膜浓缩液组成复杂、含有大量难降解有机物，浓缩液妥善处理是实现渗滤液全量化处理的关键保障，因此需要采用切实有效的浓缩液处理工艺。目前，芬顿氧化、臭氧氧化、紫外高级氧化、电氧化等高级氧化技术已经在渗滤液生化出水及膜浓缩液处理等方面获得广泛的研究和使用。高级氧化技术对膜浓缩液中的COD、氨氮、色度等有着很高的去除效率，具有反应过程容易控制、降有机物彻底等优点，可将其作为预处理工艺或深度处理工艺与生化法结合，已经逐渐成为垃圾浓缩液处理的主要研究方向，具有较好应用前景。但是，高级氧化技术也存在一定的不足：采用传统均相芬顿法会产生铁泥二次污染，不经济且环境不友好；臭氧氧化法也存在氧化选择性强、氧化有机物不彻底等缺陷；电化学氧化技术和光催化氧化法则具有处理效果彻底、适用广泛等优点，但是电耗和电极成本成为其大规模推广的限制因素。近年来高级氧化工艺处理浓缩液处理新技术蓬勃发展，其中，提高处理效率和降低经济成本是两个主要的研发方向。具体地，可以从以下四个方面开展进一步的研究：

（1）对高级氧化技术处理膜浓缩液的反应机理进行更加系统全面的解析，从而有助于对工艺参数的优化以及与其他处理工艺的优化组合提供技术支撑，这也是今后高级氧化技术研究的主要方向。

（2）氧化剂是高级氧化技术的基础，为了实现高级氧化技术在膜浓缩液中的大规模工程应用，需要在提高氧化剂氧化效率的同时进一步降低成本。因此，新型氧化剂的研究和开发也将成为该领域今后的研究热点。

（3）催化剂在高级氧化技术中可以起到提高反应速率、降低反应条件等关键作用，可以形成温和条件下的催化氧化技术。因此，研发新型的广谱复合催化剂以进一步提高催化活性，提高催化剂的回收利用次数，降低处理成本，对于高级氧化技术的推广具有重要的推动意义。

（4）化学反应需要在反应容器内进行。因此，设计简易高效、结构合理、便于操作的新型高级氧化反应器，有利于保证高级氧化技术高效去除污染物效果的实现，从而推动高级氧化技术应用于膜浓缩液处理领域的工程实践中。

## 参考文献

[1] Karak T，Bhagat R，Bhattacharyya P. Municipal solid waste generation，composition，and management：the world scenario [J]. Critical Reviews of Environmental Science and Technology，2015，4215：1509-1630.

[2] Sabour M R，Amiri A. Comparative study of ANN and RSM for simultaneous optimization of multiple targets in Fenton treatment of landfill leachate [J]. Waste Management，2017，65：54-62.

[3] Christensen T H，Cossu R，Stegmann R. Landfilling of waste：leachate [M]. Florida（U.S.A）：CRC Press，2005.

[4] Paskuliakova A，Tonry S，Touzet N. Phycoremediation of landfill leachate with chlorophytes：phosphate a limiting factor on ammonia nitrogen removal[J]. Water Research，2016，99：180-187.

[5] Saleem M，Spagni A，Alibardi L，et al. Assessment of dynamic membrane filtration for biological treatment of old landfill leachate [J]. Journal of Environmental Management，2018，213：27-35.

[6] Li J L，Song J，Bi S，et al. Electrochemical estrogen screen method based on the electrochemical behavior of MCF-7 cells[J]. Journal of Hazardous Material，2016，313：238-243.

[7] Adamcov´a D，Radziemska M，Rido˘skov´a A，et al. Environmental assessment of the effects of a municipal landfill on the content and distribution of heavy metals in Tanacetum vulgare L[J]. Chemosphere，2017，185：1011-1018.

[8] Thomas D J L，Tyrrel S F，Smith R，et al. Bioassays for the evaluation of landfill leachate toxicity [J]. Journal of Toxicology and Environmental Health：B，2009，12：83-105.

[9] Dia O，Drogui P，Buelna G，et al. Hybrid process，electrocoagulation-biofiltration for landfill leachate treatment [J]. Waste Management，2018，75：391-399.

[10] Foo K Y，Hameed B H. An overview of landfill leachate treatment via activated carbon adsorption process [J]. Journal of Hazardous Materials，2009，171：54-60.

[11] Da Costa F M，Daflon S D A，Bila D M，et al. Evaluation of the biodegradability and toxicity of landfill leachates after pretreatment using advanced oxidative processes [J]. Waste Management，2018，76：606-613.

[12] Hassanzadeh E，Farhadian M，Razmjou A，et al. An efficient wastewater treatment approach for a real woolen textile industry using a chemical assisted NF membrane process[J]. Environmental Nanotechnology：Monitoring Management，2017，8：92-96.

[13] Vatanpour V，Madaeni S S，Khataee A R，et al. Monfared $TiO_2$ embedded mixed matrix PES nanocomposite membranes：Influence of different sizes and types of nanoparticles on antifouling and performance [J]. Desalination，2012，292：19-29.

[14] Mousavinejad A，Rahimpour A，Shirzad Kebria M R，et al. Nickel-Based Metal-Organic Frameworks to Improve the $CO_2/CH_4$ Separation Capability of Thin-Film Pebax Membranes [J]. Industrial & Engineering Chemistry Research，2020，59：12834-12844.

[15] Kosutic K，Dolar D，Strmecky T. Treatment of landfill leachate by membrane processes of nanofiltration and reverse osmosis Desalin [J]. Water Treatment，2015，55：2680-2689.

[16] Amaral M C S，Moravia W G，Lange L C，et al. Nanofiltration as post-treatment of MBR treating landfill leachate [J]. Desalination. Water Treatment，2015，53：1 482-1 491.

[17] He R，Tian B H，Zhang Q Q，et al. Effect of Fenton oxidation on biodegradability，biotoxicity and dissolved organic matter distribution of concentrated landfill leachate derived from a membrane process [J]. Waste Management，2015，38：232-239.

[18] Safarpour M，Vatanpour V，Khataee A，et al. High flux and fouling resistant reverse osmosis membrane modified with plasma treated natural zeolite [J]. Desalination，2017，411：89-100.

[19] Xu J，Long Y，Shen D，et al. Optimization of Fenton treatment process for degradation of refractory organics in pre-coagulated leachate membrane concentrates [J]. Journal of Hazardous Materials，2017，323：674-680.

[20] Singh S K，Townsend T G，Boyer T H. Evaluation of coagulation（$FeCl_3$）and anion exchange（MIEX）for stabilized landfill leachate treatment and high-pressure membrane pretreatment [J]. Separation and Purification Technology，2012，96：98-106.

[21] Zhang Q Q，Tian B H，Zhang X，et al. Investigation on characteristics of leachate and concentrated leachate in three landfill leachate treatment plants [J]. Waste Management，2013，33（11）：2277-2286.

[22] Hou C C，Lu G，Zhao L，Yin P H，et al. Estrogenicity assessment of membrane concentrates from landfill leachate treated by the UV-Fenton process using a human breast carcinoma cell line[J]. Chemosphere，2017，180：192-200.

[23] Ren X，Liu D，Chen W M，Jiang GB，et al. Investigation of the characteristics of concentrated leachate from six municipal solid waste incineration power plants in China[J]. Rsc Advances，2018，8（24）：13159-13166.

[24] Wang Y，Li X，Zhen L，et al. Electro-Fenton treatment of concentrates generated in nanofiltration of biologically pretreated landfill leachate[J]. Journal of Hazardous Materials，2012，229-230：115-121.
[25] 陶正. 三维电催化氧化法处理垃圾渗滤液纳滤浓缩液的研究[D]. 南京：南京理工大学，2019.
[26] Chen L，Li F Q，He F D，et al. Membrane distillation combined with electrocoagulation and electrooxidation for the treatment of landfill leachate concentrate[J]. Separation and Purification Technology，2022，291：120936.
[27] Xing W，Lu W J，Zhao Y，Zhang X，et al. Environmental impact assessment of leachate recirculation in landfill of municipal solid waste by comparing with evaporation and discharge [J]. Waste Management，2013，33：382-389.
[28] Benyoucef F，Makan A，El Ghmari A，et al. Optimized evaporation technique for leachate treatment：small scale implementation [J]. Journal of Environmental Management，2016，170：131-135.
[29] Talalaj I A. Mineral and organic compounds in leachate from landfill with concentrate recirculation [J]. Environmental Science & Pollution Research，2015，22：2622-2633.
[30] Oulego P，Collado S，Laca A，M. Diaz. Impact of leachate composition on the advanced oxidation ，treatment [J]. Water Research，2016，88：389-402.
[31] 王子龙. 垃圾渗沥液纳滤浓缩液处理工艺路线探讨[J]. 福建建设科技，2020，4：58-60.
[32] 赵成云，林伯伟，肖强，等. 垃圾渗滤液反渗透浓缩液回灌中试研究[J]. 环境卫生工程，2011，19（1）：11-15.
[33] 邱中平，李明星，刘洋，等. 好氧生物反应器填埋场的渗滤液回灌量研究[J]. 西南交通大学学报，2019，54（1）：168-172.
[34] Talalaj I A，Biedka P. Impact of concentrated leachate recirculation on effectiveness of leachate treatment by reverse osmosis[J]. Ecological Engineering，2015，85：185-192.
[35] Pavithra K G，Kumar P S，Jaikumar V，et al. Removal of colorants from wastewater：A review on sources and treatment strategies[J]. Journal of Industrial and Engineering Chemistry 2019，75：1-19.
[36] 岳东北，许玉东，何亮，等. 浸没燃烧蒸发工艺处理浓缩渗滤液[J]. 中国给水排水，2005，21（7）：71-73.
[37] 孙辉跃，李林曦，庄秋惠，等. 蒸发法处理膜滤浓缩液的中试研究[J]. 能源与节能，2015，115（4）：163-165.
[38] 赵宝华. 生活垃圾焚烧电厂渗沥液浓缩液回喷研究[J]. 工业技术，2019，4：55-56.
[39] 严浩文，余国涛，杨杨. 渗沥液浓缩液回喷处理对垃圾焚烧过程影响初探[J]. 环境卫生工程，2019，27（2）：66-69.
[40] 吴子涵，任旭，肖玉，等. 上海市某垃圾焚烧厂渗滤液膜浓缩液回喷焚烧后的固相物质转化特性[J]. 环境工程学报，2019，13（8）：1949-1958.
[41] Gligorovski S，Strekowski R，Barbati S，et al. Environmental implications of hydroxyl radicals（·OH）[J]. Chemical Reviewers，2015，115：13051-13092.
[42] Moreira F C，Boaventura R A R，Brillas E，et al. Electrochemical advanced oxidation processes：a review on their application to synthetic and real wastewaters[J]. Applied Catalysis B：Environment，2017，202：217-261.
[43] Li J，Zhao L，Qin L，et al. Removal of refractory organics in nanofiltration concentrates of municipal solid waste leachate treatment plants by combined Fenton oxidative-coagulation with photo-Fenton processes[J]. Chemosphere，2016，146：442-449.
[44] Miklos D B，Remy C，Jekel M，et al. Evaluation of advanced oxidation processes for water and wastewater treatment-a critical review [J]. Water Research，2018，139：118-131.
[45] Jeirani Z，Sadeghi A，Soltan J，et al. Effectiveness of advanced oxidation processes for the removal of manganese and organic compounds in membrane concentrate[J]. Separation and Purification Technology. 2015，149：110-115.
[46] Tizaoui C，Bouselmi L，Mansouri L，et al. Landfill leachate treatment with ozone and ozone/ hydrogen peroxide systems[J]. Journal of Hazardous Materials，2007，140（12）：316-324.
[47] Von Gunten U. Ozonation of drinking water：Part I. Oxidation kinetics and product formation，Water Research，2003，37：1443-1467.
[48] Chen W M，Gu Z P，Wen P，et al. Degradation of refractory organic contaminants in membrane concentrates from landfill leachate by a combined coagulation-ozonation process[J]. Chemosphere，2019，217：411-422.
[49] 郑可，周少奇，叶秀雅，等. 臭氧氧化法处理反渗透浓缩垃圾渗滤液[J]. 环境工程学报，2012，6（2）：467-470.
[50] Wang H，Wang Y N，Li X，et al. Removal of humic substances from reverse osmosis（RO）and nanofiltration（NF）concentrated leachate using continuously ozone generation-reaction treatment equipment [J]. Waste Management，2016，56：271-279.

[51] Rosenfeldt E J，Linden K G，Canonica S，et al. Comparison of the efficiency of OH radical formation during ozonation and the advanced oxidation processes $O_3/H_2O_2$ and UV/$H_2O_2$[J]. Water Research，2006，40：3695-3704.

[52] Amaral-Silva N，Martins R C，Castro-Silva S，et al. Ozonation and perozonation on the biodegradability improvement of a landfill leachate [J]. Journal of Environmental Chemistry and Engineering，2016，4：527-533.

[53] Wang H，Li X，Hao Z，et al. Transformation of dissolved organic matter in concentrated leachate from nanofiltration during ozone-based oxidation processes（$O_3$，$O_3/H_2O_2$ and $O_3$/UV）[J]. Journal of Environmental Management，2017，191：244-251.

[54] He Y，Zhang H，Li J J，et al. Treatment of landfill leachate reverse osmosis concentrate from by catalytic ozonation with γ-$Al_2O_3$[J]. Environmental Engineering and Science，2018，35：501-511.

[55] Deng Y，Englehardt J D. Treatment of landfill leachate by the Fenton process[J]. Water Research，2006，40：3683-3694.

[56] Meng X，Khoso S A，Wu J，et al. Efficient COD reduction from sulfide minerals processing wastewater using Fenton process [J]. Minerals Engineering，2019，132：110-112.

[57] 符学英. Fenton氧化絮凝处理垃圾渗滤液中腐殖酸的研究[D]. 徐州：中国矿业大学，2015.

[58] Teng C，Zhou K，Zhang Z，et al. Elucidating the structural variation of membrane concentrated landfill leachate during Fenton oxidation process using spectroscopic analyses[J]. Environmental Pollution，2020，256：113467.

[59] Ertugay N，Kocakaplan N，Malkoç E. Investigation of pH effect by Fenton-like oxidation with ZVI in treatment of the landfill leachate[J]. International Journal of Mining，Reclamation and Environment，2017，67（4）：1-7.

[60] 许玉东，范良鑫，黄友福. Fenton法处理垃圾渗滤液MBR-NF浓缩液[J]. 环境工程学报，2014，09：3711-3717.

[61] Baiju A，Grandhimathi R，Ramesh S T，et al. Combined heterogeneous Electro-Fenton and biological process for the treatment of stabilized landfill leachate [J]. Journal of Environmental Management，2018，210：328-337.

[62] Zhang M，Dong H，Zhao L，et al. A review on Fenton process for organic wastewater treatment based on optimization perspective [J]. Science of Total Environment，2019，670：110-121.

[63] Wang N，Zheng T，Zhang G，et al. A review on Fenton-like processes for organic wastewater treatment [J]. Journal of Environmental Chemical Engineering，2016，4：762-787.

[64] 张潇逸，何青春，蒋进元，等. 类芬顿处理技术研究进展综述[J]. 环境科学与管理，2015，40(6)：58-61.

[65] 黄铤，张光明，张楠，等. $Fe^0$类芬顿法深度处理制药废水[J]. 环境工程学报，2017，11（11）：5892-5896.

[66] Bremner D H，Burgess A E，Houllemare D，et al. Phenol degradation using hydroxyl radicals generated from zero-valent iron and hydrogen peroxide[J]. Applied Catalysis B：Environmental，2006，63：15-19.

[67] Zhou T，Li Y Z，Ji J，et al. Oxidation of 4-chlorophenol in a heterogeneous zero valent iron/$H_2O_2$ Fenton-like system：Kinetic，pathway and effect factors[J]. Separation and Purification Technology，2008，62：551-558.

[68] Pan Y W，Zhou M H，Cai J J，et al. Significant enhancement in treatment of salty wastewater by pre-magnetization $Fe^0$/$H_2O_2$ process[J]. Chemical Engineering Journal，2018，339：411-423.

[69] 吴小刚. 电Fenton、SBR法及相关技术处理垃圾渗滤液的研究[D]. 武汉：武汉大学，2012.

[70] Guerra M M H，Alberola I O，Rodriguez S M，et al. Oxidation mechanisms of amoxicillin and paracetamol in the photo-Fenton solar process [J]. Water Research，2019，156：232-240.

[71] Pouran S R，Aziz A R A，Daud W M A W. Review on the main advances in photo-Fenton oxidation system for recalcitrant wastewaters[J]. Journal of Industrial and Engineering Chemistry，2015，21：53-69.

[72] 张爱平，陈炜鸣，李启彬，等. MW-$Fe^0$/$H_2O_2$体系预处理垃圾渗滤液浓缩液[J]. 中国环境科学，2018，38（6）：2144-2156.

[73] Xue W J，Cui Y H，Liu Z Q，et al. Treatment of landfill leachate nanofiltration concentrate after ultrafiltration by electrochemically assisted heat activation of peroxydisulfate[J]，Separation and Purification Technology，2020，231：115928.

[74] Ding J，Wei L，Huang H，Zhao Q，et al. Tertiary treatment of landfill leachate by an integrated Electro-Oxidation/Electro-Coagulation/Electro-Reduction process：Performance and mechanism [J]. Journal of Hazardous Materials，2018，351：90-97.

[75] Labiadh L，Fernandes A，Ciríaco L，et al. Electrochemical treatment of concentrate from reverse osmosis of sanitary landfill leachate [J]. Journal of Environmental Management，2016，181：515-521.

[76] Moreira F C，Soler J，Fonseca A，et al. Electrochemical advanced oxidation processes for sanitary landfill leachate remediation：evaluation of operational variables[J]. Applied Catalysis B：Environmental，2016，182：161-171.

[77] Jung Y J，Baek K W，Oh B S，et al. An investigation of the formation of chlorate and perchlorate during electrolysis using Pt/Ti electrodes：the effects of pH and reactive oxygen species and the results of kinetic studies[J]. Water Research，2010，

44：5345-5355.

[78] Isarain-chávez E，Arias C，Cabot P L，et al. Mineralization of the drug-blocker atenolol by electro-Fenton and photoelectro-Fenton using an air-diffusion cathode for $H_2O_2$ electrogeneration combined with a carbon-felt cathode for $Fe^{2+}$ regeneration [J]. Applied Catalysis B：Environmental，2010，96：361-369.

[79] Ren X，Song K，W M，et al. Treatment of membrane concentrated leachate by two-stage electrochemical process enhanced by ultraviolet radiation：Performance and mechanism[J]. Separation and Purification Technology，2021，259：118032.

[80] 陶正. 三维电催化氧化处理垃圾渗滤液纳滤浓缩液的研究[D]. 南京：南京理工大学，2019.

[81] 龚逸. 垃圾渗滤液膜滤浓缩液的电化学氧化处理研究[J]. 环境污染与防治，2015，37（5）：11-16.

[82] 王庆国，乐晨，卓瑞锋，等. 电化学氧化法处理垃圾渗滤液纳滤浓缩液[J]. 环境工程学报，2015，9（3）：1308-1312.

[83] Wang Y Q，Zhou C，Meng G C，et al.Treatment of landfill leachate membrane filtration concentrate by synergistic effect of electrocatalysis and electro-Fenton [J]. Journal of Water Process Engineering，2020，37：101 458.

[84] Cho S P，Hong S C，Hong S I. Study of the end point of photocatalytic degradation of landfill leachate containing refractory matter [J]. Chemical Engineering Journal，2004，98（3）：245-253.

[85] Cho S P，Hong S C，Hong S I. Photocatalytic degradation of the landfill leachate containing refractory matters and nitrogen 100% compounds [J]. Applied Catalysis B：Environmental，2002，39(2)：125-133.

[86] Zhao J S，Ouyang F，Yang Y X，Tang W W. Degradation of recalcitrant organics in nanofiltration concentrate from biologically pretreated landfill leachate by ultraviolet-Fenton method[J]. Separation and Purification Technology，2020，235：116 076-116 083.

[87] 赵建树，张金松，欧阳峰，等. 三维电氧化-光芬顿-电催化氧化组合工艺处理垃圾渗滤液膜浓缩液中试研究[J]. 给水排水，2021，47（7）：44-47.

[88] 徐苏士，汪诚文，王迪，等. UV-Fenton工艺对垃圾渗滤液纳滤浓缩液的处理效果及影响因素研究[J]. 环境工程技术学报，2013，01：65-70.

[89] Daniel E M，Frederick B，Reddy D V，et al. Application of photochemical technologies for treatment of landfill leachate[J]. Journal of Hazardous Materials，2012，209-210：299-307.

[90] Wei X，Liu H，Li T，et al. Three-dimensional flower heterojunction g-$C_3N_4$/Ag/ZnO composed of ultrathin nanosheets with enhanced photocatalytic performance[J]. Journal of Photochemistry and Photobiology A：Chemistry，2020，390：112 342.

[91] Wang X，He Y，Xu L，et al. $SnO_2$ particles as efficient photocatalysts for organic dye degradation grown in-situ on g-C3N4 nanosheets by microwave-assisted hydrothermal method[J]. Materials Science in Semiconductor Processing，2021，121：105 298.

[92] Kishimoto N，Katayama Y，Kato M，et al. Technical feasibility of UV/electro-chlorine advanced oxidation process and pH response[J]. Chemical Engineering Journal，2018，334：2363-2372.

[93] Zhang Z，Teng C，Zhou K，et al. Degradation characteristics of dissolved organic matter in nanofiltration concentrated landfill leachate during electrocatalytic oxidation[J]. Chemosphere，2020，255.

[94] Qiao M，Zhao X，Wei X. Characterization and treatment of landfill leachate membrane concentrate by $Fe^{2+}$/NaClO combined with advanced oxidation processes[J]. Scientific Reports，2018，8：1-9.

[95] Wang Y，Yu G，Deng S，et al. The electro-peroxone process for the abatement of emerging contaminants：Mechanisms，recent advances，and prospects[J]，Chemosphere，2018，208：640- 654.

[96] Li Z，Yuan S，Qiu C，et al. Effective degradation of refractory organic pollutants in landfill leachate by electroperoxone treatment[J]. Electrochimica Acta，2013，102：174-182.

[97] Wang H，Shen Y，Lou Z，et al. Hydroxyl radicals and reactive chlorine species generation via $E^+$-ozonation process and their contribution for concentrated leachate disposal[J]. Chemical Engineering Journal，2019，360：721-727.

[98] 肖玉. 混凝联合高级氧化技术处理渗滤液膜浓缩液的研究[D]. 成都：西南交通大学，2021.

[99] Zhou X，Zheng Y，Zhou J，et al. Degradation kinetics of photoelectrocatalysis on landfill leachate using codoped $TiO_2$/Ti photoelectrodes[J]. Journal of Nanomaterials，2015：1-11.

# 城市照明的低碳可持续发展探索与实践

骆玉洁，梁峥
（中国城市规划设计研究院深圳分院）

**摘要：** 目前我国城市照明粗放型、规模化发展所引发的高能耗、光污染等问题日益突出。在我国确立“碳达峰、碳中和”目标、深圳建设中国特色社会主义先行示范区的重要时期，深圳围绕城市照明的低碳可持续发展进行了诸多创新探索与实践。通过对深圳最新的城市照明规划及城市照明提升项目的分析研究，从全生命周期绿色照明建设、城市照明光污染防治与节能降耗、“三同时”城市照明建设管理、夜间公众活动规划、系统化的智慧照明建设、暗夜保护与暗夜经济发展等方面，梳理出适应于我国经济文化发展、生态环境保护及节能降碳目标的城市照明建设管理的新思路、新方法。

**关键词：** 碳中和；光污染；暗夜保护；夜经济；候鸟保护

# Exploration and Practice of Low Carbon Sustainable Development of Urban Lighting

Luo Yujie, Liang Zheng
(China Academy of Urban Planning & Design Shenzhen)

**Abstract:** At present, the problems of high energy consumption and light pollution caused by the extensive and large-scale urban lighting in China are increasingly prominent. During the important period when China has established the goal of “carbon peak and carbon neutralization” and Shenzhen has built a leading demonstration area of socialism with Chinese characteristics, Shenzhen has carried out many innovative explorations and practices around the low-carbon sustainable development of urban lighting. Through the analysis and Research on the latest urban lighting planning and urban lighting construction projects in Shenzhen, this paper will sort out new ideas and methods of urban lighting construction management that are suitable for China’s economic and cultural development, ecological environment protection and energy conservation and carbon reduction objectives from the aspects of Green lighting construction in the whole life cycle, Light pollution prevention and energy saving of urban lighting, “Three Simultaneities”urban lighting construction management, Planning of night public activities, Systematic intelligent lighting construction, dark sky protection and dark sky economy development.

**Keywords:** Carbon neutralization; Light pollution; Dark sky protection; Dark sky economy; Migratory bird protection

# 一、引言

深圳是全国第一个开展全市域覆盖的城市照明规划编制的城市，在《深圳城市照明专项规划（2013—2020）》的指导下，又相继进行了以行政区划或者重点开发建设区为单元的城市照明详细规划编制，并于2018年8月1日颁布并执行《深圳市城市照明管理办法》，为深圳城市照明建设和管理工作提供了法规层面的依据，使深圳成为我国城市照明建设和管理的标杆示范城市，对我国城市照明的建设发展起到了重要的引领作用。

伴随我国经济发展与全球范围内的技术创新，我国城市照明建设呈现出井喷式发展，2018—2019年，深圳相继进行了以福田中心区灯光表演、深南大道景观照明提升等为代表的大规模城市照明提升工程，在丰富公众夜间文化生活、提升城市夜间形象、带动城市夜经济发展的同时，其产生的电力消耗和过度照明等问题也引发了社会各界的广泛关注。

2019年8月，《中共中央国务院关于支持深圳建设中国特色社会主义先行示范区的意见》正式发布，要求深圳在“高质量发展高地”“法制城市示范”“城市文明典范”“民生幸福标杆”“可持续发展先锋”五个方面进行先行示范。同年11月，为满足城市照明建设与管理需求，规范城市照明建设的相关工作，提高城市照明建设规划的科学性与合理性，国家住房和城乡建设部组织编制了《城市照明建设规划标准》CJJ/T 307—2019，并于2022年6月1日正式执行。对于城市照明总体设计、重点地区照明规划设计、城市照明建设实施等方面提出了新标准、新要求。在此背景下，深圳启动了城市照明专项规划的修编工作。《深圳市城市照明专项规划（2021—2035）》对应《中共中央国务院关于支持深圳建设中国特色社会主义先行示范区的意见》提出的先行示范要求，提出了“智慧照明领衔，助力城市服务升级”“管理模式创新，推动夜景品质提升”“新兴文化为媒，加快人文品牌塑造”“人本照明为基，落实民生照明建设”“多元需求平衡，引导正确价值传递”五大规划策略，围绕“创建中国特色社会主义先行示范区城市照明建设新范例”的规划总目标开展了规划修编工作，作为落实行业新标准的首例城市照明规划，为贯彻落实《城市照明建设规划标准》CJJ/T 307—2019进行了积极的探索。

2020年，我国提出了2030年前实现“碳达峰”与2060年前实现“碳中和”的目标。中共中央、国务院相继印发了《关于完整准确全面贯彻新发展理念做好碳达峰碳中和工作的意见》及《2030年前碳达峰行动方案》等重要指导文件，将城市照明列为实施节能降碳的重点工程领域。在此背景下，全国多省市发布了城市照明节能改造新规及节约用电倡议，《深圳市城市照明专项规划（2021—2035）》围绕城市照明的低碳可持续发展提出了诸多规划创新。

2021年8月，《深圳市城市照明专项规划（2021—2035）》正式发布，获得了各界媒体的广泛关注，其暗夜保护与暗夜经济发展的新思路、新方法得到了来自学习强国、《人民日报》《深圳特区报》等八十余家媒体的高度评价。随着该规划的实施，深圳启动了新阶段城市照明建设和管理工作，已编制并发布了地方标准《城市景观照明工程技术标准》SJG 105—2021，已启动《前海灯光环境专项规划（修编）》《罗湖区灯光区域详细规划（2021—2035）》等照明详细规划的修编工作，完成了《深圳湾超级总部基地夜景灯光专项规划》《龙岗区城市照明专项规划》《留仙洞新兴产业总部基地夜景观规划研究》等照明详细规划的编制，开展了“三同时”城市照明管控纳入“多规合一”平台的相关工作，全面实施“深圳光影艺术季”及“大鹏星空公园”建设前期研究。深圳新一轮城市照明建设和管理的创新实践，对我国其他城市各种类型城市照明建设和管理具有重要的示范和引领作用。本文通过对深圳最新的城市照明规划及城市照明实施项目的分析研究，将从全生命周期绿色照明建设、城市照明光污染防治与节能降耗、“三同时”城市照明建设管理、夜间公众活动规划、系统化的智慧照明建设、暗夜保护与暗夜经济发展等方面，梳理出适应于新形势下我国经济文化发展、生态环境保护及节能降碳目标的城市照明建设管理新思路、新方法。

## 二、全生命周期绿色照明建设

目前，诸多城市的城市照明存在重“建设”，轻“规划”和“管理”的问题，将绿色照明建设简单等同于高效节能灯具和产品运用及清洁能源利用，而忽视了城市照明规划的前瞻性、科学性、综合性。在新能源、高效节能灯具和产品运用日益广泛的今天，不合理的城市照明的能源消耗和资源浪费问题依旧存在。为实现“碳中和”目标，我国未来的城市照明建设管理应更加关注全生命周期的系统性节能降碳。

早在2012年，深圳首次开展《深圳城市照明专项规划（2013—2020）》的编制期间，便结合自身城市照明的建设管理实际与国内外城市的先进经验，就规划阶段、设计与建设阶段、运行阶段、维护阶段、回收阶段等提出了全生命周期的绿色照明建设管理要求，为深圳的市、区、重点发展片区各层级城市照明规划体系搭建，以及各类相关城市照明管理、政策法规的出台打下了坚实的基础，也为国家行业标准《城市照明建设规划标准》CJJ/T 307—2019的编制提供了重要的研究基础。《城市照明建设规划标准》CJJ/T 307—2019要求城市照明建设应贯彻全生命周期的节能环保理念，即在规划设计、建设实施和运维管理各阶段均应深入落实节能环保理念[1]。

作为落实《城市照明建设规划标准》CJJ/T 307—2019新要求的《深圳城市照明专项规划（2021—2035）》修编工作，延续了全生命周期的绿色照明指引要求，结合新技术条件、新发展需求等，就各阶段的指引要求进行了进一步的优化和完善。对于规划阶段，该规划修编强调系统性的城市照明规划的重要性，城市照明建设理应在多层级、专业性的城市照明规划指导下开展。城市照明规划应结合相关规范标准和城市发展建设需求，对城市照明的建设范围和规模、建设标准和效果进行科学规划，从源头上杜绝城市照明的过度建设，从总量上实现对城市照明建设的节能降碳管控。同时，通过选用低碳节能产品和设备，引导相关部门加强针对绿色照明审查，为绿色照明建设提供产品保障及制度保障。在运维阶段，该规划修编强调智能控制和及时维护的重要性，并就智能节能控制进行了专门指引，要求对城市功能照明及景观照明均应推广智能节能控制。其中，对于功能照明，要求引入“经纬时控”“光感时控”，以充分适应全年日出日落时间及天气变化，避免城市功能照明存在“盲区时段”，同时，也避免“一刀切”的启闭时间管理，导致“白天亮灯”引发能耗问题。对于景观照明，要求引入分模式启闭时间管理，根据不同城市功能区在不同时间差异化的夜景需求，就平日、节假日及重大节庆，因地制宜，采用差异化的启闭时间。按需启闭照明，在确保城市夜生活正常开展、夜经济正常发展的同时，可有效降低城市照明的整体能耗。为确保节能模式的落地实施，要求未来建设项目的照明方案需就节能模式进行专门的设计论证，这也将作为未来建设项目照明方案审查的重点。

## 三、城市照明光污染防治与节能降耗

粗放式的城市照明建设引发的光污染日益严重，城市照明的光污染问题在对人体健康[2]、视觉舒适度、天文观测[3]、生态保护[4]产生不利影响的同时，也常常伴随着巨大的能源浪费

[5]问题。随着我国“双碳”战略的实施，上海、广州、深圳等诸多城市相继调整城市灯光表演频次，部分城市提出了压缩夜景照明时间的倡议，以响应“降碳”需求。但实际上仅仅几分钟、十几分钟的灯光表演耗电量并不大，常态化夜景照明的大规模、长时间开启更为耗电。而其中由于不合理的照明设计和灯具选型消耗了大量能源。2022 年，全世界范围内的高温红色警报拉响，伴随而来的缺电问题日益严重，我国多地不得不关闭城市景观照明，限制商户、企业用电，以确保民生用电。然而如此急刹车式的“关灯”举措，无法从根本上彻底解决城市照明的能源浪费问题，部分功能照明“景观化”趋势严重、非截光灯具向天空发出大量的逸散光等，在加剧光污染的同时，消耗大量电能。城市照明光污染控制及节能降耗并非简单等同于“禁建”和“关灯”，而是应该通过科学的照明规划和设计，确定合理的照明范围、照明手法及指标，选择节能环保产品，调整合理的照射角度，让人工照明有效地服务于城市空间，减少对天空的逸散光，避免对非需要区域的光侵扰。因此，真正有效的光污染防治，应就城市照明进行系统性的设计优化、产品更新及运维调试。以《深圳市城市照明专项规划（2021—2035）》为代表的深圳新一轮的城市照明规划编制工作中，以国内外相关标准规范为基础，基于对深圳城市照明光污染现状的分析研究，针对居住区、机动车道、人行及非机动车道、户外广告标识、户外 LED 显示屏、媒体立面、公共休憩场所、植物、生态敏感区等的城市照明建设，以及激光、探照灯的运用等提出了光污染防治要求，为深圳市的城市光污染整治提升理清思路、明确方向、确定标准，进而从根本上解决照明区域及时段的光污染问题，统筹协调城市照明“降碳”工作及社会经济发展，最大化实现城市照明的节能降耗。

## 四、“三同时”城市照明建设管理

由于我国城市照明发展起步较晚，城市照明建设常常滞后于主体工程建设，大多采用在既有建（构）筑物、景观环境上加装城市照明设施。该方式存在照明设施安装条件受限、取电困难、存在安全隐患、影响立面白天视看效果等问题，照明设计师无法在项目设计初期与建筑师、景观师、室内设计师进行方案研讨与沟通，共同探讨更合理的景观节点设计、建筑材料运用、内透光设计等，对城市照明的高品质建设造成了巨大影响。

早在 2012 年，面对深圳市内大量的新建、改（扩）建片区，秉承高品质、高标准发展建设理念，借鉴国际先进城市照明建设经验，《深圳市城市照明专项规划（2013—2020）》要求在新建、改（扩）建片区，与主体工程配套建设的功能照明设施和重点区域的景观照明设施，应与主体工程同时设计、同时施工、同时投入使用（以下简称“三同时”），以推进深圳城市照明建设逐步走向规范化、精品化，引领我国城市照明建设管理的高质量发展。

2016 年，前海深港现代服务业合作区（以下简称“前海”）作为深圳最重要的开发建设区域，率先落实《深圳市城市照明专项规划（2013—2020）》的要求，启动了《前海灯光环境专项规划》的编制工作，就前海的“三同时”城市照明建设管理要求及管理模式进行了积极探索。其借鉴新加坡、纽约、墨尔本等国际先进城市经验，对照明规划的控制内容及指引要求进行了创新，并在照明规划基础上，针对各类照明对象，就照明管控、指引的关键指标及要求进行整理，制定了符合前海管理实际需求的“三同时”城市照明设计导则，涉及单元照明导则、二层连廊照明导则以及地下空间照明导则。其中，为适应前海建设管理的实际需求，照明单元划分承接前海的发展单元划分，共分为 22 个单元，就单元内的建（构）筑物、街道、公共空间进行了识别和梳理，并就三类照明对象，以图表的形式进行了分类指引。导则的编制提高了管控、指引关键信息的查阅效率，为“三同时”城市照明建设管理的审核和审批工作提供了重要的技术支撑。为保障“三同时”城市照明建设管理工作的科学推进，该规划提出建立多专业专家智库，为相关技术审查工作提供全面的技术支撑。在该规划的指引下，前海的“三同时”城市照明方案的审查采用多专业专家会审模式，专业类别涉及建筑、景观、照明、电气等多领域，通过多专业联合论证，确保前海城市照明建设的可持续发展。目前，前海已涌现出一批精品城市照明建设工程，为推动深圳全市的“三同时”城市照明建设管理起到了重要的标杆示范作用。

2018年5月28日，经深圳市人民政府六届一百二十三次常务会议审议通过，发布了《深圳市城市照明管理办法》，自2018年8月1日起施行，其中的第十五条、第十六条、第十七条，对深圳市“三同时”城市照明建设管理做出了具体要求，深圳正式启动全市的“三同时”城市照明建设管理工作，相继发布了《深圳市景观照明“三同时”建设项目的区域范围》，并将此范围及相关规划控制要求纳入了深圳市多规合一信息平台。至此，深圳的城市照明建设管理正式进入高质量发展新阶段，作为试点的前海经验功不可没。

2019年，伴随着《深圳市城市照明专项规划（2021—2035）》的修编工作开展，深圳的“三同时”城市照明建设管理进入新阶段。修编期间，一方面结合深圳的最新城市开发建设需求，对已经发布的《深圳市景观照明“三同时”建设项目的区域范围》进行了增补、完善，并就未来与国土空间规划的结合进行了探索与研究；另一方面，深圳市城市管理和综合执法局与深圳市规划和自然资源局已着手开展了“三同时”城市照明管控纳入“多规合一”平台的相关工作，并就相关的送审管理流程进行了商议，深圳的“三同时”城市照明建设管理工作逐步规范化、常态化，并将由前海示范区向全市重点区域推广。伴随着深圳市国土空间规划的出台，未来各行政区、各重点开发片区将进一步完善城市照明详细规划，深圳“三同时”城市照明建设管理将最终覆盖全市所有新建、改（扩）建片区，引领我国城市照明向规范化、精细化、高品质、高效率管理方向发展。

## 五、夜间公众活动规划

传统的城市照明建设，往往将城市中心区域的夜景形象塑造作为核心目标，将照明建设的规模和视觉震撼程度作为夜景观评价的标尺。因此，以大规模建筑媒体立面、大型城市灯光秀、城市景观大道亮化为代表的城市照明建设屡见不鲜，存在盲目攀比和过度亮化的问题。与此同时，与公众夜间活动息息相关的各类广场、社区公园、滨水步道、城市绿道、观景平台等，常常存在功能照明缺失、景观照明效果欠佳、照明设施管养维护不及时等问题。深圳新一轮的城市照明规划编制及修编工作，扭转了以往围绕城市夜景观光和形象展示开展建设的逻辑，引入了夜间公众活动规划相关研究，针对深圳的休闲观光型夜间公众活动、娱乐消费型夜间公众活动、旅游度假型夜间公众活动、节日庆典型夜间公众活动、主题事件型夜间公众活动等进行了分类研究，对常态化的夜景照明建设及临时性的灯光艺术项目需求进行梳理，针对各类夜间公众活动提出了因地制宜、差异化的建设指引，以期通过以人为本的“按需照明”建设，让城市照明真正服务于民，成为一项可持续发展的民生工程。

在《深圳市城市照明专项规划（2021—2035）》的指导下，深圳将城市照明的建设重点，由城市道路及高层楼宇转向城市公园、广场、绿道、滨水步道、观景平台等公共空间；由新建城市灯光表演空间转为优化、调整既有灯光演绎空间，通过光污染整治，降低灯光对周边办公、生活的不利影响，通过引入优秀的内容设计激发空间的艺术价值、商业价值；由常态化的大规模景观照明提升建设，转向小而美的城市公共艺术照明建设。目前，在该规划的指引下，“深圳光影艺术季”已成功举办两届，大量国内外优秀光影艺术作品的引入，丰富了公众的艺术文化生活，同时也使城市夜景观更加多姿多彩。

## 六、系统化的智慧照明建设

智慧照明系统的建设，是实现城市照明智慧管理和运维的重要依托，应全面覆盖城市的功能照明及景观照明。目前，许多城市将智慧照明建设简单理解为多功能智能杆建设，未将景观照明纳入统一管控，无法满足城市分模式夜景照明调控的需求，也无法通过系统性调节，助力城市光污染整治和整体效果更新升级。《深圳市城市照明专项规划（2021—2035）》（以下简称《规划》）结合深圳市城市照明管理实际，对深圳的智慧照明系统、功能照明的智慧化、景观照明的智慧化建设做出了全面指引，要求进行市、区两级智慧照明系统建设，并要求智慧照明系统需实现城市照明的经纬时控、分时调控、城市媒体立面的联动控制、故障检测、主动报警、运行数据统计分析、能耗监测、维护任务调度以及资产管理等功能，以确保为城市功能照明、景观照明的智能节能控制做好充分的系统准备。该《规划》发布实施后，深圳各区及各重点片区也结合自身条件及管理实际，积极探索片区的智慧照明建设路径。其中，留仙洞新兴产业总部基地结合片区特征属性，在落实该规划提出的智慧照明建设一般要求的基础上，以智慧街道建设为抓手，对片区街道的智慧照明建设进行了全方位创新性指引，包括针对各街道的多功能杆建设及互动照明设施指引。一方面，通过指导多功能杆建设，在确保基地安全舒适的功能照明的同时，提升片区的智慧城市服务能力；另一方面，通过指引常态化及临时性的互动照明设施，为基地提供具有科技感、未来感与互动性的智慧城市景观，塑造独具特色的新兴产业基地夜景品牌。

## 七、暗夜保护与暗夜经济发展

暗夜保护是实现城市夜间光环境修复，为动物、植物提供更加安全、舒适的生活、生长、迁徙环境的重要途径；是合理控制对天空的人工逸散光，确保我国天文观测及摄影工作的重要手段；也是避免城市照明过度建设，引导公众低碳夜间活动，助力城市节能降碳的有效途径。《城市照明建设规划标准》CJJ/T 307—2019 要求城市照明总体设计应按照“暗夜保护区、限制建设区、适度建设区、优先建设区”进行城市照明分区，其中，对于暗夜保护区，应对人工照明提出严格限制要求，保持城市暗天空。

深圳具有独特的山海城市格局，其部分生态型空间临近繁华的商业和办公区，是城市居民夜间休闲、健身活动的重要城市公共空间，传统的暗夜保护管控措施如关闭照明设施等，无法满足该类城市空间的夜间活动需求，不利于夜间经济发展。《深圳市城市照明专项规划（2021—2035）》结合现场调研情况、《城市照明建设规划标准》CJJ/T 307—2019 及《深圳市基本生态控制线管理规定》的相关要求，综合考虑生态型空间的夜景价值、夜间公众活动需求以及生态保护需求等，划定了深圳暗夜保护一类控制区（夜景价值低、夜间公众活动需求低的生态敏感区）及二类控制区（夜景价值高、夜间公众活动需求高的生态敏感区）的管控范围，并结合国内外暗夜保护相关研究及标准，提出了差异化的照明建设、管理要求，以期在夜间公众活动与城市生态保护需求间取得平衡，确保相关规划要求具备可实施性。为更好地控

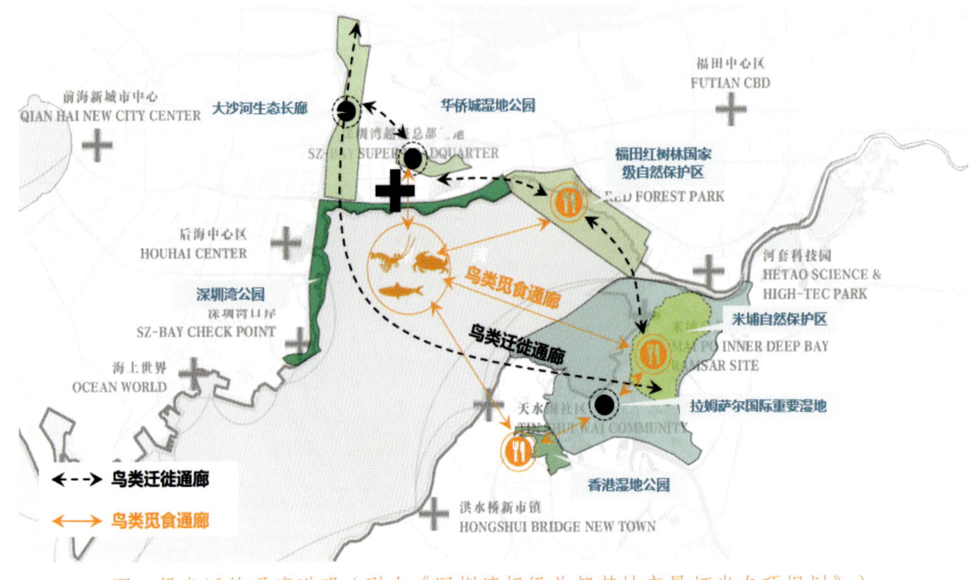

图1 候鸟迁徙通廊说明（引自《深圳湾超级总部基地夜景灯光专项规划》）

制一类及二类控制区的光污染，该规划借鉴国际先进城市照明管理经验，将生态敏感区周边的非生态型城市空间一并纳入暗夜保护的照明管控区，要求其城市照明建设在满足地块本身的照明建设要求及相关指标基础上，结合周边生态敏感区的生态保护要求，合理确定城市照明手法及启闭时间。建成后若对周边生态敏感区产生光干扰，致使生态敏感区内的光环境指标突破相关国家、地方标准，则应配合暗夜保护相关工作，进行照明调试和改造。通过“事前防控”与“事后调控”相结合的创新管理模式指引，确保深圳的暗夜保护工作落到实处。

## （一）内光外透与候鸟保护

深圳湾超级总部基地周边生态环境极为特殊。临近《拉姆萨尔公约》确定的米埔及后海湾内湾保护区，与北侧华侨城湿地公园、西侧大沙河生态长廊共同构成候鸟迁徙、觅食、越冬的驿站和通廊。为避免不合理的人工光扰乱候鸟的迁徙磁定向能力，避免鸟类在夜间撞击建筑物，开展了《深圳湾超级总部基地夜景灯光专项规划》，以科学的城市照明详细规划，引导基地内的城市照明建设，协调深超总高强度开发与候鸟通廊保护的冲突。作为落实《深圳市城市照明专项规划（2021—2035）》候鸟保护要求的首例城市照明详细规划，其推行低亮度设计，实施分季节、差异化的照明管控，执行严格的光污染控制要求，全面禁止建筑媒体立面建设。其中，为确保候鸟季期间片区在关闭大量景观照明设施后，仍能保持良好的总部基地夜景形象效果，该《规划》要求将“内透光”作为夜景营造的核心方式，景观照明设计与建筑幕墙、室内设计充分结合，通过“功能性内透”“控制性内透”和“景观性内透”，实现低能耗、易维护、高品质的内透光照明。在该《规划》的指导下，片区内已经完成设计的照明项目已有8个方案进行了优化、调整，并结合候鸟保护需求，进行了专门的候鸟季灯光效果设计。基地内尚未开展设计的照明项目，也已将规划管控要点纳入照明设计任务书，确保了照明规划理念的有效传递。

## （二）暗夜社区与暗夜经济

2016年发布的《世界人工夜空亮度图集》表明，全球已有约83%的人口生活在光污染的天空下，世界上已有超过2/3的人无法看到夜空银河[6]。星空作为全人类的公共资源，正在逐渐成为“濒危遗产”[7-8]。城市星空修复工作，需要政府、公众、企业以及相关专业厂商、机构等的多方参与，是集科普教育、行为引导、产品研发、建设审批、整治提升等于一体的系统性工作。为就系统性的星空修复工作进行先

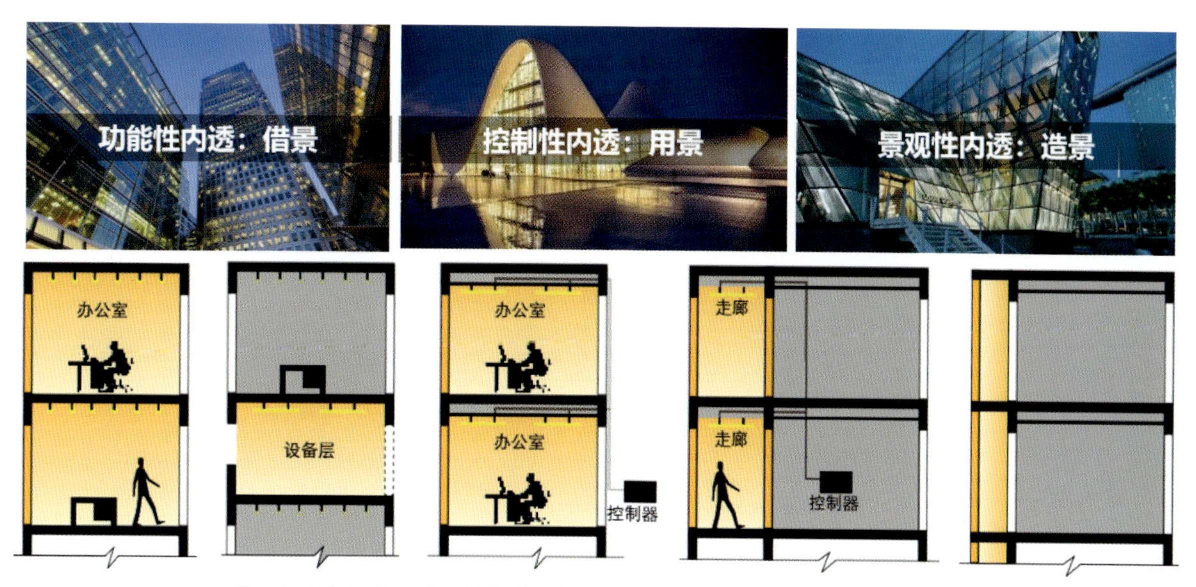


图2 内透光相关说明（引自《深圳湾超级总部基地夜景灯光专项规划》）

行示范，《深圳市城市照明专项规划（2021—2035）》结合公众咨询意见、部门访谈意见，兼顾天文观测需求、自然环境条件、旅游发展要求等，制定了大鹏星空公园建设计划，首次将暗夜保护示范区纳入城市照明总体结构，提出了西涌国际暗夜社区申报建议，并创新性地提出了暗夜经济发展新模式。

《深圳市城市照明专项规划（2021—2035）》以大鹏新区全域为规划研究范围，就城市照明光污染防治、“星空保护”主题活动组织等进行了重点指引，以期通过全方位的光污染整治，为我国各地天文台周边区域，以及旅游度假景区的光污染整治工作做出标杆示范，引领我国同类型区域的暗夜修复工作。该《规划》参照国际暗夜社区保护相关标准，结合区域星空资源条件和城市发展建设需求，以深圳市天文台所在区域为核心，在西涌社区范围，创建我国首例国际暗夜社区。借助西涌暗夜社区申报的契机，推动片区相关管理办法制定，优化片区城市照明建设管理体制和机制。加强防治光污染概念的普及，助力暗夜保护理念宣贯，让更多的市民、企业与机构加入其中。扩大深圳大鹏半岛的国内外知名度，实现对该区域秋冬季旅游淡季的游客引流，强化片区旅游品牌的差异性，助力当地全季节、全时段旅游经济发展；建立深圳与国际暗夜保护组织和研究机构的交流与合作，助力深圳乃至我国的光污染整治与暗夜保护工作与国际标准接轨。

在传统观念中，暗夜保护等同于“禁建”与“关灯”，是城市发展建设，特别是夜间经济发展的对立面。现实中，许多城市为发展夜间经济，盲目追求城市照明建设规模，以亮为美，造成了严重的光污染和能源浪费，已对我国生态保护、天文观测等造成了严重影响。为扭转“暗夜保护”等同于“限制城市经济发展”的错误观念，《深圳市城市照明专项规划（2021—2035）》首次提出了“暗夜经济”发展建设新模式，区别起源于商业街区的“亮夜经济”发展建设模式，“暗夜经济”是一种更加适用于城市生态旅游区、天文台及其周边区域的新型夜间经济发展模式，通过科学的照明规划、高品质的城市照明建设、有效的光污染防治、适宜的灯具产品选型、智慧的城市照明运营，以低亮度、高品质的照明建设，引导低碳绿色、生态友好的夜间公众活动；修复所在区域星空观测环境，以星空资源带动当地文旅项目发展及品牌建设；营造城市暗夜环境，降低人工光对动植物生长及生活的不利影响，进而实现对该区域夜间生态保护及生态修护，为相关科研、科普、文旅项目提供更加优质的自然资源。

暗夜社区的实施过程非常复杂，涉及照明

图3 大鹏星空公园夜景——星空（深圳市天文台李德铼摄）

图4 大鹏星空公园夜景——萤火（1）（深圳市天文台李德铼摄）

图5 大鹏星空公园夜景——萤火（2）（深圳市天文台李德铼摄）

政策的制定和颁布、现状照明设施的整改，保护暗天空、防治光污染理念的宣传，相关科普与文旅活动组织，更涉及对传统建设意识的改变和建设模式的调整，需要持续投入，以及各级政府、社会力量的整合，对于任何国家及地区而言都并非易事，考虑到具体实施工作的难度，其他国家往往选择城市建设规模较小、人口较少、照明建设相对简单的区域开展相关工作，取得了一定成效，也对暗夜保护工作起到了较好的宣传科普作用，但是对于建设强度相对较高的城市片区尚无先例。此次深圳确定的国际暗夜社区申报选址——大鹏西涌片区，是集居住、商业、旅游、天文观测等功能为一体的复合型城市空间，暗夜保护必须兼顾当地社会经济发展，尤其是夜间经济发展。将对未来更多城市旅游区、城市人口相对密集区的暗夜保护工作起到良好的示范，也将引领国际暗夜保护工作逐渐由郊野走向城市建设区。西涌国际暗夜社区的创建是国内首例，是将发展与保护相结合的极具价值的创新实践。

在《深圳市城市照明专项规划（2021—2035）》的指导下，大鹏新区启动了《“星空公园”前期规划研究》的编制工作。目前，已完成大鹏新区全域的城市照明现状调研。通过光环境影响评价，明确了区域内及周边的主要光污染来源，为下阶段制定大鹏新区的照明管控要求提供了扎实的研究基础。为推动西涌国际暗夜社区申报工作的有序开展,结合区域管理实际,协助相关政府部门,编制完成了《西涌暗夜社区光环境管理办法》,为后续整改和建设工作提供了依据。根据国际暗夜社区申报要求,目前,西涌社区已在《“星空公园”前期规划研究》指导下,完成了辖区内234盏市政道路路灯、369盏村内道路路灯、8处户外招牌的整改,永久关闭天文路路灯71盏,完成了拟进行照明启闭时间调整的195处广告招牌的识别工作。西涌社区的光污染整治及国际暗夜社区申报工作在多方的协作努力下有序进行。如今,在西涌社区已经出现仰头可以观星空,低头可以赏萤火的独特城市夜景,对当地的旅游经济产生了积极的带动作用。未来伴随更多公众、研究机构及企业参与,西涌国际暗夜社区的创建工作将成为深圳低碳可持续发展的又一创新实践案例,将为深圳在生态宜居城市建设和国际影响力提升做出积极贡献。

## 八、结语

城市照明已不仅仅是提供城市功能照明、丰富城市夜景观的基础设施,其在城市夜经济、夜文化、夜生活、夜生态、智慧城市服务中承担的角色日益丰富。在我国“双碳”战略的发展背景下,其作为城市节能降碳的重点领域,城市管理者应更加重视城市照明的顶层设计,以城市照明规划为龙头,统筹协调,合理控制城市照明的建设区域、强度和模式,推进城市照明的精细化、多元化、智慧化和绿色低碳发展,实现真正意义上的系统性节能降碳。“双碳”战略下的城市照明不应仅仅将节能作为唯一目标,更应关注低碳夜间公众活动引导,并将其视作我国开展城市夜间光环境修复工作的重要契机。习近平总书记曾说“规划先行,是既要金山银山,又要绿水青山的前提,也是让绿水青山变成金山银山的顶层设计”,相信未来通过更多科学的城市照明规划,以暗夜保护为代表的夜间光环境修复在创造生态价值、健康价值的同时,可以为我国的夜经济、夜文化发展做出积极贡献,引导更加健康积极的夜间公众活动,营造出更加可持续低碳发展的多元城市夜景。

### 参考文献

[1] 住房和城乡建设部.城市照明建设规划标准:CJJ/T 307—2019 [S].北京:中国建筑出版传媒有限公司,2019.
[2] The International Dark-Sky Association. Human Health [EB/OL]. https://www.darksky.org/light-pollution/human-health/.
[3] 陶隽.光污染对光学天文观测的影响[C]//.中国长三角照明科技论坛论文集,2004:337-339.
[4] The International Dark-Sky Association. Light Pollution Effects on Wildlife and Ecosystems[EB/OL]. https://www.darksky.org/light-pollution/wildlife/.
[5] The International Dark-Sky Association.Light Pollution Wastes Energy and Money[EB/OL]. https://www.darksky.org/light-pollution/energy-waste/.
[6] Falchi F,Cinzano P,Duriscoe D,et al. The new world atlas of artificial night sky brightness[J]. Science Advances,2016,2(6):e1600377.
[7] Marín C,Wainscoat R,Fayos-Solá E.‘Windows to the universe’:Starlight,dark-sky areas and observatory sites[A]// Heritage Sites of Astronomy and Archeoastronomy in the Context of the World Heritage Convention[C]. Paris:ICOMOS,2010:238-245.
[8] Sovick J. Toward an appreciation of the dark night sky[J]. The George Wright Forum,2001,18(4):15-19.

# 基于城市设计和公共艺术的灯光环境研究

李振[1]，吴春海[1]，刘磊[2]
（1.深圳市灯光环境管理中心；2.深圳市城市规划设计研究院）

**摘要：** 以城市设计、公共艺术与灯光环境为切入点，对深圳部分公共空间的城市设计、公共艺术、灯光环境的现场特征进行调研，总结了2018—2020年市民中心灯光表演和2020—2021年光影艺术活动情况，分析了灯光环境与城市设计、公共艺术之间的联系，提出了正确认知光环境系统在城市中所起到的作用及意义，细分其在城市综合场景中的不同层级需求，探讨解决我们在规划、设计及运营城市光环境体系中所遇到部分问题的方法，形成具有针对性的运营策略。

**关键词：** 城市设计；公共艺术；灯光环境

# The Research of Luminous Environment Based on Urban Design and Public Art

Li Zhen[1], Wu Chunhai[1], Liu Lei[2]
(1.Shenzhen Light Environment Management Center ; 2.Urban Planning & Design Institute of Shenzhen)

**Abstract:** Taking urban design, public art and lighting environment as the starting point, this paper investigates the on-site characteristics of urban design, public art and lighting environment of some public spaces in Shenzhen, summarizes the lighting show performance of the citizen center in 2018—2020 and the lightting show and Shenzhen Glow in 2020—2021, analyzes the relationship between the lighting environment and urban design and public art, It is proposed to positively confirm the role and significance of the light environment system in the city, subdivide its needs at different levels in the urban comprehensive scene, explore the methods to solve some problems we encounter in the planning, design and operation of the urban light environment system, and form targeted operational strategies.

**Keywords:** Urban design; Public art; Light environment

# 一、引言

改革开放四十多年来，随着经济和社会快速发展，城市建设持续扩张，深圳城市化进程不断加快，灯光环境作为城市夜间生活的重要组成,在提升城市环境品质方面显得尤为重要，已然成为城市核心竞争力的无形资产。在城市现代化建设和发展的过程中，城市设计作为对城市整体环境的一种系统设计，已被许多城市管理者所认同。同时，公共艺术对城市公共空间的提升活化作用，也在不少城市得到成功应用。然而，近年来城市设计、公共艺术与灯光环境的同质化现象越来越突出，如何通过城市设计、公共艺术凸显城市灯光环境特色值得城市管理者们思考和探索，以城市设计和公共艺术视角营造安全、舒适、优美的灯光环境日益成为现代化大都市建设者和管理者的重要课题。

# 二、灯光环境与城市设计的关系

## （一）城市灯光环境分级策略

主要由人工光营造出来的空间体系可称为灯光环境，在不可运用自然光的条件下，灯光环境状况主导了人的行为模式。城市灯光环境需要满足人对视觉、生理、心理、美学、社会等方面的光照要求，可对其安全、效率的需求程度实施分级策略。城市的聚集性及高效性特征决定了它需要有一套安全、高效、有秩序的功能照明系统来匹配其运营需求，可持续的城市照明除了安全保障及效率追求外，对于城市活力、情感归属的需求越加显著，而且越是高层级的交往活动，对于活动空间的品质需求越高。需求层级最高的“事件型”灯光艺术可以通过装置、音乐、影像、表演等其他艺术形式来呈现[1]，但最终需要表达的是对城市灯光环境管理的不同理念、态度及相关问题所引发的思考。因此，事件型灯光所关注的内核是公共艺术的表达和城市文化的传播，其外延是整个事件的策划与运营。

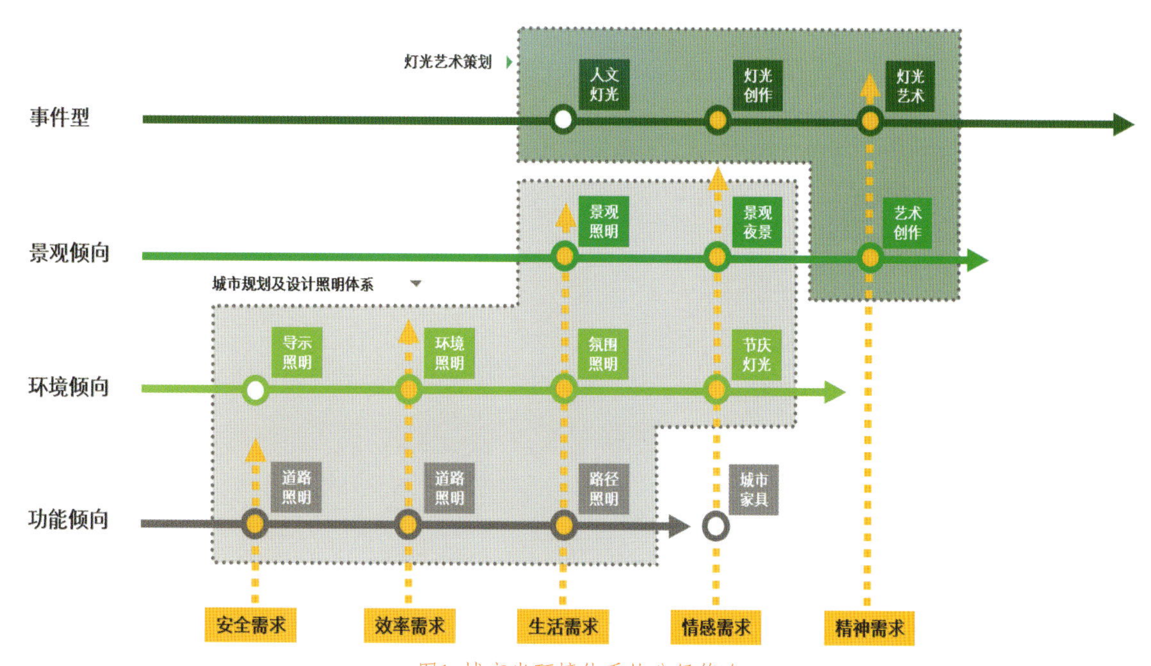


图1 城市光环境体系的分级策略

### （二）城市设计的定义

《中国大百科全书》："对城市体形环境所进行的设计。一般是指在城市总体规划指导下，为近期开发地段的建设项目而进行的详细规划和具体设计。城市设计的任务是为人们各种活动创造出具有一定空间形式的物质环境，内容包括各种建筑、市政公用设施、园林绿化等方面，必须综合体现社会、经济、城市功能、审美等各方面的要求，因此也称为综合环境设计。"《大不列颠百科全书》："城市设计是对城市形态所做的各种合理处理和艺术安排。"。这些论述表明，城市设计从根本上说是对城市环境进行设计，使城市形态优美，为市民创造一个安全、优美、舒适、有序的生活环境，使城市环境能够向一种理想状态发展。

### （三）灯光环境是城市设计的重要内容

对于规划设计领域的专业技术人员来说，城市设计是耳熟能详的事情。近年来，城市设计的话题重新进入视线焦点，有人认为源于城市管理者对城市规划的重视，也有人归因于城市泛滥奇怪的建筑。城市设计是一个参与方非常多的设计活动，然而长期忽略了灯光环境方面的参与者。城市设计独特而富有创造性，既不同于建筑设计，也不同于景观设计，这要求城市设计师具有与建筑师同样的空间感悟能力，具有城市规划师那样的规划与决策能力，也要具有对人与灯光环境的敏锐观察力。随着城市化的发展和大众生活品质的提高，仅通过白天的城市设计创造的生活环境显然不能满足当代市民的需要。实际上，城市设计往往是在特定条件下的"二次定单设计"[2]，而灯光环境在这种"间接设计"中作用愈发重要。

### （四）城市设计是营造灯光环境的重要手段

城市总体规划的制定、完善、执行是一套严肃的程序，它是涉及公共利益的科学型工作。城市设计必须在城市规划的指导下完成，而灯光环境的营造也同样需要遵循和依据照明专项规划。《深圳市城市照明专项规划（2021—2035）》是《深圳市城市总体规划（2016—2035）》的一部分，它包含了城市照明总体规划、功能照明规划、夜间公众活动规划、景观照明规划、绿色照明规划、智慧照明规划、照明供配电规划、分期建设计划、实施管理保障等内容。城市设计的相关理论、方法可以为灯光环境营造提供可行性和必要性的支撑，从单纯的夜晚景观表达扩大到城市空间、人居环境、城市活力等多个维度的综合考量。通过城市设计和灯光环境的营造可以落实城市规划，城市设计是灯光环境营造的重要手段，二者联系紧密。

## 三、公共艺术在灯光环境中的运用

### (一) 公共艺术与光影艺术

1. 公共艺术的概念

公共艺术的中文名称来自英文 Public Art，它强调公众参与，所以有时也被译为"公众艺术"。公共艺术在20世纪之前，创作形式几乎都是用雕塑来表现[3]，而其作为当代艺术文化概念出现在20世纪60年代的美国，不同于一般传统概念上的环境雕塑，公共艺术与城市发展有着密切的联系。在经济、文化及科技快速发展的今天，公共艺术的存在不是一种简单的艺术表现形式，不再局限于空间和内容的表达，它涵盖了各种社会现象与社会进阶，形成了一门跨专业的综合学科。

2. 光影艺术是城市公共艺术的良好媒介

城市的发展为公共艺术的产生准备了坚固的根基[4]。本文讨论的公共艺术基于城市公共艺术。城市公共艺术强调"公共"属性，它作为城市公共空间必不可少的一部分[5]，为公众创造了休闲、娱乐的公共空间，与城市户外公共设施和城市景观一起构筑了城市基础设施，城市公

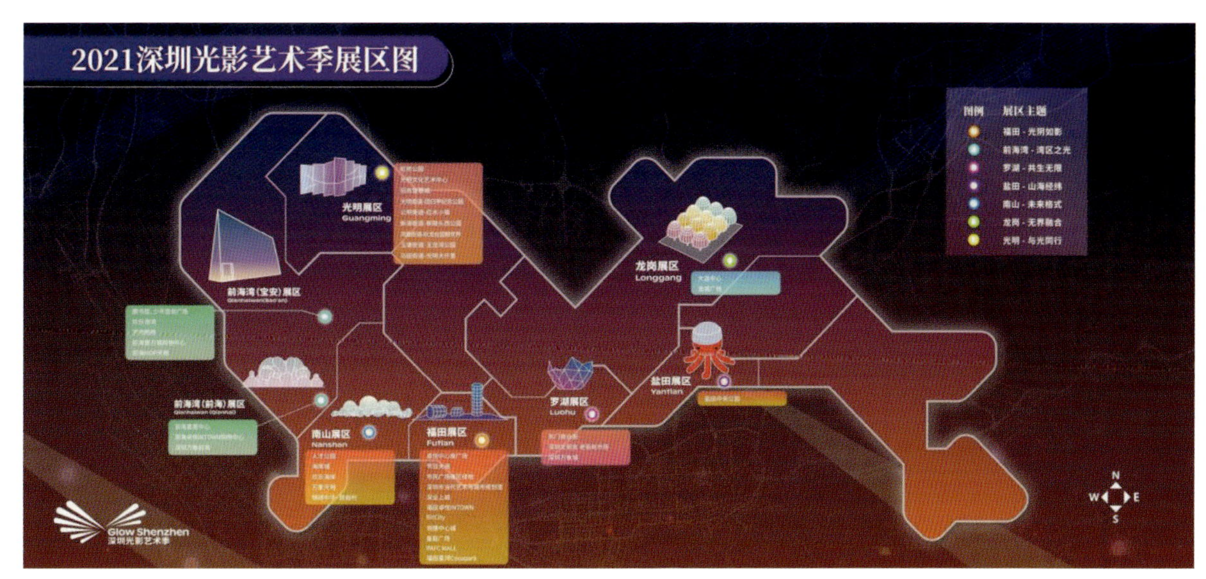


图2 2021深圳光影艺术季展区图

共艺术作为城市文化产物，在一定程度上传承着城市文化历史记忆，并形成了城市形象和城市特色。随着社会科技的进步，公共艺术媒介有了新的变化，声、光、电、机械、网络、投影、无人机等元素可综合运用到公共艺术中，"交互、互动"已经越来越成为公共艺术的重要特征。新技术、新材料的不断使用，公共艺术和光影表达交流融合，光影艺术装置与大型灯光艺术表演拓展了公共艺术的创作边界，使得公共艺术有条件突破空间束缚，带来新的媒介和载体。

### （二）公共空间里的光影艺术

#### 1. 公共艺术与城市嘉年华

从艺术空间到商业空间，从艺术策展到城市嘉年华，深圳光影艺术季覆盖深圳最主要的公共空间和商业空间、私有公共空间[6]。2020首届光影艺术季以"深临其境"为主题，取"身临其境"的谐音，寓意沉浸式体验在公共空间里的光影艺术。艺术季围绕"一轴两翼"空间形态在深圳市五个区范围开展，一轴为福田区，两翼分别为东翼罗湖区＋盐田区，西翼南山区＋宝安区。"中轴"福田会场以"重新链接"为策展主题[7]，在诗书礼乐广场、莲花山公园、福华路及深业上城展出由多组国内外知名艺术团体创作的29件光影及装置艺术作品。为凸显活动的公共性，展览采用非线性的动线设计，各分区保持开放式的展览方式，让市民自由观展、互动、交流，有"深临其境"的沉浸式体验，在后疫情时代下重新建立人与人、人与城市的联系。光影艺术与夜间公共空间有机融合，以特色光影提升城市空间艺术品位，丰富市民夜间文化生活，助力夜间经济发展，打造城市灯光嘉年华。

市民对美好生活的向往是光影艺术季初衷之一。2021深圳光影艺术季，以"光遇未来"为主题，在全城7大展区、41个展点、43个商圈，呈现了来自多个国家及地区的145组共284件光影艺术作品，涵盖光影装置、3D投影、光影雕塑、发光气模、荧光表演、媒体立面、沉浸式空间与水中作品等形式多样的科技艺术作品，以及光影表演、艺术论坛、作品评选、光影欢乐购、寻光摄影赛等多项主题活动。通过创新的艺术表达，让市民感受光影艺术的魅力，同时解锁更多的城市场景，去探索城市空间的全新运营。以润物细无声的方式将美育融入日常夜晚，通过光的凝聚传递着温暖人心的力量。

#### 2. 光影艺术作品互动体验

在诗书礼乐广场展区，由UFO媒体实验室创作的《时空剥落》[8]将建筑、视觉、声音、光影等多种语言结合，呈现多维度的感官体验。被时空分割的建筑体块散布在场域之中，

图3 2021深圳光影艺术季作品《时空剥落》

图4 2021深圳光影艺术季作品《飞艇乐团》

图5 2021深圳光影艺术季作品《五色光亭》

图6 2021深圳光影艺术季作品《无界·如鱼得水》

它们被时间浸染，留下斑驳的痕迹。层层剥落后，露出隐藏在内部的多维时空。嵌入表皮之下的多维时空，等待着接受与破解与人的链接。

在万象前海，澳大利亚知名光影团队ENESS带来的作品《飞艇乐团》，如同一群外太空来客，它们形状各异，由多个具有较强透光性的充气装置组合而成，整个装置最特别的地方在于乐团能根据感知到的游客的动作和声音，反馈出相应的颜色与音效。

在大运中心，《五色光亭》与周围景观草地通过木质地台相连接，点亮后则成为城市晚间绝佳公共活动空间。光亭为公众提供光影和自然的交互体验、休息和静心放松的聚会场所，也是小型活动的天然空间。作品呈现一种关于我们如何感知现实与自然的无限、多面的联系，不仅仅是用眼睛，而是用身体和心灵来体验自然之魂。在社交媒体蚕食城市生活的今天，虚拟的空间以碎片化的信息使人们封闭在自己的房间，那些连接我们，聚拢我们的东西在渐渐消解。光亭以人类和大自然的关系作为切入点，提供“近景社交”空间，试图重新弥合、审视、思考和探索我们共同的未来。

3. 光影艺术创意赋能公共空间

知名灯光设计师杜健翔的金奖作品《无界·如鱼得水》以贝壳和鱼缸为灵感，以新一代视频玻璃、不同色彩构成万花镜，在一动一静画面中变幻出奇幻海景，与深圳人才公园环境空间完美融合，也让市民们在互动中找回童年快乐[9]。

万象天地作品《趣浪》由法国Collectif Scale艺术团队创作，灵感来源于阿尔卑斯山脉，灯光随琴声变换，艺趣环绕，游逛其间，犹如穿越到法国街头。城市管理者希望通过举办光影艺术季，从深圳特有的城市人文出发，一以贯之地传递深圳包容开放、年轻活力的文化内核。在可见的未来，以光影艺术季为代表的新型城市公共空间光影艺术形式，正在重新打开它们与人、城市、文化的连接方式，成为生活在这座城市中的人们重要精神涵养地。

4. 促进夜间经济发展

随着公共空间和公共服务消费逐渐成为创造城市活力的新场景，城市品质已成为全民与全社会关注的焦点。这些公共空间的创意运营活动不断制造城市热点，巧妙展现艺术调性，将城市中的空间景观、建筑、商业业态和活动运营尽可能融合，呈现出多层次的商业价值。正是以“每个人都是城市发光体”的核心理念，以开放、包容、年轻、活力的文化内核，通过艺术与科技联袂夜间经济创新。2020 首届光影艺术季期间相关商圈夜间客流量和销售额均有显著提升，如深圳万象城灯饰出街期间，客流同比增长 118%；欢乐海岸销售额同比增长 31.52%；壹海城 one mall 夜间经济收益同比增长 35%；福田节日大道周边商业客流量数据同比增长 72%；深业上城客流量同比增长 166%，达到开业以来最高峰。在 2021 光影艺术季期间，参与商圈的夜间人流和消费数据同样亮眼：卓悦中心人流量同比增长 25%，环比增长 7%，营业额同比增长 64%，环比增长 14%；万象天地人流量同比增长 136%，环比增长 35%，营业额达到 8 亿元，同比增长 106%，环比增长 25%；万象前海作为新开业商圈，人流量环比增长 28%，营业额环比增长 30%。综上可见，光影艺术活动、艺术作品质量与商圈客流、营业额正相关，对夜间经济有明显促进作用。

## （三）以光为媒引发公共领域

学术界关于城市公共空间的成果基本以白天环境作为默认条件，城市空间在夜间模式使用的研究以及夜间行为活动相对薄弱，2016 年以后，随着照明产业和技术的高速发展，具有独立特征的夜晚公共空间模式逐渐形成，城市灯光表演更加强化了其公共属性。

1. 项目背景

2018 年深圳市在福田中心区东至彩田路，西至新洲路，北至红荔路、南至滨河大道的围合区域实施了景观照明提升工程，福田中心区具备了灯光表演条件，并于当年 9 月 28 日完成灯光表演调试联动，正式对外开放。福田中心区灯光表演主要目的是提升深圳城市环境品质、提升城市竞争力、建设宜居宜业城市、建设美丽深圳，丰富市民夜间文化生活，使市民和游客具有幸福感和获得感，客观上也起了凝聚民心和提升市民归属感的作用，深受市民喜欢。

2. 技术运用

系统集成了 LED 照明、音响、视频剪辑、通信传输、激光、服务器等 14 个子系统，控制参与联动灯光表演的 43 处高层建筑，以及在楼宇外立面安装的约 118 万个 LED 点光源。福田中心区的空间格局和建筑为双维度空间，这是跟其他城市相比完全不同的。该项目灯光设计具有以下创新亮点：一是具有 270° 环幕视觉效果带来动态式、包围式、沉浸式的视觉体验；二是约 600m 高平安金融中心与群楼形成光影二维空间，发挥了平安的指挥棒和引领作用；三是采用“大小点光源组合”技术，大功率点光源达到高亮爆闪效果，丰富小功率点光源表现画面的层次；四是使用大功率激光灯，实现莲花山顶广场与平安金融中心之间 2km 灯光互联互动。

3. 体现城市特色

市民中心灯光表演是具有超强传播力的城市公共艺术平台，制作播放了三个版本：《辉煌新时代》《活力都市》《城市交互》。《辉煌新时代》灯光表演突出“改革开放”的主题、内涵和深远意义，共分为序曲和四个篇章：序曲部分，楼宇群整体呈现红色背景，出现“我爱你中国”的字样，伴以童声歌唱和旋律，配合飘扬的红旗，诉说对祖国的深情祝福；序曲结束后，紧接着是四个篇章：包括“山海之城、改革之窗、创新之都、和谐之境”，突出展示了深圳特区改革开放以来取得的巨大变化和成

图7 灯光表演《活力都市》版本

图8 灯光表演《城市交互》版本

就。表演最后呈现“来了就是深圳人”“深圳欢迎您”等字样，展示了深圳这座城市的海纳百川、兼收并蓄，体现了深圳开放、包容的城市精神和文化特质。

《活力都市》主题灯光表演突出时尚、活力、创新主题，由国际知名艺术家原创设计，包括序曲和“律动”“趣绘”“幻影”“织梦”四个篇章。其中，第一篇章由来自澳大利亚华人艺术家，并担任本次灯光表演内容设计制作的总导演沈少民创作；第二篇章由以活泼幽默的内容和鲜艳的色彩而闻名的澳大利亚著名公共空间艺术家 Mulga（穆拉加）创作；第三篇章由为迪拜哈利法塔提供灯光秀技术支持的 SACO 公司艺术总监 Beau McClellan（博·麦克莱伦），以及由其创建的 BYBEAU（百博）国际艺术工作室创作；第四篇章由多次参与悉尼灯光节，并将传统的菱形图案、手绘符号和重复图案相融合，从而颠覆原住民身份的浪漫主义意识形态的跨界艺术家 Reko Rennie（雷科·伦尼）创作。序曲部分，热烈的红、纯净的白、梦幻的蓝，透过蒙德里安的律动和跳跃，生成艺术交响，演绎城市变奏，凸显城市活力。四个篇章通过飞驰的汽车、交织的道路、多彩的铅笔、随意的涂鸦、黑白的变换、时尚的色块、独特的线条，呈现了深圳之美，绘画了城市趣味，以及在深圳奋斗和对未来的期望。本版灯光表演是国内首次由多位国际艺术名家参与内容创作的高水平尝试，吸引了全世界的艺术家和热爱艺术的人士关注深圳，具有提升深圳城市文化内涵、精神价值和美学意义。

2019 深港城市建筑双城双年展（简称“深双”）于 2019 年 12 月 21 日开幕，福田中心区灯光表演创作了与“深双”相同主题的《城市交互》版本，作为“深双”特别单元上演。本版灯光表演在全国率先以公开竞赛的方式面向全球招募，共有 35 件艺术家及艺术团队参赛，经评审最后由来自中国、美国和波兰的 4 组艺术家联合呈现，包括四个单元：迈向未知（Dariusz Makaruk）、超越链接（Vstudio）、量子波动（Simon Alexander-Adams）、多维采样。这不只是一场声光电的技术秀，而是以“城市策展”的方式，引入当前国内外最活跃的新媒体艺术家，通过 AI 算法结合全新的视觉艺术的表达，在深圳的夜空呈现他们的最新创作，充分体现了艺术和城市的交互，科技与艺术的交互，更是城市的今天与未来的交互。中国工程院院士、2019“深双”总策展人孟建民认为，深圳作为创意之都、设计之都，有新媒体艺术发展的良好土壤，不仅在灯光表演的“表演”上实践和探索，还非常关注如何从城市灯光策划的角度关注城市设计和城市的人文价值，既展现了深圳的城市包容性和创新引领性，也体现灯光美学和建筑空间的相互关系。

4. 社会文化价值

灯光表演激活了一度冷冷清清的市民中心广场，让市民中心留在市民的心中，把市民广场变成市民的广场[10]，同时得到国内同行的充分肯定和一致认可。首秀在 2018 年 9 月 28 日晚上举行，当晚中央电视台《东方时空》栏目进行了全程直播，迅速成为全国乃至全球瞩目的焦点，深圳市民、国内外游客热情高涨，持续火爆、场面震撼。从 9 月 28 日至 12 月 27 日晚，共表演了 210 场次，现场人流量累计达 190 万人次。其中，国庆 7 天约 86.4 万人次，日均约 12.34 万人次（10 月 1 日当晚，达到峰值 21.8 万人次）。截至 2020 年疫情以前，表演播放已超过 500 场，观众超过 325 万人次，在全国范围内具有较大影响力。福田中心区灯光表演作为一张深圳的夜间名片，一定程度上推动了夜间旅游经济的发展，自从开始有灯光表演后，夜间前往中心区的游客明显增加，对拉动消费起到了积极的作用。自新型冠状肺炎疫情防控原因停播后，市民广场又恢复到之前的冷清状态。

## 四、基于城市设计的灯光环境设计原则

### （一）规划引领，对标国际一流

通过建立科学、完善的多层级城市照明规划体系，对城市照明的建设方向进行判别，对城市照明建设的重点区域进行识别，对各类照明要素的设计进行指引，对城市照明建设的时序进行部署。城市照明设计、实施、运营及维护应严格执行各级规划提出的相关控制要求，按照建设计划，有序推进相关建设工作。以国际化视野引领高质量发展，以纽约、东京、新加坡、中国香港等国际先进城市为标杆，聚焦品质质量，打造国际一流的灯光艺术和城市夜景品牌。

### （二）深度挖掘深圳独有的文化基因

在深圳科技、创新及市井文化的基础上，通过科学、合理的城市照明建设及夜间公众活动组织，塑造独具深圳魅力的城市人文品牌，让城市照明由传统的城市视觉形象展示媒介，逐步发展成为城市内在人文精神风貌展示的重要依托，助力城市人文精神的强化与传播。

### （三）可持续的绿色照明发展理念

通过引入创新的绿色照明技术，进行“适地、适时、适度”的照明建设，充分平衡城市夜间形象展示、公众活动、生态保护和能耗控制需求。针对景观照明的精细化管控、过度照明的全方位

整治等提出一系列举措，将暗夜保护和低碳节能落到实处，实现城市夜间人与自然的和谐共生。

### （四）以人民为中心

在对城市各类空间的功能照明进行全方位提升的基础上，努力践行以人民为中心的发展思想，坚持以人为本，以人的活动需求和体验出发，进行适度的、高品质、高体验性的景观照明提升，为公众提供更加安全、舒适、宜人的城市夜间光环境；注重夜间光污染防治，避免不合理的城市照明建设对市民日常生活、工作、学习和交通出行等产生不利影响。

### （五）技术创新

充分发挥深圳设计之都、创客之都、创新之都的技术创新优势，以前沿科技引领城市照明事业发展。在城市照明建设中积极引入新的艺术理念、设计理念、文化理念以及管理理念，鼓励新技术、新材料、新工艺的运用。在户外电子广告、多功能智能灯杆、智慧城市等领域适度引入人工智能技术及新媒体公共艺术等，寻求跨界创新，进一步完善多层级的照明管控平台，以科技助力，优化城市照明管理。

## 五、基于公共艺术的灯光环境营造策略

### （一）举办光影公共艺术活动，打造科技之光、艺术之光

每年举办深圳光影艺术季活动，持续打造光影艺术品牌，探索艺术设计和科学技术的融合，探索光影艺术与夜间经济发展新模式。为确保活动的国际性、专业性、学术性和可持续发展，体现市场化、商业化特点，引进全球艺术家资源，结合深圳特色产业和新兴科学技术，以合作模式策划、宣传、执行艺术季活动；引进光影艺术大赛、光影艺术论坛等，以高端、专业赛事活动促进城市基础设施升级；邀请知名策展人、艺术家，在合适的街区、广场、公园、展馆、商圈等开放空间、场所策划实施艺术性、专业性和科技化相结合的活动和作品。

1. 突出深圳特色和地域属性

注重作品的“在地性”，把具有深圳特色的地标建筑纳入策展范围，邀请艺术家进行针对性创作；发挥深圳科技创新的优势，邀请领先的科技企业，以前沿科技为创作手段与艺术家跨界合作，展示带有深圳标签的科技光影艺术作品，突出科技美学、城市美学，用科技点亮艺术之光，让科技艺术的创新之美注入深圳城市精神。

2. 聚焦光影要素，融合声、光、影、电等元素

公共艺术作品以“光影”为主要艺术表达方式，创作和展示具有良好视觉效果和艺术感染力的光影作品，按照艺术场景化的手段在地创作，并充分考虑光影作品白天的美感以及与人、环境、自然的融合，打造具有国际水准及影响力的光影嘉年华。

3. 注重国际性、艺术性

瞄准国际标杆，对标里昂、悉尼、阿姆斯特丹等国际一流灯光艺术节，以国际化视野引领光影艺术，可邀请国内、外知名艺术家担任策展人或专家委员会成员；向全球公开征集艺术作品创意和设计，提高具有国际影响力的艺术家作品数量占比，同时向国际艺术媒体、艺术评测机构投稿参评，不断提升深圳光影艺术季在国际上的影响力；深入探讨、研究光影与文化、艺术、科技、新媒体、建筑、城市空间等领域的有机融合与可持续发展。

4. 探索商业模式，减少财政投入

积极探索举办深圳光影艺术季长效投入、运营和管理机制。例如，市场化运作可通过艺术作品冠名、赞助等方式，邀请企业参与共建；也可

由政府授予其一定范围内广告经营权或通过部分作品门票收入等方式予以投资回报；探索成立光影艺术基金会等模式。通过多渠道引入社会资本支撑光影艺术季的市场化可持续运行和发展，打造光影艺术与夜间文化、生活、休闲、娱乐、购物等多元消费场景，为市民游客的都市夜生活注入新的活力。

## （二）加快推进夜间经济发展，打造深圳“光影艺术之都”

通过提升灯光夜景品质和打造具有深圳特色的灯光艺术品牌，营造良好的灯光夜景氛围和全新的夜间消费场景，结合商圈、街区、景区、公共空间特色，将光影艺术融入夜间经济发展全过程，助推夜间经济繁荣和发展，打造“湾区明珠”“光影之都”，充分展示深圳城市魅力、活力和创造力，不断丰富市民夜间生活。

### 1. 提升特色示范街区灯光环境，构建夜间经济发展新地标

以大型商圈、商业街区、购物中心、门户区域、知名文化旅游场所、特色文体娱乐中心和热门美食区域等为基础，通过规划新建和改造提升等方式，实施城市特色街区差异化灯光夜景品牌建设，因地制宜开展街区建筑立面、橱窗广告、灯光夜景、城市家具等一体化提升建设，形成精彩纷呈的主题商圈夜景名片。通过提升特色示范街区灯光环境，构建夜间经济发展新地标，辐射、带动、引领同类街区推动夜间经济发展。

**商业示范街区：**建议考虑福华路“节日大道”、华强北科技时尚街区、罗湖区“金三角”商圈、盐田中心区商圈、南山后海超级商圈、宝安中心区商圈、龙岗中心区商圈、龙华大浪时尚小镇、前海湾区商圈的改造提升。也可根据实际情况，选择具有区域特色的商圈、街区进行灯光环境品质提升。

**门户示范区域：**选择部分车站、码头、机场、综合交通枢纽等门户区域进行景观照明品质提升，结合门户区域特色和功能需求，对门户及周边区域灯光进行统筹规划和设计，量身定制打造各具特色的灯光夜景，服务交通枢纽功能，突出门户区域识别度，促进门户区域夜间经济发展，展现城市新形象。

**城市人文空间：**精心筛选南头古城、甘坑客家小镇、三联水晶玉石村、大芬油画村、大鹏所城等区域灯光夜景提升，充分彰显区域特色、建筑本身和景观形象特征，渲染其独有的历史文化氛围，形成城市级的人文夜景品牌打卡点。

**商圈公共空间：**逐步完善商圈、商业街区周边广场、城市家具、绿道、人行道、人行天桥、地下通道等区域进行功能照明品质提升，同时，用灯饰、投影、装置等手法营造欢乐、繁荣、活力的公共空间，为市民游客夜间出行和消费、娱乐提供便利和良好的环境。

### 2. 营造特色商业活动夜景氛围，增添夜间经济发展新动能

营造具有现代都市繁华和魅力的城市夜景氛围，配合全市开展丰富多彩、形式多样的夜游、夜赏、夜娱、夜购、夜品等特色商业活动，注入夜间经济发展新动能。

**夜游观光类活动：**发挥“海上看湾区”夜间游船旅游项目和“光影主题巴士”夜游项目两个品牌的引领作用，不断优化观光线路和完善提升沿线灯光夜景。“海上看湾区”游船航线可向西延伸，拓展港珠澳大桥航线，“光影主题巴士”夜游项目可结合光影艺术季活动分布点，拓展宝安、前海等区域的新线路。

**主题演艺类活动：**视疫情防控情况适时举办福田中心区、人才公园、宝安海滨广场和前海主题灯光表演，继续优化平日模式表演内容；继续举办锦绣中华自贡灯会、夜间泼水节、“龙凤舞中华”，世界之窗“盛世纪”晚会，欢乐谷国际魔术节，东部华侨城“大梅沙狂欢节”，欢乐海岸“水秀深蓝秘境”，欢乐港湾摩天轮+光影水秀，大鹏所城“灯光艺术节”以及节庆灯会表演等夜间商业表演和活动。

**特色商业类活动：**利用“深圳购物季”“国际啤酒音乐节”“深圳黄金海岸旅游节”“大鹏国际户外嘉年华”等活动的外溢效应，丰富

夜间活动内容，活动期间联动商圈、景区、企业用多种促销方式拉动夜间消费；培育夜间特色美食，弘扬夜间美食文化，引导品牌餐饮企业延长营业时间，做大餐饮市场夜间消费规模。

## 六、结语

城市设计、公共艺术、灯光环境三者的关系，在本文更多侧重讨论以城市设计、公共艺术的理念来营造城市灯光环境，以及城市灯光环境管理在城市设计、公共艺术等领域所需遵循的原则和策略。至于城市设计与公共艺术的相互关系，需要另外的讨论框架，以后另文详述。从城市设计来看灯光环境，需要超越夜晚景观在城市空间、人居环境、城市活力等多个维度进行综合考量;从公共艺术来看灯光环境，在晚上更多表现为城市公共空间的光影艺术。营造安全、舒适、优美的灯光环境，不仅补充了白天城市设计所忽略的夜间内容，也在某种程度上拓宽了公共艺术的表达边界。通过深圳光影艺术季活动以及福田中心区灯光表演个案研究，探索基于城市设计的灯光环境设计原则，分析基于公共艺术的灯光环境营造策略，既是对建筑、艺术、新媒体等领域提出的反思城市灯光环境公共属性的回应，也是灯光环境在城市设计和公共艺术研究中的尝试，以期能为当下深圳灯光环境乃至市容景观的管理、决策提供新的参考。

### 参考文献

[1] 李振，吴春海，许海文，等.基于城市设计思维的光环境系统认知研究[J].中国高新科技，2020（10）：38-40.
[2] 徐苏宁，赵志庆，李罕哲.城市设计与设计城市[J].城市规划，2005（7）：75-78.
[3] 张颖，张新宇.公共艺术视野下以新媒体为媒介的建筑再生——以杭州钱江新城灯光秀为例[J].建筑与文化，2019(4)：206-207.
[4] 翁剑青.城市公共艺术[M].南京：东南大学出版社，2004
[5] 王峰.数字化背景下的城市公共艺术及其交互设计研究[D].无锡：江南大学，2010.
[6] 唐珊，马宝成.私有公共空间管理方法探索——以深圳为例[C]//.规划60年：成就与挑战——2016中国城市规划年会论文集（12规划实施与管理），2016：71-82.
[7] 首届深圳国际光影艺术季开幕，中国"科技之城"寻找艺术表达https：//mp. weixin.qq.com/ s /jMpz 8Q777Ap OhpjxL CWf Dw.
[8] 徐戈，常德军，朱锐.公共艺术创作中的光影语言[J].艺术与设计，2022，1(5)：152-156.
[9] 2021深圳光影艺术季获奖作品公布《无界·如鱼得水》获金奖，http: //www.szns.gov.cn/xxgk/qzfxxgkml/tpxw/content/post_9714155. html.
[10] 吴春海.让市民中心留在市民的心中，把市民广场变成市民的广场.中国照明网https：//www.lightingchina.com.cn/news/58665.html.

# 建设星空公园，发展暗夜经济

## ——以深圳西涌国际暗夜社区规划建设为例

刘雨姗，张冠华，刘越，梁峥
（中国城市规划设计研究院深圳分院）

**摘要：** 目前60%的欧洲人和80%的美国人受到光污染的影响，除去大气污染等原因，全球超过1/3的人群在光污染的影响下无法通过肉眼看到银河系。随着公众对暗夜星空自然价值、历史价值和经济价值认识的提升，如何通过照明控制和主题活动策划，平衡生态保护和暗夜经济发展，成为城市建设工作者关注的重点课题。通过梳理保护暗夜生态环境的重要性和发展星空主题暗夜经济的必要性。解读国际暗夜协会（IDA）提出的暗夜保护地分级和国际暗夜社区申报要求，解读暗夜保护地建设的星空公园对当地生态环境和夜间经济带来的促进作用。以深圳西涌国际暗夜社区建设和申报为例，探讨创建暗夜保护示范区，打造暗夜经济示范区的中国路径。

**关键词：** 光污染；暗夜保护；暗夜经济；暗夜社区；管理办法

# Build Star Park, Develop Dark Sky Economy

## —Taking the Construction of Shenzhen Xichong International Dark sky Community as an Example

Liu Yushan, Zhang Guanhua, Liu Yue, Liang Zheng
(China Academy of Urban Planning & Design Shenzhen)

**Abstract:** At present, more than 60% of Europeans and 80% of Americans are affected by light pollution. Excluding atmospheric pollution and other reasons, more than one-third of the world's population cannot see the Milky Way with the naked eye because of light pollution. With the improvement of public awareness of the natural, historical and economic value of the dark night sky, how to balance ecological protection and dark night economic development through lighting control and theme event planning has become a key topic for urban construction workers. By sorting out the importance of protecting the dark night ecological environment and the necessity of developing the starry sky theme dark night economy. Interpret the classification of dark night protected areas proposed by the International Dark Night Association (IDA), the application requirements for international dark night communities, and the promotion of the star park based on the construction of dark night protected areas on the local ecological environment and nighttime economy. Taking the construction and application of Shenzhen Xichong International Dark Sky Community as an example, this paper discusses the Chinese path of creating a dark night protection demonstration zone and a dark night economic demonstration zone.

**Keywords:** Light pollution; Dark sky protection; Dark night economy; Dark sky community; Management methods

# 一、引言

近年来，伴随城市发展进行的照明建设造成了愈发严重的光污染问题，在坚持人与自然和谐共生，尊重自然、顺应自然、保护自然，推动构建人与自然生命共同体理念的引导下，解决过度的人工照明带来的光污染问题，通过优化照明设计以避免照明影响生态环境，成为国内外照明、生态环境等多学科关注的焦点。

深圳市的城市建设始终坚持规划先行，而强调生态保护是深圳市城市照明规划不变的主题，早在《深圳市城市照明专项规划》（2013—2020）中即提出划分光环境敏感区，将深圳市天文台所在点规划为生态区域，原则上设为暗夜保护区。提出："以自然光为主，除主要活动路径允许设置功能照明外，禁止设置景观照明。控制天文台周边地区的景观灯、路灯、车灯以及海面的渔船作业灯光强度和照明时间，尽量减少人工光影响。禁止设置LED商业广告显示屏，严格控制灯具安装位置和投射角度，以防止光污染。"在2021年8月正式发布的《深圳市城市照明专项规划（2021—2035）》中再次提出："参考城市生态保护红线划定暗夜保护区，依托位于大鹏西涌的深圳天文台，建设'大鹏星空公园'。组织暗夜保护主题活动及集星空观测、摄影，形成集度假旅游、科普教育于一体的特色夜间活动，保护生态环境，发展城市暗夜经济，力争将其建设成为'平衡城市夜间公众活动与生态保护需求'和引领城市新型夜间经济形势发展的先行示范区。"目前，已开展大鹏星空公园核心区——西涌国际暗夜社区的创建工作，通过照明整改，治理社区内照明环境，依托天文台开展星空主题夜间活动，已取得了一定的社会效益和经济效益。

# 二、保护暗夜生态的重要性

自古以来，人类就有丰富的观星活动，在体验穿越千万光年的壮丽美景外，还由此开始将其发展为科学，即现在用来研究宇宙空间天体、宇宙的结构和发展的天文学。但是如今，随着社会经济的蓬勃发展和城市夜间亮化工程的建设，夜空中的溢散光日益增高，一种新型的环境污染即光污染产生了。据统计，目前已经有超过1/3的全球人口以及60%的欧洲人和80%的美国人都在自己的城市已看不到银河，在20世纪50年代到21世纪期间，北美的光照年均增长率为6%，意大利北部地区为10%[1]。光污染不仅给天文学家的工作和天文爱好者带来了巨大的影响，还对人类、鸟类等动植物产生严重危害，因此治理光污染，保护暗夜星空，关注生态环境是目前暗夜保护的主要关注点。了解光污染的成因，关注光污染的治理办法及措施，对形成完善的光污染治理体系至关重要。

## （一）光污染的定义

光污染是一种物理污染，最初由天文学引出，其中包括两方面含义：一是过量的光辐射对人类生活和生产环境造成不良影响的现象；二是影响光学望远镜所能检测到的最暗天体极限的因素之一[2]。目前光污染已经成为"增加速度最快的改变自然环境的问题之一"[3]。

城市光污染主要分为白光污染、人工白昼及彩光污染3个类型。不同污染类型的成因也有所不同，白光污染主要为在日间阳光照射较为强烈时，通过城市中的以玻璃幕墙为主要建筑外墙装饰材料的建筑物所反射到各处的光线所引起的光污染，同时还包括交通电子监控设备的闪光等引起的光污染；人工白昼则为夜幕降临后，城市间各种类型的广告招牌、霓虹灯、弧光灯等夜间强光照明形成的光污染给人眼带来的眩光刺激等不适感；彩光污染主要来源于各类旋转灯、闪光灯、荧光灯，包括公安警车、警亭等迅速变化的彩色光源引起的光污染。

## （二）光污染的危害

如同大气污染、水体污染、土壤污染等环境污染一样，光污染也在严重威胁着人类的健康，破坏生态平衡，威胁生物多样性。光污染分为天文光污染和生态光污染两个类别。由于人造光源形成的光污染使得夜间星空的能见度降低的污染为天文光污染，而将光污染给夜间自然光水平变化所造成的影响称为生态光污染[4]。

### 1. 影响身体健康

光污染主要通过造成视力伤害来损害人的心理和生理健康，人眼会因为日间强烈刺激的光线照射而酸涩红肿，严重时会损害角膜虹膜等，导致视力下降，同时诱发白内障、黄斑眼病等眼部疾病；同时，过量彩色光会干扰大脑中枢神经，使人头晕呕吐，出现失眠等症状[5]。夜间强光会影响人的昼夜节律，直接影响人的睡眠生物钟及睡眠质量，且夜间不恰当的照明也会使人体受损，并与肥胖、糖尿病及女性乳腺癌等疾病存在相关可能性[6]。

### 2. 影响生态环境

过度使用高强度人工光所产生的光污染会对夜空及地区的生物多样性产生影响[7]，尤其影响生物褪黑素的分泌，从而影响大多数生物已经形成的天然昼夜节律，包括啮齿类、鸟类、鱼类等[8,9]，使得在夜间生活的物种无法正常生活，影响其繁殖、迁徙等活动，其中候鸟为典型的光污染高危物种之一，研究发现光污染主要会使候鸟由于对方向的误判而撞击建筑物导致死亡，扰乱其迁徙定向能力和生物节律而威胁其生命安全[10]。

### 3. 影响天文观测

从研究数据来看，对于目测观测者，在有轻微光污染的山区农村可看到的星星大约有2 400个；在城市远郊区大约有800个；而在城市光污染已较为严重的近郊只有250个；在大城市市内只能看到20 ~ 30个[11]，尤其在深圳市区，在夜间抬头所能看到的星星屈指可数，严重影响天文学家和天文爱好者的观测，为了能看到真正的星空，天文学家不得不选址搬迁，在越来越偏远的地方建设天文台。

## （三）生态友好的政策要求

海外的观星爱好者、环保主义者、灯光工程师、文化研究者以及医师等各界人士都对光污染给予了重点关注[2]。中国关于灯光照明等涉及光污染的政策，也随着大众对光污染的重视而开始得到推动。在2021年国务院发布的《2030年前碳达峰行动方案》在“实施节能降碳重点工程”中提出“实施城市节能降碳工程，开展建筑、交通、照明、供热等基础设施节能升级改造，推进先进绿色建筑技术示范应用，推动城市综合能效提升”。这其中提到了对灯光照明的重视并鼓励积极推动绿色降碳产业的发展。

2022年2月颁布的《深圳市大鹏新区国民经济和社会发展第十四个五年规划和二〇三五年远景目标纲要》的关注重点主要为推进城区建设，擦亮生态文明、海洋特色、文旅融合和高端康养等名片，加快建设世界级滨海生态旅游度假区和全球海洋中心城市集中承载区等发展目标，积极推动生态建设，减少生态污染。

2019年8月，国务院印发了《关于支持深圳建设中国特色社会主义先行示范区的意见》，提出深圳成为“高质量发展高地”“法治城市示范”“城市文明典范”“民生幸福标杆”以及“可持续发展先锋”的五大战略定位。“可持续发展先锋”的战略定位提出应“牢固树立和践行绿水青山就是金山银山的理念，打造安全高效的生产空间、舒适宜居的生活空间、碧水蓝天的生态空间，在美丽湾区建设中走在前列，为落实联合国2030年可持续发展议程提供中国经验”。同时，国务院办公厅发布了《关于进一步激发文化和旅游消费潜力的意见》，指出应“发展假日和夜间经济”，强调“大力发展夜间文旅经济。鼓励有条件的旅游景区在保证安全、避免扰民的情况下开展夜间游览服务。”由此可见国家对于绿色建设的持续推动和对暗夜经济发展的鼓励和支持。我们应该在发展暗夜经济的同时合理使用灯光，避免光污染，保护生态环境，共同创造美好生态，还夜空璀璨。

## 二、发展暗夜经济的必要性

### （一）暗夜经济的形式

当前被大众所熟悉的夜经济类型主要为购物类、餐饮类、酒吧类、歌舞类、观演类、休闲类和旅游类这7种类型，“夜经济”也被定义为是一种以购物、餐饮、旅游、休闲娱乐、健身等一种以城市居民和外来游客为消费主体，在夜间进行的消费活动的总称[12]。暗夜经济是夜经济的另一种形式，暗夜活动为促进暗夜经济发展的主要形式，如前往暗夜公园、天文台等场所以欣赏自然星空夜色；去当地天文台参观游览、通过望远镜进行天体观测、游赏受到重点保护的城市夜空；参与业余天文组织所提供的普及教育或观星；参加近几年蓬勃兴起的露营赏月活动等。旨在通过此类活动吸引访客停留，形成消费市场。

此外，可通过旅游产品开发与配套服务提供，促进暗夜经济发展。已有研究表明，在具备条件的暗夜星空目的地，为游客增设配套服务设施或场所，如建立天文观测台、观景广场，便于旅游者的观测活动；在暗夜社区开展家庭住宿项目，可与当地民宿以及露营目的地进行联合，用来体验暗夜星空活动；培训夜空向导，解说暗夜星空知识并传播民族天文故事等[1]。

### （二）暗夜星空的价值

暗夜星空具有自然价值和经济价值，其中自然价值即包含生态旅游价值，在美国颁布的《国家公园管理政策》里指出，夜空是支撑自然和文化资源生态系统的一部分，也是一种可利用、可管理的旅游资源[13]，观星体验不仅可以使游客拥有视觉感官上的审美治愈体验，还促进了人与自然的交流与沟通。暗夜星空公园提供了良好的星空观测环境，是用于科学、自然、教育、文化遗产保护和大众观星的场所，也是动植物等自然生物的休憩地[2]，对维持生态平衡意义重大。暗夜星空的经济价值主要体现在两个方面，一方面是通过“天文旅游”创造经济效益，另一方面是通过控制灯光节约资金[1]。“天文旅游”活动可以拓展为观星活动、星空摄影和主题夜游等旅游活动。暗夜活动可以延长更多访客的驻足时间，从而创造更多的经济效益。

基于美国公园体系中提到的“国家公园的一半是暗夜”的理念[14]，通过开发夜空质量符合IDA组织认证标准的暗夜公园，发展生态旅游，可为当地创造可观的收入，实现保护暗夜星空和带动暗夜经济的良性循环。例如，以旅游业为主要支柱的美国犹他州，依托当地优异的暗夜资源，仅在2016年就有1/3的游客到访经过国际暗夜保护地认证的暗夜公园或星空公园，暗夜活动促进了当地的经济发展、增加了当地的人员就业以及劳动收入。在美国西南部的科罗拉多高原，外地的暗夜星空访客为当地创造3 000多万美元的经济价值和上万份就业机会。非洲等偏远贫困地区利用暗夜星空经济所带来的收益促进了当地发展，改善当地教育、生态、基础设施、生产和其他产业的发展环境和生存质量，消除贫困[1]。暗夜公园作为自然旅游资源，也可为国家公园带来一份稳定可靠的旅游经济收入。暗夜公园及暗夜活动带来的效益，建设星空公园，推动暗夜活动，发展暗夜经济具有十足的可行性和必要性。

# 三、国际暗夜保护实践

## （一）国际暗夜协会及暗夜地计划

早在 1916 年，美国国家管理局在颁布《基本法》时就提出了暗夜保护理念[15]，2011 年美国在此基础上颁布了《行动呼吁》策略（*A Call to Action*），进一步完善了保护暗夜天空的方法论[16]。基于各个环境保护组织及夜空保护组织对暗夜天空重要性的宣传教育，国际上越来越多的国家开始重视对光污染的控制和暗夜天空的保护[17]。

国际暗夜协会（International Dark-Sky Association，IDA）是由天文学家大卫·克劳福德（David Crawford）和业余天文学家提摩西·杭特（Timothy Hunter）于 1988 年组建成立，总部设于美国亚利桑那州，目前已发展为一个国际性的非营利组织。国际暗夜协会是国际上首个发起暗天空保护的非营利组织，也是目前已知的规模最大、组织成员最多的组织，目前有来自 51 个国家约 5 000 名的会员[18]。

2001 年国际暗夜协会发起国际暗夜地计划（International Dark Sky Places conservation program，IDSP），倡导国际上具有良好暗夜条件或追求良好暗夜条件的社区、公园、保护区等组织，通过制定实施合理的照明管理政策以及推行相关科普教育等方式，保护当地暗夜天空，并发展暗夜经济。国际暗夜地计划主要包括 5 种认证类型[19]：

### 1. 城市暗夜区（Urban Night Sky Places，UNSP）

城市暗夜区的设置，是为了鼓励公众去了解什么是满足公众健康需求的照明、什么是对暗夜天空友好的照明。靠近城市的市政公园、社区、开放空间及观测地点等都可申请。

### 2. 国际暗夜社区（International Dark Sky Communities，IDSC）

国际暗夜社区是制定实施高质量户外照明政策、并努力向公众宣传暗天空重要性的城镇或社区。

### 3. 国际暗夜公园（International Dark Sky Parks，IDSP）

国际暗夜公园是暗夜环境受保护的公共自然保护公园或私人公园，公园应拥有卓越的星空和暗夜环境，致力于暗夜教育和暗夜文化遗产保护，能对游客开放并为游客提供良好的户外光环境。

### 4. 国际暗夜保护区（International Dark Sky Reserves，IDSR）

在符合国际暗夜公园要求的基础上，国际暗夜保护区拥有符合国际暗夜协会最低要求的自然暗夜核心区，以及保护核心区的外围区。通过暗夜保护规划，多方合作，长期推进暗夜保护工作。

### 5. 国际暗夜庇护区（International Dark Sky Sanctuaries，IDSS）

在符合国际暗夜公园要求的基础上，国际暗夜庇护区应位于偏远且生态环境极高、附近没有威胁暗夜星空的照明设施的地区，通过设定国际暗夜庇护区提高公众对暗夜保护的认知，促进暗夜天空的长期保护。

## （二）生态友好的照明控制要求

保护暗夜天空条件需避免或降低人工光对夜空的侵扰，并制定实施生态友好的照明控制政策。对于不同类型国际暗夜地的暗夜天空保护，国际暗夜协会提出了一系列照明控制要求。以国际暗夜社区为例，国际暗夜协会对暗夜社区的认证提出照明控制要求见表 1[20]：

表1 国际暗夜协会对暗夜社区认证提出的照明控制要求

| 序号 | 照明控制要求 |
| --- | --- |
| 1 | 国际暗夜社区内，所有初始流明超过1 000的照明设备必须实现全遮蔽（全遮蔽是指经过屏蔽的光源，其水平面上方不发出任何溢散光） |
| 2 | 国际暗夜社区需要限制照明设备短波长的光，灯具的相关色温（CCT）不得超过3 000K；国际暗夜社区内照明的明暗比（S/P）不得超过1.3 |
| 3 | 国际暗夜社区应对非截光照明总量进行限制，例如对每英亩照明界面总流明进行限制，或对非截光灯具的总流明（或等效瓦数）进行限制 |
| 4 | 管理者应提出解决过量照明问题的政策，例如规定能源密度上限、规定每英亩照明界面的流明（不考虑遮蔽型照明）或照度上限等 |
| 5 | 管理者应明确地规定何时、何地以及什么情况下可以新建公共户外照明（路灯或在其他公共道路上的照明），提出未来公共照明设施自适应控制方案，明确按时熄灯的要求 |
| 6 | 国际暗夜社区内，安装标志照明时，在全白光显示的条件下，夜间（日落到日出）运行的亮度不得超过100尼特〔100坎德拉/$m^2$（$cd/m^2$）〕；标志照明在日落后1h需完全熄灭，直至日出前1h；单个标志的发光表面积不得超过200平方英尺（$18.6m^2$） |
| 7 | 国际暗夜社区的照明控制要求适用于所有公共及私人照明，自照明政策生效起10年内，所有不合格照明必须按照该政策调整 |
| 8 | 户外娱乐或运动场照明可免除上述要求，只要满足以下所有条件：<br>1）场地的照明仅用于表演和舞台、场地表面的照明，不做其他使用<br>2）灯具亮度必须能根据场地任务性质来进行调整（例如，演绎活动和现场调试）<br>3）照明的场外溢散光影响将尽可能限于最小范围内<br>4）遵守严格的熄灯要求（例如，灯光必须在晚上10:00前或表演结束后1h内熄灭，以两者较晚者为标准）<br>5）必须安装定时控制器，通过自动熄灭的方式，来避免照明因疏忽而导致的整夜未灭情况 |

## （三）星空公园建设案例

国际上已有多处地区在暗夜保护领域取得了长足的进步，截至2022年9月12日，国际上已有200个地区被认证为国际暗夜地[21]，以国际暗夜公园、国际暗夜社区为例，世界各国总计已有116个地区获得了国际暗夜公园认证，37个地区获得了国际暗夜社区认证。研究国际上星空公园及暗夜公园的成功案例，对我国暗夜生态保护及暗夜经济发展具有重要的意义。本文将通过对已有国际暗夜公园、国际暗夜社区的研究，探索在我国建设星空公园的可能性。

### 1. 美国天然桥国家保护区（Natural Bridges National Monument）暗夜公园

（1）基本概况。天然桥国家保护区坐落于犹他州的东南部，成立于1908年，占地7 636英亩（约3 090$hm^2$），以保护区内世界上第二大的天然桥以及极高的星空质量而闻名，2007年天然桥国家保护区获得国际暗夜公园认证，是世界上第一处被国际暗夜协会认证的国际暗夜公园[22]。

（2）照明方案。天然桥国家保护区按照国际暗夜协会的要求，首次根据全遮蔽照明以及照明色温不超过3 000K等生态照明原则，制定并实施了详细的建筑照明及公共空间照明政策，此外保护区设置了固定的天光观测点，每隔一季度进行一次观测，对光污染变化情况进行详细记录，并根据记录进行实时照明方案调整。自2007年认证成功至今，天然桥国家保护区的平均天光水平一直维持在23 mag/arcsec$^2$以上[23]。

（3）活动策划。基于对当地夜空、天然洞穴以及生物种类的保护，天然桥国家保护区的主要文旅活动为对环境影响水平较低的全季度露营，保护区配套提供了实时查看各个露营地观星条件的网站，露营地仅设置必要的功能照明。每年的夏季，保护区管理者会发起“天文护林员计划”，旨在号召天文爱好者及户外爱好者参与到夜空环境的志愿保护活动[24]。

（4）经济效益。自成立起，天然桥国家保护区每年会吸引超95 000名游客前来观星游玩，极大地推动了当地旅游业的发展。

### 2. 美国亚利桑那州佛得角营地（Camp Verde, Arizona）国际暗夜社区

（1）基本概况。亚利桑那州佛得角营地位于美国亚利桑那州中部，于2018年6月8日获得国际暗夜社区认证。佛得角营地文旅资源非常丰富，营地内自然条件优越，业态丰富，有酒厂、野生动物园等景点。文旅活动繁多，主要包括暗夜天空、户外休闲、农产品交易活动以及节日庆典等方面的活动。

（2）照明方案。佛得角营地管理者依照国际暗夜协会对国际暗夜社区提出的照明及运营要求，制定了详尽的照明政策及五年建设计划，目前已完成约50%的改造及建设。

（3）活动策划。佛得角营地围绕暗夜星空主题进行了大量的活动策划。为纪念暗夜社区成立，营地每年会举办“暗夜天空节”，多以艺术节、美食节、演讲比赛以及天文观测活动等相结合的形式举办；除此之外，营地联合佛得角谷考古中心、佛得角天文俱乐部、佛得角营戴斯酒店、洛厄尔天文台以及亚利桑那科学中心等组织机构，结合当地天文科学文化，进行常态化的暗夜天空协保护宣传及教育。

（4）经济效益。“暗夜天空节”举办日期正值4～7月亚利桑那州的旅游淡季，每年吸引了超过10万人次的游客前来参加。“暗夜天空节”的举办有效地提高了当地全年度业态的完整度，拉高了当地旅游经济水平[25]。

### 3. 苏格兰科尔岛（Coll）国际暗夜社区

（1）基本概况。科尔岛位于苏格兰阿盖尔海岸以西约10km的内赫布里底群岛中，拥有超过200名常住居民。是苏格兰西部唯一有着年均较长时间晴朗天气的地区。科尔岛于2013年12月获得国际暗夜社区认证。

（2）照明方案。科尔岛上以仅设置必要功能照明为原则，制定了满足国际暗夜协会要求的暗夜社区照明管理政策，并已经完成了照明设施的改建工作，岛上照明设施均已达到国际暗夜社区最低要求。

（3）活动策划。科尔岛上建有Coll & The Cosmos室内360沉浸式天文馆，并常年开展“太阳系之旅”等天文科普活动以及天文观测活动；科尔岛管理者联合市政府在政府网站上发布了科尔岛观星指南，内容包括观测日期推荐、天气预报、月相预报、星座搜索指引等方面，有着完善的线上配套系统。

（4）经济效益。星空观测主题业态的兴起以及国际暗夜社区的认证促进了科尔岛旅游业的发展，根据2019年、2020年以及2021年的科尔岛国际暗夜社区年度总结就可以发现，2019年科尔岛春秋两季游客量，相较暗夜社区认证成功的前七年，增加了20%；2020年科尔岛春秋两季游客量，相较暗夜社区认证成功的前八年，增加了20%；2021年科尔岛秋季游客量，相较暗夜社区认证成功的前九年，增加了45%。暗夜天空主题的旅游产业有效地拉动了当地及周边地区的经济[26]。

## 四、西涌国际暗夜社区申报

### （一）背景介绍

西涌社区位于“中国最美丽八大海岸线之一”的深圳大鹏半岛南端，三面环山，东邻惠州三门岛，南邻香港西贡，具有优越的自然生态本底条件。经现状调研，区域内8个自然村落的住宿、餐饮业发达，为夜间观星、旅游度假提供了完善的配套服务。西涌海滩，进深较

宽、品质优良，为滨海休闲夜间观星活动提供了充足的活动空间。深圳市天文台区域位于西涌海滩东侧崖头顶，受周边照明建设影响较少，晴天条件下星空质量较好，具有专业的观星设备和科普讲解服务，已开展多项暗夜星空主题活动，是观星和活动策划的最佳地点。

为深入贯彻落实《粤港澳大湾区发展规划纲要》和《先行示范区建设意见》，践行城市文明与生态文明可持续发展先锋，打造人与自然和谐共生的美丽深圳典范的建设要求，提出依托西涌社区，建设全国首例 IDA 认证的国际暗夜社区、全国首例暗夜保护示范区及暗夜经济示范区，建设“1 小时”交通可达的星光游览目的地，和可以躺在沙滩上观星赏月的全季节、全天候旅游区。

## （二）宣传动员

西涌暗夜社区建设不仅需要从政府的角度制定合理的照明控制要求，对区域照明现状进行整改提升。对于室内照明进行控制、定时关闭非必要的照明设施、配备窗帘减少室内照明对天然光环境的干扰等管控要求，同时需要当地居民、商户的配合，自发的开展照明整治工作。为了引导公众自发参与、共建暗夜社区，通过宣传视频、系列宣传手册和宣传海报等多种形式，对暗夜社区建设，暗夜经济发展，道路、招牌、海滩照明的整改，夜间活动策划和光污染的危害与防治等内容进行全面宣传。同时，针对游客、当地居民和商户设计具有不同侧重点的调查问卷，了解游客对星空公园夜间活动组织、交通换乘、住宿及其他配套服务的需求，了解当地住户及商户对开展星空公园照明整改和建设的意见和建议。邀请当地住户及商户自发参与到星空公园建设当中，为后续夜间活动规划和实施导则和实施保障措施的制定提供参考。通过问卷分析，91.15% 的当地居民以及

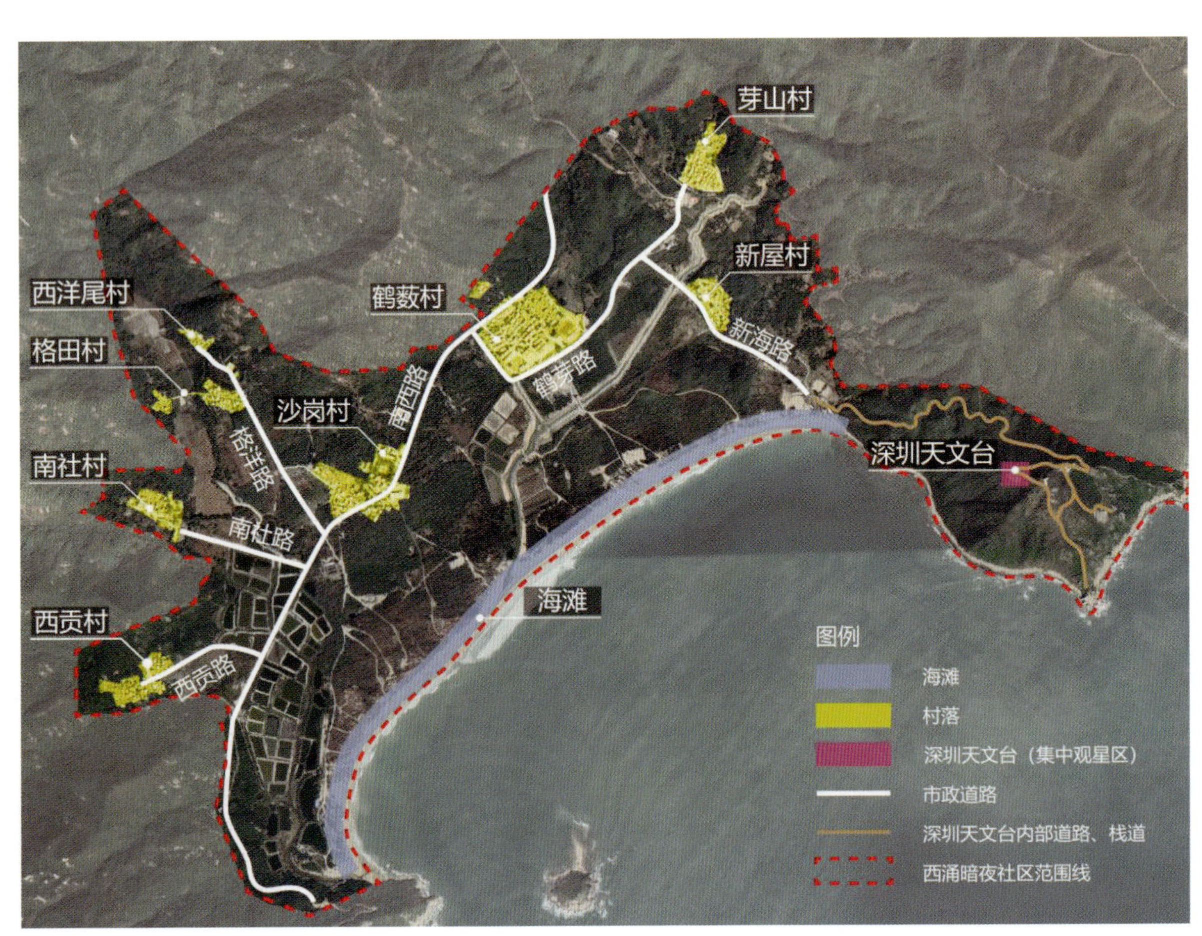


图1 西涌暗夜社区区域划分图

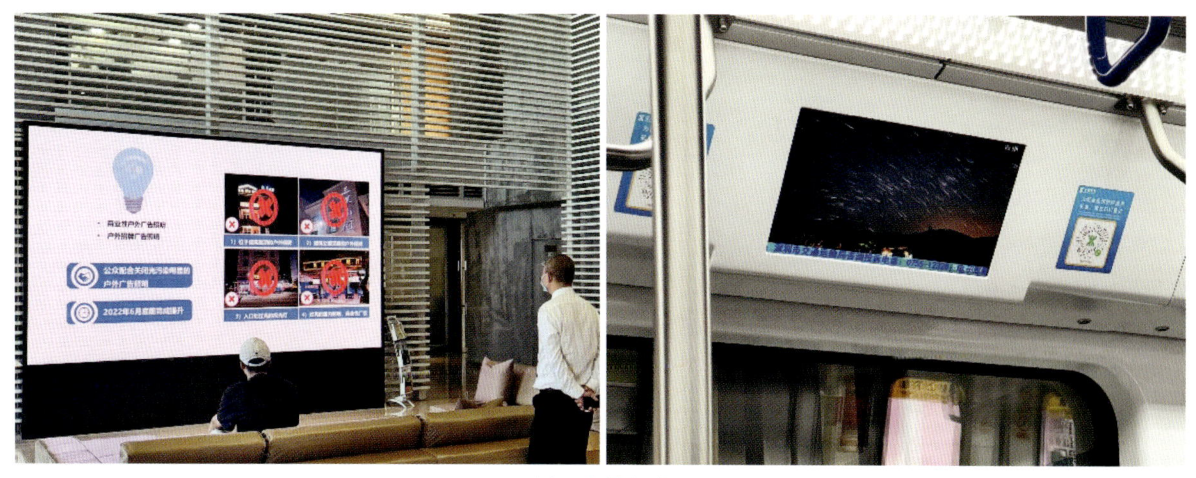

图2 宣传视频

图3 系列宣传手册

92.14% 的非当地市民，认为西涌申报国际暗夜社区，提高大鹏西涌的国际影响力，非常具有必要性。80.53% 的当地居民以及 76.07% 的非当地市民，认为西涌申报国际暗夜社区，进行配套的照明整改提升，可行性较强。

图4 宣传海报

## （三）照明整改

开展西涌社区内照明现状评估，制定照明整改提升计划是申报国际暗夜社区的重点关注的内容。为进入申报流程，在提交申报材料时，需确保暗夜社区内至少 30% 的照明设施符合或经整改后符合国际暗夜社区照明要求。

为梳理照明现状，明确照明整改提升工作范围，结合国际暗夜社区申报要求，针对西涌社区内市政道路、村道、村内公共空间，户外招牌、户外广告、居民自建的照明设施、海滩照明设施、天文台照明设施等开展了详细的现状调研工作，确定了各类照明设施的数量和具体点位，归纳总结了当前照明建设存在的问题，普遍表现为溢散光严重、色温偏高、亮度超标。在此基础上，结合整改难度和工作安排，制定了近期照明整改提升计划，推行高品质照明建设，完成了234盏市政道路路灯，369盏村内道路路灯，8处户外招牌照明整改，合计611处。永久关闭天文台天文路路灯71盏，调整亮灯时间后符合要求的广告招牌195处，合计266处。经改造调整后，符合IDA要求的照明设施共计877处，占照明设施总数（共计1 715处）的51%。

在灯具使用上，严格审查所用灯具的参数表和照度计算报告。通过现场测试，确保路灯使用全遮蔽型灯具、色温低于3 000K。经过改造市政道路和村道，色温统一，形成了明显的功能照明骨架，有效地控制了水平面以上溢散光。同时确保整改后的照度值满足标准要求，全面提升夜景照明品质。通过实验室测试，确保广告招牌表面亮度低于100cd/m$^2$、色温低于3 000K，发光面积低于18.6m$^2$，仅在营业时间内开启。经过整改，广告招牌照明在不影响原有指示指引功能的前提下，可满足国际暗夜社区申报要求。

表 2 市政道路照明整改前后对比

| 位置 | 视角 | 灯具更换前 | 灯具更换后 |
|---|---|---|---|
| 南西路 | 车行视角 H1.5m | | |
| | 高空视角 H10m | | |
| | 航拍鸟瞰 H>80m | | |

（续）

| 位置 | 视角 | 灯具更换前 | 灯具更换后 |
|---|---|---|---|
| 新海路 | 车行视角 H1.5m | | |
| | 高空视角 H10m | | |
| | 航拍鸟瞰 H>80m | | |

表 3 村道照明整改前后对比

| 位置 | 视角 | 灯具更换前 | 灯具更换后 |
|---|---|---|---|
| 西贡村 | 人行视角 H1.5m | | |
| | 航拍鸟瞰 H>80m | | |

（续）

| 位置 | 视角 | 灯具更换前 | 灯具更换后 |
|---|---|---|---|
| 新屋村 | 人行视角 H1.5m | | |
| | 航拍鸟瞰 H>80m | | |

表 4 招牌照明整改前后对比

| 位置 | 灯具更换前 | 灯具更换后 |
|---|---|---|
| 自在冲浪 | | |
| 色温 | 5 732K | 2 745K |
| 亮度 | 359cd/m$^2$ | 53cd/m$^2$ |

## （四）管理办法

参考国际暗天空协会发布的国际暗夜社区申报要求，需编制相应的光环境管理办法，对社区内各类公共、企业和居民的照明设施提出控制要求，以十年为期限制定暗夜社区的照明整改提升计划，夜间活动和配套设施的建设计划。为响应该项要求，完成了《西涌暗夜社区光环境管理办法》的制定，总则的主要内容包括，对西涌暗夜社区的适用范围，照明设施数量，管控重点，控制原则，社区、居民、游客及业主的职责和西涌暗夜社区运用维护主体单位进行解释说明。

通过现状调研，明确西涌暗夜社区内道路照明，公共空间照明，景观照明，天文台照明，户外广告、招牌、标识照明，室内照明，海滩、海上船舶照明，手持便携式照明和活动照明等光环境要素，参考标准要求及国际暗天空协会（IDA）照明要求，制定各类光环境要素的评价指标，如以照度、色温、是否采用全遮蔽型灯具、是否存在上射溢散光作为道路、公共空间照明的评价指标，以亮度、色温、发光面积作为广告、招牌和标识照明的评价指标。旨在保障夜空质量同比无下降，创建我国首例 IDA 认证的国际暗夜社区。

图5 西涌暗夜社区天光测量采样点

此外，本管理办法从规划建设、运营维护、奖励政策、未来计划等角度提出管理要求，确保西涌暗夜社区内的改造提升和实施建设工作的有序推进，提高当地居民和业主对发展夜间经济的参与度。

## （五）建设成效

2022年度，以《西涌暗夜社区光环境管理办法》提出的照明控制要求为指导，在深圳市城市管理和综合执法局、大鹏新区城市管理和综合执法局、南澳街道办事处、深圳市气象局和中国城市规划设计研究院的推进下，逐步开展了西涌社区市政道路及村道功能照明设施、户外广告招牌照明改造提升工作。改造提升工作完成后，西涌片区的照明品质得到明显提升，有效地控制了不当照明产生的天空溢散光。通过对比整改前后西涌暗夜社区内典型空间的天光数据，整体数据增大，表明总体夜空质量呈变好趋势。使西涌社区在晴朗夜空条件下，可看到满天繁星，提升了观星体验。目前，社区内已有部分民宿以星空观测为主题，向游客提供观星设备和观星场地。除以前往西涌海滩感受碧海蓝天，体验冲浪文化为游玩目的外，已有部分游客及星空爱好者前往西涌社区进行观星摄影活动，有效促进了当地过夜游的发展。

表5 西涌暗夜社区天光测量采样数据

| 观测时间 | 2022年6月27日 20:40~21:50 | 2022年8月1日 20:50~22:15 |
| --- | --- | --- |
| 天气 / 月相 | 晴 / 残月 | 晴 / 新月 |
| 序号 | 天光数据（单位：mag/arcsec²） | |
| 1 | 19.12 | 19.36 |
| 2 | 18 | 18.55 |
| 3 | 18.93 | 18.98 |
| 4 | 18.44 | 18.61 |
| 5 | 19.24 | 19.27 |
| 6 | 19.41 | 19.44 |
| 7 | 19.23 | 19.33 |
| 8 | 19.16 | 19.21 |
| 9 | 19.61 | 19.61 |
| 10 | 19.57 | 19.63 |

图6 萤火虫与天文台（图片来自深圳市天文台曾跃鹏）

图7 西涌暗夜社区星空摄影（图片来自深圳市天文台曾跃鹏、何智宁、李德铼）

此外，全屏蔽灯具、低色温光源的使用，设计得当且满足照度值要求灯具布置等一系列生态环境友好的照明控制要求的响应，改善了西涌社区的夜间生态环境，在5～6月，可看到数量众多的萤火虫在滨水空间飞舞。萤火虫本是一种环境指示性生物，对水污染和光污染尤其敏感。对生长环境的严格要求及敏感，只有在干净清洁的水体和植被茂盛的静谧环境中才能生存。受到西涌社区以往光污染的影响，社区内原有的萤火虫生存环境遭到破坏，扰乱了萤火虫的自然生物节律，无法在夜间通过发光进行方位辨别和求偶交配，造成其繁殖水平的减弱。在西涌社区照明整改提升工作完成后，萤火虫大规模地再度出现，从改善暗夜生态系统的角度，验证了西涌社区内的光环境得到明显改善。

目前，西涌暗夜社区已成为上有星空、下有萤火虫的一方乐土。随着照明整改提升工作的深入，待西涌暗夜社区内全部照明设施整改完成后，星空质量和暗夜生态环境将得到进一步的提升。

## 五、结语

保护暗夜星空、发展星空旅游，具有重要的环保价值、社会价值和经济价值。在中国城镇化率与城镇人口逐年提升，“双循环”与消费升级提出新要求的背景下，在旅游产品创新与高质量发展新需求，以及中国航天新热度的推动下，公众对暗夜保护认可度和星空主题的认知度不断提升，星空主题消费日趋活跃，星空旅游正处于快速发展期。通过纠正公众对保护暗夜星空等同于限制开发建设的误区，以控制照明建设强度，优化照明规划设计，加强灯具选型指导等手段，保留必要的功能照明和色彩淡雅的景观照明，在保证夜间活动基础照明的前提下，有效治理光污染，弱化照明建设对城市生态环境的影响。还公众以暗夜，实现暗夜环境和星空旅游的良好互动。

西涌国际暗夜社区申报工作，是在《深圳市城市照明专项规划（2021—2035）》指导下，深圳市开展暗夜保护工作，发展星空文旅主题暗夜经济的重要实践。未来将以西涌暗夜社区为示范，将保护暗夜星空、生态友好的照明理念拓展到大鹏新区全域，以“山海共生光影点缀，星辰大海奇遇大鹏”为规划定位，通过现状调研和规划解读，识别大鹏新区用地性质和发展方向，进而确定暗夜星空保护强度分区，划分核心区、协调区、一般控制区和暗夜保护区，参照国际暗夜社区照明控制要求和标准要求，进行照明分级管控。优先建设功能照明，严格控制景观照明，旨在打造世界级滨海生态旅游度假区光环境，实现光污染防治。依托大鹏新区山海城相依、半城半绿的生态格局，结合深圳远足郊野径规划、现有滨海度假区、文化旅游景点等，策划主题夜游及表演活动，建设全季节、全天候旅游度假区。从发展星空文旅的角度，深入贯彻生态文明思想，建设暗夜经济示范区。

未来，深圳市将以大鹏星空公园建设为试点，结合国土空间规划，针对不同片区的生态资源，将暗夜保护理念推广至深圳市其他片区，在照明建设中考虑候鸟保护、海洋生态保护、山林保护等多个层面，以期注重生态环境保护，防止过度建设。实现城市绿色发展，人、自然与城市和谐共生，并把深圳作为在照明规划中先行示范暗夜保护理念的典范，向全国推广。

## 参考文献

[1] 钟乐，杨锐，赵智聪.国家公园的一半是暗夜：暗夜星空研究的美国经验及中国路径[J].风景园林，2019，26（6）：85-90.

[2] 杨艳梅，冯凯，梁峥.从城市照明规划看“暗夜保护”[C]//.2017年中国照明论坛——半导体照明创新应用与智慧照明发展论坛论文集，2017：253-259.

[3] Terrel Gallaway and Reed N. Olsen and David M. Mitchell. The economics of global light pollution[J]. Ecological Economics，2009，69（3）：658-665.

[4] Ecological Light Pollution[J]. Frontiers in Ecology and the Environment，2004，2（4）：191-198.

[5] 胡金博，姚默，陈国权，等.光污染对养生的影响[J].宁夏农林科技，2012，53（7）：78-80.

[6] Richard G. Stevens，et al. Adverse Health Effects of Nighttime Lighting[J]. American Journal of Preventive Medicine，2013，45（3）：343-346.

[7] 崔媛媛.夜灯下的蝙蝠[J].大自然探索，2019（5）：33-37.

[8] Longcore，T. and Rich，C.（2004），Ecological light pollution. Frontiers in Ecology and the Environment，2004，2：191-198.

[9] 王智德，袁景玉，姚胜，等.夜间人工照明光污染研究现状[J].照明工程学报，2021，32（3）：94-99.

[10] 刘刚，彭晓彤，苏琛浩.人工照明对鸟类影响研究综述[J].照明工程学报，2017，28（6）：70-76.

[11] 陶隽.光污染对光学天文观测的影响[C]//.中国长三角照明科技论坛论文集，2004：337-339.

[12] 张金花，吴敏.城市“夜经济”概述[J].学理论，2014（30）：95-96.

[13] National Park Service.NPS management policies 1988[EB/OL].1998.

[14] 张芸祯，李力.暗夜星空旅游研究进展——基于2001—2021年英文文献的综述[J].中国生态旅游，2022，12（1）：65-83.

[15] 中国暗夜公园建设：基于全球自然保护地暗夜研究的思考.

[16] Chaco Culture National Historical Park International Dark Sky Park Application[EB/OL]. [2013-07].

[17] Cinzano P，Falchi F，Astronomia C D，et al. The First World Atlas of the Artificial Night Sky Brightness[J]. Monthly Notices of the Royal Astronomical Society，2002，328（3）：689-707.

[18] https：//www.darksky.org/about/）.

[19] https：//www.darksky.org/our-work/conservation/idsp/.

[20] International Dark Sky Community Program Guidelines.

[21] https：//www.darksky.org/category/press-release/.

[22] https：//www.darksky.org/our-work/conservation/idsp/parks/naturalbridges/.

[23] International Dark-Sky Park Designation（Gold Tier）Natural Bridges National Monument Nomination Package.

[24] https：//www.darksky.org/our-work/conservation/idsp/parks/naturalbridges/.

[25] https：//www.darksky.org/our-work/conservation/idsp/communities/campverde/.

[26] Isle of Coll A Dark-sky Island 2019 Annual Report International Dark-sky Association；Isle of Coll A Dark-sky Island 2020 Annual Report International Dark-sky Association；Isle of Coll A Dark-sky Island 2021 Annual Report International Dark-sky Association.

# 基于市容环境黑点研究提升城市管理水平

深圳市城市管理监督指挥中心

**摘要：** 随着深圳市城市化进程的高速发展，许多市容环境问题已经成为城市管理的关注领域。对市容环境中存在的深层次问题的探究，以及如何提升市容环境问题的管控水平，是当前深圳市城市管理亟须解决的问题。本文围绕深圳市市容环境黑点问题，分析了深圳市数字化城市管理现状和市容环境黑点现状，并进一步剖析了当前市容环境黑点管控中存在的问题及其背后产生的原因。本文发现，深圳市市容环境问题具有点多、面广、治理成本高且易反复的特点。究其原因，市容环境问题分析能力的不足、源头治理手段的缺失以及考核评价体系的弱化等因素制约了城市市容环境管理水平的提升。在此基础上，本文结合城市运行管理服务平台建设和深圳市“一网统管”改革工作要求，提出了深化体制机制改革和提升智慧治理能力的建议，从而提升深圳市容环境黑点管控水平。本文的研究可为提升数字化城市智慧管理能力提供指导和参考价值。

**关键词：** 市容环境；黑点；机制；可持续

# Improve the Level of Urban Management Based on the Researches of Black Spots of City Appearance and Environment

Shenzhen Urban Management Supervision and Command Center

**Abstract:** With the rapid development of urbanization in Shenzhen, many of the urban environmental issues have become areas of concern for urban management. The analysis of the deep-rooted problems in the urban environment and the improvement of the environmental management level are issues that need to be addressed in the current urban management of Shenzhen. This paper presented the current situation of digital urban management and urban environment black spots in Shenzhen. Furthermore, we analyzed the current problems and the reasons behind the management of the urban environment black spots. The results showed that the urban environment problems in Shenzhen were characterized by a large number of spots, wide range of areas, high management costs and easy recurrence. Several factors, such as the inadequacy of problem analysis ability, the lack of source management tools, and the weakness of the assessment and evaluation system, have restricted the improvement of the urban environment management level. Taking into account the requirements of the construction of urban operation and management service platform and the reform of “One Network Unified Management” in Shenzhen, this paper proposed to deepen the reform of institutional mechanism and enhance the ability of intelligent governance to improve the management level of urban environment black spots. This study can provide guidance and reference for enhancing digital city management capabilities.

**Keywords:** City environment; Black spot; Mechanism; Sustainability

## 一、引言

市容环境是城市物质文明和精神文明的具象表征。一座城市的建设管理水平、经济发展状况、社会风气以及市民素质等均可通过城市市容环境得以体现。为全面贯彻落实深圳建设中国特色社会主义先行示范区的工作要求，对标北京和上海等先进管理城市，本文基于深圳市的实际情况，深入分析市容环境黑点管控中存在的根源性问题。同时，结合城市运行管理服务平台和深圳市“一网统管”改革工作要求，在现有机构设置和管理机制上探索利用新技术手段、新机制建设等方式，形成科学化、长效化的市容环境管控措施，以提升城市市容环境黑点问题的管理水平，从而实现城市全面、良性、可持续发展。

## 二、深圳数字化城市管理现状分析

### （一）数字化城市管理体制机制现状

1. 运行模式

（1）创建了“监督指挥”机制。深圳市已创建了一套数字化的城市“监督指挥”机制——深圳市数字化城市管理信息系统。该系统是一个支持多级多部门协同工作的信息平台。用户范围在纵向上覆盖了市、区、街道、社区等多个行政层次，在横向上涵盖市城管系统、市级职能部门、各区城管系统、区级职能部门等多个机构和部门。截至 2022 年，深圳市 31 个政府职能部门、11 家市级公共服务专业集团公司、10 个行政区（包括新区）、74 个街道以及 726 家企事业单位共同参与对城市管理问题执行环节的协同处置，基本实现了处置单位的全覆盖。

深圳市数字化城市管理信息系统采用“一级监管、二级指挥”的监管分离工作模式。所有数字化城市管理案件的信息都统一接入市级平台，按照“属地管理”的原则，由市平台分派至各区级平台。当各区级平台审核立案后，相关主管部门或责任单位会收到案件问题和处理要求。责任单位需要在规定时限内完成问题的处理，并将处理结果反馈到平台。这种市、区、街道三级分工协作的模式，能够实现各尽其责和合作紧密的效果。

（2）实现了网格化管理。目前，深圳市已经实现了城市全域的网格化管理。截至 2022 年 8 月，在深圳市的 10 个市辖区中，罗湖、盐田、宝安、龙岗、龙华、光明以及大鹏新区共划分出了 419 个城管工作网格，每个网格至少由两名监督员负责，由区级数字城管平台进行管理。目前，总共有 1 200 余名监督员专职开展城市管理问题的采集和核查工作。另外，福田区、南山区和坪山区的工作网格由区级网格管理中心负责管理，未单独划分城管工作网格，由各区网格员开展城市管理问题的巡查与上报工作。

网格化管理能促进城市管理的精准化。通过对全市开展拉网式的调查，近 380 万个部件的相关属性信息，如位置、归属等，被标注到相应的单元网格中。同时，对每类部件及其事件问题的处置都设定了相应的处理时限，实现了从空间、时间和责任上对管理对象的精确定位，能有效促进城市管理工作从粗放式走向精细化和精确化。

（3）建立了完善的城市管理流程和科学的评价体系。为推动数字化城市管理的有效运行，深圳市建立了闭环的城市管理工作流程和科学的评价体系。在理论指导和前期实践基础上，围绕数字化城市管理的特色，深圳摸索出了一套完善的城市管理工作流程，即“信息采集—案件建立—任务派遣—任务处理—处理反馈—案件核查—综合评价”闭环工作流程。在这套流程中，涉及的每个环节都有据可查，并在此基础上能自动生成可量化的综合评价结果。在评价体系上，数字化城市管理实行三级评价机制，即：一是对市级责任单位的案件处置情况进行评价；二是对各区级平台实行区域运行质量和管理效果评价，包括监督员的配备，案件采集、派遣、核查、结案等多环节的运行效率等；三是对各街道办的案件处置情况及公众满意度情况进行综合评价。这套评价体系因地制宜、科学有效，在数字化城市管理中发挥着不可替代的作用。

2. 管理机构职责

深圳市数字化城市管理机构职责明确，分工清晰。根据深圳市政府《关于印发深圳市数字化城市管理工作规定的通知》（深府〔2006〕187号）及市编办《关于我市实施数字化城管工作有关机构编制问题的通知》（深编〔2006〕61号）规定，深圳市城市管理监督指挥中心的主要职能是：负责制定全市数字化城市管理技术标准、运行规范、规章制度，经批准后组织实施；协调解决各区无法协调督办的城市管理部件和事件问题；接受市领导和市级有关部门以及市民转来的城市管理部件和事件问题、并转辖区城市管理监督指挥中心处理；汇总整理对全市各相关责任主体的监督评价结果；对数字化城市管理有关信息进行统计分析。各区城市管理监督指挥中心主要职能是：负责辖区内城市管理部件和事件问题有关信息的采集、分类、处理和报送；协调、指挥有关部门和责任单位处置辖区内城市管理部件和事件问题；监督考评辖区内有关部门和责任单位对存在的城市部件、事件问题的处理情况。

3. 考核机制

深圳市数字化城市管理前期已开展了相关的考核工作。2012年，深圳市数字化城市管理依据《“互联网＋城市管理”考核方案及评分标准》，对各区开展打分考核机制。该考核由深圳市城市管理监督指挥中心负责统筹落实，并按月度进行。被考核对象为各区城市管理监督指挥中心，各区分数由数字化城市管理运行情况、处置单位信息采集案件、处置单位公众案件落实及公众参与情况得出，对于各扣分项，各区明确问责相关单位，真正推动问题解决。2019年该考核方案被取消。

4. 公众参与机制

深圳市通过多项举措以畅通公众参与城市管理的渠道。早在2015年，深圳市就开通了“美丽深圳”公众互动服务平台，为市民和公众提供精准便利的城市管理服务。截至2022年8月，该平台的粉丝已超182万人，并提供了30项城管在线公共服务。2019年，深圳市还制定了《深圳市城市管理事项举报奖励办法》，进一步规范和激励公众参与城市管理。

5. 标准规范建设

按照住房和城乡建设部出台的数字化城市管理系列标准和“打造深圳标准”的要求，深圳市城市管理和综合执法局牵头组织制订并发布实施了一系列的地方标准和规范，如下所示：

- 《数字化城市管理第1部分：总则》SZDB/Z 300.1—2018；
- 《数字化城市管理第2部分：信息采集规范》SZDB/Z 300.2—2018；
- 《数字化城市管理第3部分：案件立案规范》SZDB/Z 300.3—2018；
- 《数字化城市管理第4部分：处置和结案规范》SZDB/Z 300.4—2018；
- 《数字城管数据交换规范》DB4403/T 31—2019；
- 《数字城管运行考核管理规范》DB4403/T 32—2019。

## （二）数字化城市管理信息化平台现状

深圳市城管民生诉求服务系统是由原深圳市数字化城市管理信息系统升级改造而来的，其于2020年投入使用。该系统按照“横向到边，纵向到底”的基本原则，支持多级多机构协同工作。其用户范围在纵向上涵盖市、区、街道和社区4个层次，在横向上涵盖市级城管系统、市级职能机构、区级城管系统和区级职能机构等多个机构。深圳市着力于建立健全城市管理问题采集机制，完善城市事（部）件分类分级体系，并优化采集、分拨、处置以及考核等闭环处置流程。其中，深圳市城管民生诉求服务平台包括市和区两级平台，目前福田区、罗湖区和大鹏新区使用深圳市城管民生诉求服务系统，剩下的7个区均使用各区独立开发的系统，并通过网络连接的方式与市级平台进行数据交互。

深圳市城管民生诉求服务平台通过积极整合各单位的视频信息，探索性地开展了城市管理问题人工智能（AI）智能识别工作。该平台利用AI技术对前端摄像头传回的视频信息进行自动解析和上报，经操作员审核后生成工单并流转到处置单位以进行进一步的处置。当完成处置后，相关问题通过视频再次自动核查，当核查发现问题解决后，系统会关闭工单。整个过程不仅大大减少了人力成本的投入，还加快了城市管理问题的处置速度。此外，通过对视频点位的分级分类，能够根据优先级加强对重点区域的管理。目前，罗湖、宝安、龙岗、坪山等区平台也在陆续开展城管问题AI智能识别工作。

## 三、深圳市容环境黑点现状分析

通过对深圳市城管民生诉求服务平台在2021年6月1日至2022年6月30日的案件数据分析，发现全市的市容环境黑点问题主要有暴露垃圾、店外经营等，多分布于基础设施环境较差、人口密度较大等问题易反复发生的区域，主要情况如下：全市环境卫生问题（暴露垃圾、道路保洁、堆放施工废弃料等）共立案31 474宗，主要分布在宝安区西乡街道、石岩街道和新桥街道；全市市容执法类问题（店外经营、无照经营游商等）共立案15 052宗，主要分布在宝安区的石岩街道、松岗街道、新桥街道和罗湖区的东门街道。

### （一）环境卫生类黑点情况分析

2021年6月1日至2022年6月30日，深圳市城管民生诉求服务平台共立案584宗公众投诉环境卫生类黑点问题。这些环境卫生类黑点主要分布在宝安区新桥街道（图1），主要分为

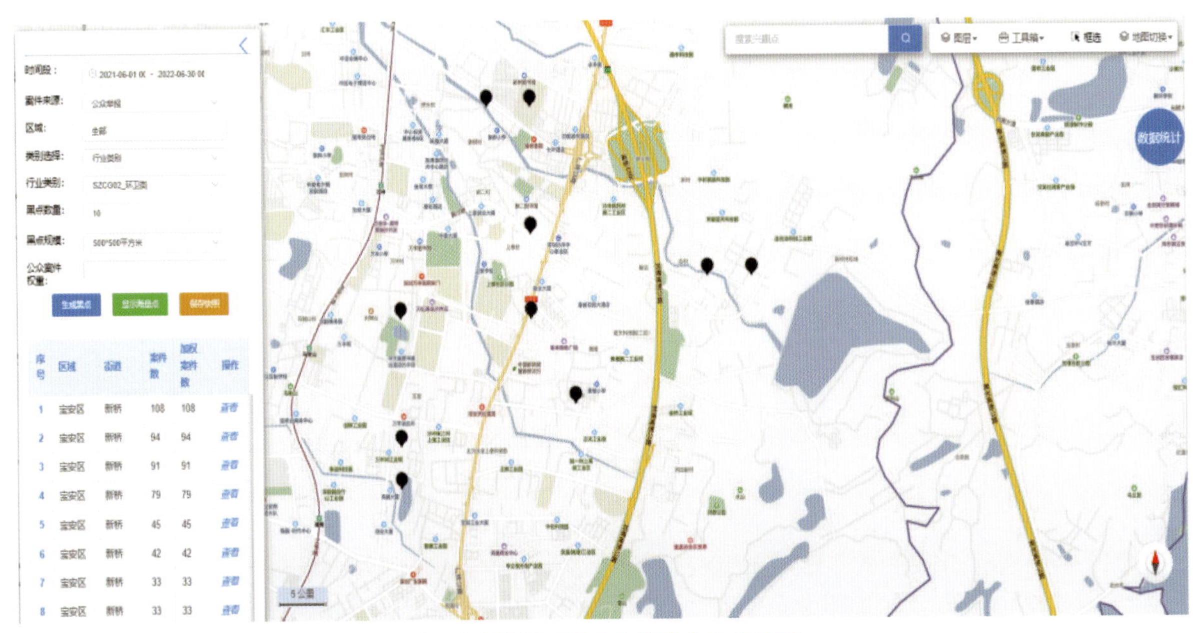


图1 公众投诉环境卫生类黑点分布地图

暴露垃圾、道路不洁以及环卫工具房问题。其中，暴露垃圾案件504宗，占比86.30%，比重最大；道路不洁案件44宗，占比7.53%；环卫工具房案件18宗，占比3.08%。

### （二）市容执法类黑点情况分析

2021年6月1日至2022年6月30日，深圳市城管民生诉求服务平台共立案2 107宗公众投诉市容执法类黑点问题。这类黑点问题主要分布在宝安区的新桥街道和西乡街道，罗湖区的东门街道，龙岗区的南湾街道和坂田街道以及福田区的华强北街道，如表1和图2所示。其中，无照经营游商案件715宗，占比33.93%；非法小广告案件647宗，占比30.71%；店外经营案件423宗，占比20.08%。

表1 公众投诉执法类案件黑点分布表

| 区域 | 街道 | 案件数（500×500）$m^2$ 范围内（宗） |
|---|---|---|
| 宝安区 | 新桥 | 744 |
| 宝安区 | 西乡 | 454 |
| 罗湖区 | 东门 | 370 |
| 龙岗区 | 南湾 | 198 |
| 龙岗区 | 坂田 | 176 |
| 福田区 | 华强北 | 165 |

注：统计周期为2021年6月1日到2022年6月30日。

图2 公众投诉市容执法类案件黑点分布

## 四、市容环境黑点管控中存在的问题

### （一）区级网格化体制改革带来的问题

近年来，深圳市大力推进区级网格化体制改革，实行“多网合一”，部分区对原区级数字化城市管理监督指挥中心和监督员进行了整合。在市容环境黑点管控工作中，这种“多网合一”的改革在工作的实际开展过程中出现了一些问题。

从区级数字化城市管理监督指挥中心的合并情况来看，深圳市部分区大力推进“多网合一”改革，设立区级统一网格中心，并对原区级数字化城市管理平台进行了整合。原罗湖城市管理监督中心整个机构已划转到罗湖区应急管理局，并成立区级分拨中心，由分拨中心行使原有数字化城市管理监督指挥中心职能；龙华区数字化城管监督指挥中心划归区委政法委，区委政法委成立龙华区社区网格中心，由社区网格中心行使原有数字化城市管理监督指挥中心职能；坪山区民生诉求服务中心划归区政务服务数据管理局，未设立区级数字化城市管理平台机构及专属工作人员；南山区城市管理监督中心划归区政法委网格办，区级现阶段无城市管理监督指挥中心。然而，由于这些区网格化管理分属不同职能机构，管理权责不统一，运行机制不同，导致市级数字化城市管理监督指挥中心无法对区级网格化管理机构形成有效的监督指挥，因此，部分市容环境案件在分派落实及协同处置时出现了较大的问题。

从区级数字化城市管理监督员整合情况来看，通过“多网合一”改革，部分区数字化城市管理监督员队伍整合到街道网格中心或社区工作站后，实行统一信息采集，再按规则分拨至各业务条线进行处理。目前，福田区、南山区和坪山区的信息采集工作全部由网格员承担。从表面上看，信息采集队伍人员大幅增加，实际上，由于采集范围的扩大，涉及各机构事项的增多，导致城市市容环境管理问题的采集能力相对被削弱。同时，由于市区城管机构无法直接对网格员进行考核管理，因此，许多案件质量得不到保证，从而导致部分市容环境问题长期得不到解决。

### （二）市级监督考核机制缺失带来的问题

深圳市目前缺乏有效的市级监督考核机制。深圳市在 2019 年市容环境综合考核中移除了“互联网 + 城市管理”考核项，市城管监督指挥中心缺少抓手，对重点问题和边界模糊问题协调督办能力弱化，造成部分市容环境问题处置不及时甚至未处置，从而导致问题积压，形成市容环境黑点问题。

此外，市级平台缺乏对各区监督员队伍的有效监管能力。深圳全市目前共有监督员 1 200 余名，人员归属于各区或下属街道，有专职采集队伍的为罗湖区、盐田区、宝安区、龙岗区、龙华区、光明区以及大鹏新区。监督员由各区自管，监督员的采集任务和采集指标均由各区自行制定标准。市级层面无采集队伍，缺乏对各区的监督员队伍有效的监管机制。各区数字化城市管理运行情况均由市级平台进行考核，为提高区级考核得分，部分区的自管采集队伍对案件会选择性上报，这就造成一些难协调、难处置案件避而不报，进而导致部分严重市容环境问题采集不到位，得不到及时有效处置。

## 五、提升市容环境黑点管控水平的建议

2020 年 9 月 24 日，住房和城乡建设部办公厅印发《关于加快建设城市运行管理平台的通知》（建办督函〔2020〕46 号），提出“充分利用城市综合管理服务平台建设成果，加快建设城市运行管理平台，推进城市运行‘一网统管’”“积极推行城市运行网格化管理，统筹划分网格单元，以网格为基础，推动街镇、社区依托平台加强城市运行管理”。

2022 年，广东住房和城乡建设厅联合广东省政务服务数据管理局转发《住房和城乡建设部办公厅关于全面加快建设城市运行管理服务平台的通知》（粤建科〔2022〕22 号），提出全面加快建设城市运行管理服务平台，是贯彻落实习近平总书记重要指示批示精神和党中央、国务院决策部署的重要举措，是系统提升城市治理风险防控能力和精细化管理水平的重要途径。各地要按要求科学谋划，结合省域治理“一网统管”工作制定本地区的工作方案，按照时间节点要求，统筹推进城市运管服平台建设。

深圳市政府高度重视此项工作，于 2022 年制定并印发了《深圳市推进政府治理“一网统管”三年行动计划》《深圳市民生诉求“一网统管”改革工作方案》以及《深圳市城市运行管理服务平台建设工作方案》。在市智慧城市和数字政府建设领导小组的框架下，设立“一网统管”总指挥部及市城市运行管理服务平台

建设专责工作小组，积极推进政府治理“一网统管”及城市运行管理服务平台建设工作。

在此背景下，深圳市城市管理监督指挥中心应根据实际业务需求，重新梳理数字化城市管理系统功能和定位，推动数字化城市管理系统与公众互动服务平台融合，对数字化城市管理系统进行升级改造，在民生诉求“一网通管”的总体框架下，打造深圳市城管民生诉求服务平台。

## （一）深化体制机制改革

### 1. 建立高位监督管理体系

结合深圳市城市运行管理服务平台建设工作，城市管理相关部门应积极配合市政务服务数据管理局推进城市运行管理服务平台建设，做好城市管理行业应用和指挥协调、综合评价、决策建议和公众服务系统及运行机制的建设。通过对城市运行管理服务平台的监督管理体系的建设，优化城管民生诉求服务平台的相关运行管理机制。

### 2. 深化推进联席会商制度

市容环境管理是一项复杂性、综合性的工作，涉及环卫、绿化、城管执法、市政、交通等多个管理机构。因此，需要统筹内外协调，多方联动，明确权责，细化流程。

对内，深圳市城市管理监督指挥中心需要建立起城管民生诉求服务平台统筹协调机制，以此来使城市管理领域各机构在各司其职的基础上整体联动，达到规范有序的效果。在现有城管民生诉求服务体制机制上，深化联席会商制度，通过联席会商协调各条、块之间的重大市容环境综合建设和管理事项，解决市容环境管理中的难点、顽症和相关矛盾。联席会商制度在深圳市城市管理市区各机构、科室之间搭建工作平台和管理协调机制，协调推进市容环境管控工作，化解矛盾、治理顽症。

对外，结合城市运行管理服务平台管理体系建设，充分发挥统筹协调能力，配合市政务服务数据管理局，建立城市运行管理服务平台联席会议制度。专项会议开展边界有重叠、事权有交叉、责任多主体问题的分析研判和解决；梳理城市管理事项权责清单，明确责任主体，通过细化手册规范处置流程，对极易反复退单、职责不清的市容环境疑难事项进行梳理和重点监控。

### 3. 健全监督考核体系

在原有“互联网＋城市管理”考核评价基础上，结合城市运行管理服务平台综合评价系统及“数字政府建设”绩效考核体系，建议开展相关考核工作，以保持考核制度的连贯性，并持续加强与各区的联动交流，进一步强化考核力度。同时，结合市容环境卫生指数测评，优化城管运行管理服务平台考核指标、扣分细则等，并加强考核制度的执行；加强对区级平台及处置单位的考核，特别是加强对信息采集案件和市民投诉案件处置水平的考核；考虑加强考核结果的通报，可在原有的通报方式中增加更多渠道进行报道，让更多市民参与进来。

### 4. 建立常态化黑点治理模式

组建市容环境黑点治理专题小组，推进常态化市容环境黑点问题专项治理。通过利用大数据分析，开展基于空间、时间、事件的多维度全景分析，及时发现城市管理黑点，探究问题成因和规律，形成源头治理，提高根治问题的能力。

因地制宜，因“黑”制“策”。根据前期经验总结和城管民生诉求服务平台数据分析结果，针对不同区域的不同问题，形成市容环境黑点问题专项治理预案，规划不同规模的专项整治活动。建立常态化黑点治理推进机制，每周形成黑点专项治理报告，分析黑点治理难点，依据黑点专项治理预案落实黑点治理责任主体，形成黑点治理任务，并通过联席会议制度指导、督促各责任人落实黑点治理工作。

## （二）提升智慧治理能力

### 1. 汇聚市容环境黑点管控数据

数据是支撑数据治理、数据决策的基础，也是地方政府实现智能治理的基础。市容环境黑点管控应在现有数据基础上实现市容环境数据的归集和共享,同时进一步打通上下级之间、机构之间、系统之间的数据壁垒，同时利用电子传感器和物联网等设备收集市容环境管控公共空间运行的实时数据，将数据归集做到精细化，并将各类关联数据进行融通，为实现市容环境智能化数据治理奠定坚实的数字基础。

（1）制定数据标准，规范数据格式。市容环境管理的数据来源渠道众多，公共数据格式不一，包括结构化、半结构化或非结构化的数据格式，因此难以对其进行利用和管理。需要通过建立统一的数据标准体系,推进数据采集、数据开放、指标口径、分类目录、交换接口、访问接口、数据质量、数据交易等共建共性标准的制定和实施。只有提前做好数据标准规范工作，才能保障市容环境管控数据质量，满足数据管理和数据分析等需要。

结合城市运行服务管理平台建设工作，根据《城市运行管理服务平台技术标准》（CJJT 312—2021），实现城管民生诉求服务系统与各系统数据（包括市级各行业系统数据、各区独立业务系统案件数据、部件数据等）的汇聚和整合。在区级案件汇聚标准方面，各区平台应按照《城市运行管理服务平台数据标准》（CJT 545—2021）标准向市城管民生诉求服务系统上报或传输城市管理案件数据，保障全市市容环境案件数据的规范、全面、真实。

（2）建立案件能力中心，打通数据壁垒。建立完整的市容环境案件库需要保障全市城管民生诉求服务系统案件在市级中心落地，同时打通城管民生诉求服务系统与市容环境测评系统、环卫精细化系统等之间的壁垒，以汇聚全市所有市容环境案件信息。为加强全市案件的统一管理，需要改变原有案件的流转与传输方式，建立起案件落地中心。通过变更数据流向以实现全市所有数据的统一汇聚，即所有案件必须通过市城管民生诉求服务平台进行登记后才能回到各区级平台进行流转与处置。即使处置环节的信息，也需将其同步到市城管民生诉求服务系统,以实现城市管理案件库的完整性。

在案件管理上，需要规范管理流程，明确责任主体。区数字化城市管理平台生成案件统一编号后，由区平台进行立案、处置、结案。针对执法、环卫、园林以及其他行业城管等相关问题，生成案件统一编号后分派至相应行业系统流转和处置。城市管理行业所有案件，需要通过标准数据接口对接至案件落地管理子系统，对案件进行接收并生成统一的编号，最终汇聚到深圳市城管民生诉求服务平台。通过责任清单自动比对，直接把任务分派到维护单位进行案件处置,同时抄送主管机构和监管单位。未处置或处置不达标，平台将会自动提醒监管单位督办，以实现“责任到人”的管理模式。经重构后的深圳市城管民生诉求服务平台将建立与各区系统各环节数据的实时同步，从而实现各项数据的动态更新。

## 2. 建立智能感知与管理体系，实现问题实时全面采集

鉴于近年来视频监控在公共秩序、交通运输等方面显现出了不可或缺的作用，基于视频的可视化应用在市容秩序整治、环境卫生治理、打击违法行为、人员异常行为识别等城市管理领域中也逐渐得到广泛应用。由于当前城管机构普遍存在“人少事多”的问题，在视频巡查上投入的人力资源比较有限，这就导致大量的违规行为没有被及时发现。目前，深圳部分区已试点探索视频 AI 智能采集案件模式，利用现有和新建的视频监控资源，进一步加强 AI 智能采集工作，实现对市容环境问题的智能识别、自动抓拍、自动告警、自动立案以及自动执法等一系列智能化管理流程。这种智能感知与管理的体系能够实现全时段、全覆盖智能预立案，提高流程处理时效，并有效避免人为核查标准把控存在的差异性。

## 3. 建设部件编码新方式，实现部件精确确权

城市管理部件尚未做到一一对应确权，部件的生命周期管理，在深圳市城管民生诉求服务平台中还未实现，导致在案件派遣中来回反复，使得处置过程时间延长，出现推诿扯皮现象。特别是在公安、交通、电信运营商等单位

的部件处置中，经常出现来回分派、退回的情况。如何提升对城市部件权责清单的落实，成为城管民生诉求服务平台提升效能、提高分派准确性的关键。

（1）制定市级部件编码规范。为了做好基础数据规范，应依照《数字化城市管理国家标准第二部分：管理部件和事件》中的部件分类、编码及数据要求，定期开展部件普查工作，并制定《深圳市城市管理系统专业机构编（代）码规则》，分为行政区编码规则、主管单位代码规则、权属单位代码规则、养护单位代码规则及养护人，便于快速查询部件产权。数字城管编码代码结构如图 3 所示。

（2）制定"三方确权"机制。为实现城市市政公用设施数据库的动态更新和管理，需要建立数据普查中深圳市城管民生诉求服务平台、处置机构和测绘单位"三方确权"机制。同时，组织监督员和单位职工会同市勘察测绘机构逐年制定城市管理基础数据普查计划，并有针对性地开展"三方确权"。比如，由于测绘机构在普查的同时，掌握了大量的部件权属信息资料，因此它可以和其他专业处置机构合作定制专项数据开发（比如，古树名木分布图、公共自行车站点服务图以及公厕分布图等）。通过确权，能理清城市公共设施的家底，并为发现问题后快速派遣到责任主体创造条件。

（3）建立市政设施管理系统。以二维码、RFID、区块链技术，建立市级部件管理系统，各行业单位可通过通用接口上报新建或更新的部件信息，经过审核后，实现对部件的统一管理。

4. 深化数据分析应用，提升大数据治理市容环境黑点的能力

深圳市容环境黑点管控可充分利用大数据汇聚分析的优势，建立大数据分析治理平台，为市容环境黑点管控提供数据支持。同时，探索大数据治理市容环境黑点的模式，实现科学施策和精准治理，解决市容环境管控难点痛点问题，促进市容环境管控工作由被动向主动、静态向动态、粗放向精细、无序向规范转变。

（1）智能分析黑点成因，实现黑点靶向治理。现阶段深圳市容环境黑点分析手段单一，仅依赖于深圳市城管民生诉求服务平台案件数据的人工统计，由于黑点成因众多复杂，包括问题采集不全、处置不及时、处置不达标等，同时还包括市容环境规划体系缺失、设施建设不达标、执法不到位、养护不到位等。此外，对黑点形成原因的分析往往需要耗费大量的时间及人力进行现场巡查取证。

目前，深圳市的市容环境管理数据基础已初步完善，可以为黑点靶向治理提供数据支撑。城管民生诉求服务平台、环卫精细化管理系统以及市容环境指数测评系统已有大量市容环境管理数据，包括案件分布数据、公众投诉数据、案件采集数据、案件处置数据、环卫设施数据、环卫作业保洁数据、垃圾收运数据、执法巡查数据等。在此基础上，通过黑点成因算法模型的构建，能为黑点成因的分析带来技术支撑。为实现市容环卫黑点的全方位管控，智能化支

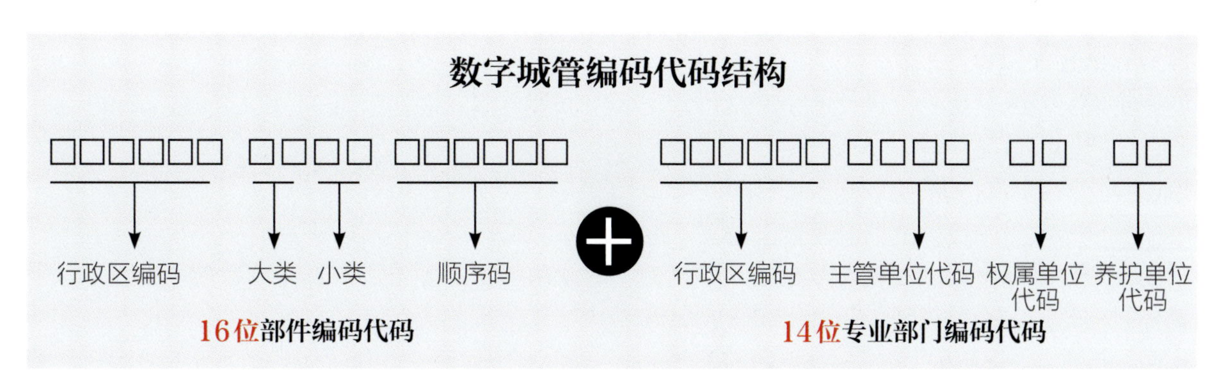


图3 数字城管部件编码代码结构图

撑治理决策需要基于市容环境案件数据建立完善的黑点算法分析模型（包括黑点成因分析模型、黑点趋势分析模型、治理决策分析模型）。深圳市容环境黑点管控可通过大数据分析、人工智能等技术形成各类黑点原因分析模型，能够分析和挖掘市容环境问题的内在规律和特征，并形成黑点成因报告，为针对性黑点治理提供数据支撑。

（2）智能化生成解决措施，高效精准治理黑点。从实践来看，结合人工智能技术对数据进行分析可为城市管理提供有效的管理建议和措施。在城市市容环境黑点管控中，通过对黑点规律、黑点成因、黑点趋势数据进行组合分析得出智能管控的建议。通过智能化建议可以实现市容环境管理资源配置的智能化，并快速找到黑点高效精准治理的措施。随着大数据、云计算技术、人工智能技术的成熟，人工智能应用可以最大化地在算法命令的引导下实现市容环境管控资源配置的优化，为市容环境的设施规划、设施建设、市容执法以及环卫作业养护等方面提供科学的建议，有效地从源头管控市容环境黑点。

（3）智能判断黑点发展趋势，提前预警，事先防控。深圳市容环境黑点的类型与数量根据区域、时间、气候的差异而呈现一定的变化趋势，如台风、暴雨天后，市容环卫黑点问题激增。通过建立市容环境黑点分析模型，结合区域、时间、气候数据，对市容环境黑点发展趋势进行初步分析，形成市容环境黑点趋势分析报告，提前制定管控措施，以减少市容环境问题，提升城市管理水平。

## 六、结论

深圳市市容环境问题的长效化管理已经成为城市管理当前亟须解决的问题。本文通过对数字化城市管理现状和市容环境黑点现状研究发现，深圳市市容环境问题具有点多、面广、治理成本高且易反复的特点，特别是在城中村、背街小巷等市容环境薄弱地带，这些市容环境问题主要是由分析能力的不足，源头治理手段的缺失，以及考核评价体系的弱化等原因造成的。本文立足于深圳市实际情况，借鉴国内先进城市的管理经验，按照“一网统管”及城市运行管理服务平台建设工作要求，提出了深化数字化城市管理体制机制改革和提升数字化城市管理智慧治理能力的建议。

市容环境黑点的管控不可能做到一劳永逸。随着快速城市化背景下的发展要不断调整其工作方式、工作标准、工作方法及工作内容，面对复杂、多样、动态的市容环境黑点状况，必须坚持长效化、常态化管理，真正做到标本兼治。由于时间以及条件所限，本研究的深度与广度还有待加强，希望能够建立起完善、高效的城管民生诉求服务平台体制机制以及智慧管控平台，以实现市容环境黑点的长效化和高效化管理。

# 国家苏铁种质资源保护中心建设与发展纪实

李楠，陈庭
（深圳市中国科学院仙湖植物园国家苏铁种质资源保护中心）

**摘要：** 本文简要介绍了深圳市仙湖植物园“国家苏铁种质资源保护中心”的成立、建设和发展历程。该中心正式成立于2002年12月，是经国家林业局批准设立的全国第一个“专类植物迁地保护中心”。经过20多年的发展与建设，“国家苏铁种质资源保护中心”基本实现了苏铁资源收集和保育规模位居世界前列的目标；通过与国家林业局濒管办等相关部门的深度合作，积极申请并获得中国首批“CITES科学研究注册单位”，为仙湖走向国际，实现国际间研究合作和生物资源的交流打下坚实基础；通过打破传统的苏铁种植和景观营造模式，“中心”确定了以“苏铁地理分布、生境类型、苏铁民俗文化”三要素为改造提升的新思路，打造出国际一流的苏铁保育与科普展示中心，为建设适合中国国情的，集物种收集、研究、展示及科普旅游于一体的物种迁地保育模式树立了典范；通过广泛收集中国辽西中生代的苏铁类化石，建成了世界上唯一一座苏铁化石馆；积极探索适合中国国情的珍稀濒危植物保育新途径，成功实施了由中国政府主导和资助的首个珍稀濒危植物回归自然项目“德保苏铁回归自然工程”；编制完成了国家林草局行业标准“中国珍稀濒危植物回归指南”，为探索适合中国国情的珍稀濒危植物保护之路做出了独特的贡献。

**关键词：** 苏铁类植物；迁地保护；植物回归；专类区景观；苏铁化石馆

# The Construction and Development of the National Cycad Germplasm Resources Conservation Center

Li Nan, Chen Ting
(National Cycad Conservation Center, Fairy Lake Botanical Garden, Shenzhen & Chinese Academy of Sciences)

**Abstract:** This paper introduces the establishment, construction and development of the National Cycad Germplasm Resources Conservation Center (hereinafter referred to as the “Cycad Center”) in Fairy Lake Botanical Garden (FLBG), Shenzhen. The Cycad Center which was formally established in December 2002 is the first “Ex-situ conservation center for special plant group” approved by the National Forestry Administration. After 20 years of development, the Cycad Center achieved its goal to be in the forefront on collection and conservation of cycad resources. The extensive cooperation between the FLBG and Endangered Management Office of the National Forestry Administration along with other relevant departments, the FLBG was included in the first batch that obtained the “CITES Scientific Research Registration Unit” in China. This has resulted to international research collaboration and exchange of biological resources. From breaking the traditional planting and landscaping of cycads to determining the three elements such as “geographical distribution, habitat type and folk culture” as the new idea for reconstruction and improvement, a world-classCycad Center for conservation and science popularization has been established. This has set a good example on ex-situ conservation that integrated species collection, research, exhibition and scientific or educational tourism. Through the extensive collection of Mesozoic cycads in western Liaoning, China, the only cycads fossil museum in the world has been built. By actively exploring new ways to protect rare and endangered plants suited to China’s national conditions, the Cycad Center successfully implemented the "Debao Cycad Return to Nature Project" as the first reintroduction project led and funded by the Chinese government. The project primarily aims to restore rare and endangered cycad plants to nature. This has also led to the compilation and completion of the National Forestry Administration industry standard "Guidelines on reintroduction practice of rare and endangered plants" which made a unique contribution on the protection of rare and endangered plants suitable for China's national conditions.

**Keywords:** Cycad; Ex-situ conservation; Special plant group landscaping, Reintroduction; Cycad fossil museum

深圳地处南亚热带，分布着仙湖苏铁（*Cycas fairylakea*）最大的天然种群。深圳市仙湖植物园自1988年开始收集苏铁类植物，在达到一定收集规模之后，于1994年正式选址小梧桐北坡山脚下建立了苏铁植物专类园。在仙湖植物园各界领导的支持下，在众多科技人员的不懈努力下，历经近三十年的发展，将原来占地不足$1hm^2$（约10亩）的苏铁植物专类园，逐渐改造和发展成为占地约$6hm^2$的"国家苏铁种质资源保护中心"（以下简称"苏铁中心"），其保育物种、展示形式、景观外貌等均发生了巨大变化，基本形成了集苏铁保育、科研、化石展览和科普教育为一体的现代化专类植物区，其保育种类之多、规模之大、展示形式之丰富在世界范围内是罕见的。

## 一、全国"第一个专类植物迁地保护中心"

2001年6月《全国野生动植物保护及自然保护区建设工程》正式启动，标志着国家林业系统将从原来的以林业生产为主转变为以生态资源保护为主。作为隶属国家城建系统的深圳市仙湖植物园抓住机遇，向国家林业局*保护司正式递交了建设"国家苏铁种质资源保护中心"的可行性报告。经国家林业局保护司、濒管办等相关部门的轮番考察，2002年12月18日，"《全国野生动植物保护及自然保护区建设工程》-苏铁迁地保护中心"正式挂牌成立，这是新中国成立后，国家林业局批准设立的我国第一个专类植物迁地保护中心（图1）。

苏铁中心成立至今，先后收集和保育了来自世界各地的苏铁目植物2科10属240余种或变种、品种，其中包括中国分布的几乎所有苏铁物种，以及全球分布的所有苏铁目植物的科和属，大部分种类生长良好，部分种类已经开"花"结籽（图2、图3）。苏铁中心以苏铁收集和保育为基础，开展了大量科学研究项目，内容涉及苏铁分类学、保护生物学、分子系统学、基因组学、传粉生物学、苏铁根际微生物等领域，发表学术论文60余篇，培养研究生30余名。

## 二、积极申报"CITES科学研究注册单位"

《濒危野生动植物物种国际贸易公约》（*Convention on International Trade in Endangered Species of Wild Fauna and Flora*，以下简称CITES）于1973年3月3日签署于美国首都华盛顿，也称为"华盛顿公约"，于1975年7月1日正式生效。截至2021年11月，CITES有184个缔约方（国家和地区）。CITES在前言中阐明了两个基本原则：一是人民主体性原则，即物种各分布国及其人民是本国野生动植物的最好的保护者；二是国际合作原则，即保护野生动植物离不开国际合作。因此，CITES公约对经选择物种标本的国际贸易给予特定管控，要求这

图1 国家苏铁种质资源保护中心

*国家林业局已于2018年3月正式更名为“国家林业和草原局，国家公园管理局”，其下属部门也做了内容和名称等方面的调整。鉴于本文所介绍内容大多发生于2018年以前，为了叙述方便和还原历史，本文介绍所涉及的国家林业和草原局及其下属部门名称仍引用国家林草局更名前其下属各部门的原有名称，特此说明

些物种的所有进口、出口和海上引进必须经过许可证和证明书制度的查验。但同时CITES也建立了国际贸易豁免规定，对经本国审核通过后在CITES管理机构注册的“CITES科学研究注册单位”之间进行的非商业性出借、馈赠或交换的植物标本以及活体材料做出了减免管理措施的“豁免”规定。在具有“豁免”资格的单位或机构间进行活体材料交流等，无论出境国还是入境国，均享有较高的信誉度。对持有“注册”身份的科研单位，有关审核也较宽松。为实现仙湖人打造国际一流植物园的梦想，加强与国际同行间的学术合作与植物活体材料的交流，获得“CITES科学研究注册单位”资格将对仙湖走出国门，跻身于国际同行行列，开展国际间合作具有非常重要的意义。然而，当时国家林业局濒危物种进出口管理办公室尚未办理过此类业务，对如何申请和获得“CITES科学研究注册单位”的资格条件并不十分清楚。通过与国家林业局濒危物种进出口管理办公室的深度合作及多次沟通和合作，2011年8月，仙湖植物园通过了由中华人民共和国濒危物种科学委员会组织的“CITES科学研究注册论证会”的专家评审，2011年年底，仙湖植物园最终获得“CITES科学研究注册单位”资格，成为中国首批获此资格的单位。

图2 引自中美洲地区的矮泽米（*Zamia pumila*）已正常开花结籽，并繁殖出批量苗木

图3 李楠博士在给司氏非洲铁（*Encephalartos sclavoi*）进行人工授粉

## 三、成功实施“德保苏铁回归自然工程”

苏铁类植物资源稀少，是亟待保护的濒危孑遗植物。2021年的最新数据显示，全世界约占苏铁类植物84%的种类被国际自然保护联盟（IUCN）列入《植物保护红色名录》中。同时，苏铁类植物在全球生物多样性保护方面也扮演重要角色：全世界约有40%的苏铁种类分布于全球生物多样性保护的热点地区[1]，因此，苏铁类植物被认为是全球生物多样性保护的“旗舰物种”。1999年8月4日，经国务院批准，国家林业局颁布的《国家重点保护野生植物名录》（第一批）中，苏铁属被列为作为属级保护的两个植物类群之一；时隔21年，经多次修订，经国务院批准，2021年8月7日，国家林业和草原局再次公布了《国家重点保护野生植物名录》（以下简称《名录》）。新调整的《名录》，共列入国家重点保护野生植物455种和40类，包括国家一级保护野生植物54种和4类，国家二级保护野生植物401种和36类。苏铁属仍作为属级保护植物名列其中。可见，中国政府很重视对苏铁属野生植物保护。根据国家林业局委托林业勘探设计院编制的《中国苏铁植物保护行动计划》（2015—2024）征求意见稿，将开展就地保护、迁地保护和回归自然项目作为苏铁资源保护的三个重要途径。这表明，除了就地保护外，苏铁类植物的迁地保护工作、回归自然工作也十分必要，需要植物保育领域内的专业人士认真去探索和实践。

### （一）德保苏铁回归自然项目的立项

德保苏铁（*Cycas debaoensis* Y. C. Zhong et C. J. Chen）发表于1997年，其形态独特，羽片为二至多回羽状分叉，中国特有种，为国家一级重点保护野生植物。该种分布范围狭窄，据野外调查统计，共有13个野外居群零星分布于广西百色地区及云南富宁县，主要生长于海拔700～1 000m的石灰岩山地常绿矮灌丛和海拔330～1 100m的砂页岩常绿阔叶林中。随着德保苏铁重要性地位的提升及其稀缺性的现实情况，特别是受人类生产活动及人为盗挖等的影响，德保苏铁模式产地的株数从发现之初的2 000多株，锐减到2003年的800多株。2003年，《国际自然保护联盟濒危物种红色名录》（*The IUCN Red List of Threatened Species*）根据其野生居群生存状况将其定为极危等级（Critically Endangered），野外植株数量呈逐年递减的趋势，保护状况不容乐观。

为推进国内濒危苏铁植物的保护，2006年，苏铁中心决定向国家林业局申请开展珍稀濒危植物回归自然的尝试，首选物种即为我国特有种、国家一级保护植物——德保苏铁，鉴于开展德保苏铁回归项目意义重大，国家林业局决定资助德保苏铁回归自然项目。同年12月，由苏铁中心组织编制完成的“德保苏铁回归自然项目可行性报告”通过了由国家林业局保护司组织的“德保苏铁回归自然项目可行性专家论证”。2007年11月10日，国家林业局在深圳市举行了“德保苏铁回归自然项目”项目启动仪式，时任国家林业局副局长印红出席并作了重要讲话。该项目由国家林业局资助，深圳市仙湖植物园“国家苏铁种质资源保护中心”承担，并协同广西壮族自治区林业厅、广西黄连山自然保护区，广东省林业厅共同实施，历时8年。特别值得一提的是，该项目为我国政府主导的首个珍稀濒危植物回归自然项目[2]。

### （二）德保苏铁回归自然项目的实施

项目启动前，项目组成员对德保苏铁的原生境及其生存状况进行了全面系统地调查，并对拟回归地进行了考察和筛选。根据调查和研究分析结果显示，导致德保苏铁濒危的重要因素是人类活动，包括人类对其生境的侵占和违法盗挖等，所以项目组最终选定了距离德保苏铁模式产地不足8km的德保县广西黄连山自然保护区试验区作为回归场地。项目组在此基础上编制了项目可行性方案，明确了回归目标和回归项目所必需的基本内容和基本技术流程（图4）。

早在21世纪初始，苏铁中心已开始致力于德保苏铁的生殖研究和育苗实践，并已成功繁育出上千株德保苏铁幼苗。2008年4月，500

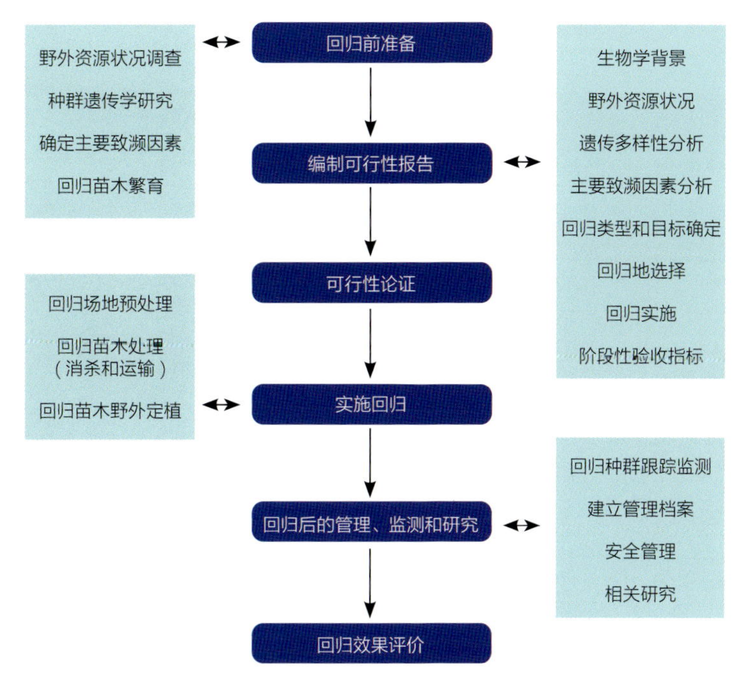

图4 自然回归项目技术流程图

株经过分子检测的德保苏铁实生苗回归定植于广西黄连山自然保护区实验区。苗木回归定植后,项目组对回归种群进行了跟踪监测和管理，主要包括：建立回归种群档案、回归种群生长监测和物候观测记录、安全管理以及在初期进行适当抚育管理等内容。同时，项目组还开展了分子生物学和繁殖生物学等领域的相关科研工作。分子生物学研究主要包括种群遗传覆盖度、分子标记、亲子鉴定等。而繁殖生物学研究则主要包括确定德保苏铁的主要传粉媒介及传粉机制、评估在回归地人工辅助引入主要传粉者的必要性、调查研究回归地是否具有有效的种子散播者以及散播的种子可否发芽出苗等。此外，还探索性地进行了回归地的土壤理化性质测定及根际微生物多样性调查分析等，研究德保苏铁是否具有改良土壤的作用。

历年的监测数据揭示了回归项目获得重要进展。2009 年 4 月，项目各方对回归种群进行了跟踪调查，结果表明：回归种群在回归地生长良好，2009 年记录回归种群发叶的有 471 株，回归苗根系发育健壮，并伴有大量珊瑚根出现；2011 年记录有 8 棵雄株首度开“花”；2012 年则出现首次雌雄球花同放，共有 86 株开花，其中雌株 19 株，雄株 67 株，雌雄比为 1：3.5，达到了一个合理的雌雄比例；2013 年，回归种群达到了开花高峰，雌雄共计 281 株，同时发现回归地已有 2012 年自然散播种长出的子一代幼苗，这表明该回归种群已基本具备了在自然环境中的自我更新能力。分子生物学和繁殖生物学的研究结果显示：回归种群具有相对丰富的遗传多样性，表明该种群具有可持续发展的能力；截至 2013 年年底，回归种群存活 485 株，存活率达到 95.8%；回归种群具有合理的雌雄性比，自然授粉结籽率高达 70%，种子发育良好，发芽率约 60%；回归地发现传粉甲虫各虫态，说明传粉甲虫可在回归地完成整个生活史并进行正常的传粉活动；回归地出现多处种子被啮齿类动物搬运的迹象，搬运后种子可自行发芽，表明回归地具有可为德保苏铁播种的动物，回归种群可以自我更新。上述监测数据和研究结果标志着德保苏铁回归自然项目已取得初步成功。

2014 年 4 月 23 日，国家林业局野生动植物保护与自然保护区管理司在深圳组织召开了“德保苏铁回归自然项目”专家验收评审会（图 5）。评审意见指出：该项目的实施对探索我国野生植物保护具有重要的意义，为规范我国回归引种项目的管理和开展提供了科学依据，为

图5 德保苏铁回归自然项目评审会

我国珍稀濒危植物物种回归自然树立了典范。达到了国内领先、国际先进水平。

### （三）“德保苏铁回归自然项目”产生的深远影响

开展回归项目除了可以有效保护德保苏铁物种外，更重要的意义在于探索适合我国国情的、通过迁地保护促进就地保护的积极模式；同时也在唤醒公众保护环境的意识，尤其是保护原生境的重要性方面扮演着重要角色。“德保苏铁回归自然项目”为其他濒危植物的保护提供了重要借鉴，为社区协作参与濒危植物的保护及可持续发展提供了参考模式，对我国濒危植物保护工作已经产生了深远影响。“德保苏铁回归自然项目”引发了强烈的社会反响[3]，同时推动了如下成果的诞生：

1. 建立德保苏铁小学

德保苏铁是备受国内外学者关注的极度濒危物种。根据国际自然保护主义者的经验，激发当地村民对珍稀物种保护的自觉意识，是保护好珍贵濒危物种的有效途径，其办法之一是使当地村民因保护该濒危物种而受益。为了让更多的村民自觉自愿地保护苏铁，2002 年，一些机构和个人提出在德保苏铁原产地——德保县敬德镇扶平乡建立“德保苏铁小学”，方便该村的孩子们能就近上学，让孩子们不但了解到保护自然生态环境的重要性，更为家乡拥有珍贵的德保苏铁而感到自豪。2008 年 4 月，中国首个以濒危植物命名的学校“德保苏铁小学”在广西德保县正式挂牌[4]。国家林业局保护司和百色市人民政府领导为德保苏铁小学揭牌（图 6）。

图6 2008年4月，德保县敬德镇扶平乡“德保苏铁小学”正式挂牌成立

2. 社会反响

时至 2006 年，鉴于当时开展珍稀濒危植物大规模回归的报道国内外尚不多见，无范例或模式可循，本次回归是一次有益的尝试。包括中央电视台《新闻联播》栏目在内的全国百余家报刊、媒体争相对该项目的实施进行跟踪或系列报道和宣传。珍稀濒危植物的回归是一个复杂又漫长的过程，是一项涉及面广、影响面大的系统工程。它的开展和成功既需要自然科学（如生物学、生态学、水文地质等）方面的研究，也需要社会学领域的探索，需要政府、社会各界、公众的共同参与和关注。2014 年，“德保苏铁回归自然项目”被评为 2014 年中国野生动植物保护十件大事之一。

## 四、编制国家林业行业标准《珍稀濒危植物回归指南》

在主要参考德保苏铁回归自然项目实践经验的基础上，苏铁中心项目组在审阅了大量国内外相关指南或文献的基础上，结合我国生物多样性保护现状和特点等，承担编写了国家林业行业标准《珍稀濒危植物回归指南》，旨在对我国开展的珍稀濒危植物回归项目做出科学的指引与规范，属于在实践和研究基础上的理论归纳和总结。该标准 2016 年 1 月 8 日由国家林业局公布，并于 2016 年 6 月 1 日正式实施[5]。本标准有 6 个章节，具体内容包括范围、规范性引用文件、术语与定义、总则、回归项目的基本流程、开展回归项目的特殊要求，以及附录和文献。总则界定了基本原则、回归对象、开展回归项目的必要条件以及回归项目期限和考核指标。回归项目的基本流程包括本底调查及相关研究、回归类型的选择及实施条件、回归地的勘察与筛选、回归材料的准备、可行性报告的主要编制内容、回归项目评估、相关法律文书申请、回归方案备案、回归定植、回归后的管理和监测、回归成效评价。

### 媒体报道

开展珍稀濒危植物大规模回归的报道国内外尚不多见，本次回归是一次有益的尝试。包括中央电视台《新闻联播》栏目等百余家报刊、媒体争相对项目的实施进行报道和宣传（图7）。

“开展植物重引入项目虽然风险较高，花费也很大，但却在濒危特种的保育、唤醒公众对濒危物种及其赖以生存环境的保护意识方面扮演着重要角色”（见 IUCN/SSC- 植物再引与恢复。http://www. kew. org/ conservation/ main. html）。

目前，自治区政府建立了黄连山和大王岭自然保护区，专门保护苏铁。

在有关部门的努力下，《广西实施〈中华人民共和国野生植物保护条例〉办法》有望今年颁布实施。

4—5 人文周刊 绿色

500株德保苏铁"回家"

# 深圳人异乡掀动生态保护绿风

经过10年精心培育和护理，深圳仙湖植物园把500株德保苏铁苗木送回原产地广西德保县种植，这是中国首次系统地对植物物种进行回归试验。

当绿油油、鸡尾状的苏铁羽叶在故乡摇头晃脑时，这里掀动起一股生态保护的绿色旋风。当地官员和居民竭诚参与苏铁回植活动，"感谢深圳人保护了我们的宝贝，感谢特区带给我们生态保护新概念"。

"熊猫"回归自然

## 深圳要输出生态保护经验

——访国家林业局保护司副司长贾建生

## 向全国辐射生态文明之光

在野生苏铁前现场采访

深圳培育苏铁在保护区扎根

"植物回归"与"动物回归"

图7 相关媒体报道

# 五、打造国际一流的集苏铁保育、科研及科普展示于一体的“国家苏铁种质资源保护中心”

为迎接“第十九届国际植物学大会”在深圳召开，2017 年，在市政府和局领导的支持下，开始对“中心”进行全面提升改造。“中心”打破传统的苏铁种植和景观营造模式，确定以“苏铁地理分布、生境类型、苏铁民俗文化”三要素为改造提升的新思路。美洲区以“热带雨林下的苏铁类植物与玛雅文化”为主题进行生境营造和景观展示；亚洲区则以“攀枝花苏铁石灰岩景观”展示苏铁类植物常分布于石灰岩山地这一特性。这种设计和布局，让游客们在步移景异的同时，既能欣赏到千姿百态的苏铁类植物，又能对古老的“活化石植物”的生存现状及其所携带的文化基因有更深的体会！这些景区设计与古苏铁林、苏铁盆景区、苏铁化石展馆等一道，构成较完整的苏铁景观科普游览序列。整个景区布局依山就势，与周边的山体浑然一体，最大限度减少了专类区建设对原始山体的干扰。沿等高线进行种植和布局的方式，让游人的游览体验更加舒适和贴近自然。苏铁园以独特的保育形式成为仙湖植物园专类植物展示的一张名片，并在国内外同行中独树一帜。苏铁中心活体保育区按照苏铁物种的地理分布产地划区种植，形成有以越南篦齿苏铁为主的古苏铁林、攀枝花苏铁石灰岩景区、以玛雅文化和热带雨林景观为特点的美洲区、大洋洲红石区、非洲区和东南亚区，以及苏铁盆景区等景观。

## （一）古苏铁林景区简介

本区域的高大树种为原产东南亚的苏铁科苏铁属植物越南篦齿苏铁（*Cycas elongata*）和原产大洋洲的泽米科大泽米属植物摩尔大泽米（*Macrozamia moorei*）。全区域胸径超过 20cm 的个体达 101 株，其中命名为“苏铁皇”的个株其胸径超过 1m，树高达约 7m，而另一株胸径超过 30cm，树高则达约 9m，根据叶痕轮推测这两株树龄均在 500 年以上。2018 年 6 月，上述两株铁树被深圳市古树办纳入全市古树保护名录。古苏铁林全年郁郁葱葱，其树姿挺拔、树影婆娑，远眺巍巍壮观，气势磅礴，为游客必到的网红打卡地之一（图 8）。

2021 年 1 月最新版的 IUCN 红色名录（IUCN RED LIST）显示，越南篦齿苏铁被列为濒危（Endangered）等级，且目前野外居群处于逐年递减的趋势，类似我园级别的古苏铁在野外已不多见。由于越南篦齿苏铁原生境的破坏，

图8 古苏铁林

图9 攀枝花苏铁石灰岩景观

加之人为盗挖等诸多因素，其生存堪忧，所以迁地保育是对苏铁种质资源进行加强保护的重要措施之一，同时可加强繁育研究，为该种质回归自然创造种源条件。目前，全区域种植的古苏铁保护良好，证明迁地保护对于濒危树种的保护是一种行之有效的措施。

## （二）攀枝花苏铁石灰岩景区简介

攀枝花苏铁（*Cycas panzhihuaensis*）为苏铁科苏铁属植物，分布于四川攀枝花、云南禄劝等金沙江流域的亚热带干热河谷，其最大的自然分布种群位于攀枝花市郊，面积达 3.8km$^2$，也是东亚大陆苏铁类植物中分布纬度最高、海拔最高、面积最大、分布最集中的地区，现已成立国家级的攀枝花苏铁自然保护区。攀枝花苏铁自然分布区属石灰岩山地地貌，富含钒、钛等矿质元素，大部分植株生长于石缝中，其主干刚劲挺拔，羽状叶直挺聚生于茎顶，雄球果硕大，全株形态优美婆娑，形成了罕见的石灰岩山地苏铁景观，具有极高的观赏价值。同时，由于攀枝花苏铁起源古老，加之群落所处的特殊生态环境，因此其在植物演化和地史演变上占据重要地位，也极具重要的研究价值。由于城市建设导致生境破坏及人为盗挖等因素的影响，自然分布区攀枝花苏铁的数量曾经一度急剧减少，导致其遗传多样性普遍降低，生境保护刻不容缓。1999 年，攀枝花苏铁被列为《国家一级重点保护野生植物》（第一批），2019 年版的《国际自然与自然资源保护联合会（IUCN）红色名录》将其列为易危（Vulerable）等级。基于其资源的稀缺性及重要性而言，攀枝花苏铁与大熊猫、自贡恐龙化石被并称为“巴蜀三宝”。

攀枝花苏铁岩生景观占地约 500m$^2$，是利用原有陡坎改造形成的起伏坡地，形态各异的巨型石灰岩散落其间，攀枝花苏铁则依石而植，二者相辅相成，巍巍壮观，远观有苏铁妙曼、怪石崔嵬的视觉效果，二者搭配素雅，场面恢宏，完美地烘托出攀枝花苏铁岩生景观。攀枝花苏铁岩生景观高度模拟攀枝花苏铁原生地生境，会给人带来“取法自然又超越自然”的深邃意境（图 9）。

## （三）美洲热带雨林苏铁景区简介

美洲热带雨林苏铁景区主要种植来自美洲的苏铁种类，全区域模仿中美洲地区分布的泽

图10 美洲热带雨林苏铁区景观

图11 美洲苏铁植物与玛雅祭台景观

米科属植物铁热带雨林生境，结合美洲古老的玛雅文化及民俗元素而成。神秘的祭坛、兀自耸立的图腾石柱及依稀出现的断壁残垣等构成了玛雅文化的主基调，配置以喷雾及小溪流水为主的氛围营造，形态各异的美洲苏铁散布于其间，构成了一幅美不胜收的热带雨林景观（图10、图11）。

## （四）苏铁盆景区简介

盆景是起源于中国的传统园艺造景技艺和艺术品之一，是园林栽培艺术和雕塑艺术的巧妙结合，有“无声的诗，立体的画”之称。苏铁类植物由于其株形、树冠、树干、叶片以及球花和种子都具有独特的形态和风韵，且可塑性强，常被广大盆景爱好者用作制作盆景的植物素材。石山苏铁因其独特的茎部形态而使其具有作为盆景植物素材的特质，苏铁盆景区主要以展示石山苏铁为主，其丰富多变的茎部形态往往令人叹为观止。为弘扬广东本土文化，发掘其中盆景精品，苏铁中心还特别引进具有广东地方传统特色的石湾陶盆景及石湾陶挂件，不仅增添了新的元素，而且丰富了盆景文化的内涵，让游客们在了解苏铁类植物的同时也能欣赏到富有地方特色的石湾陶艺术（图12）。

# 六、世界上独一无二的苏铁化石馆

中国辽西是世界级的化石宝库，“中心”充分利用这一优势，广泛收集辽西中生代的苏铁类化石，策划并举办了以中国辽西中生代苏铁类植物及伴生植物为主题的“苏铁化石馆”。苏铁化石馆从纵向时空角度向游客展示苏铁类植物的进化历史，是对苏铁这一类现存最古老的种子植物、活化石植物的最好诠释。苏铁化石馆形式新颖别致，构思精巧，内容丰富，共展出源自我国辽西

图12 苏铁中心盆景区

图13 暮色中的苏铁化石馆

中生代地层的苏铁类及其伴生植物精美化石100余件。利用红外框多点感应和透明屏显示技术，对苏铁类植物的前世今生，以及地球板块近3亿年来的运动漂移进行了生动展现；原创制作的科教片“铁树华开世界香”以真实化石为蓝本，复原制作了20余种苏铁类及伴生植物的3D模型，概述了苏铁类植物近3亿年的演化历程；利用3D绘画技艺，以“中生代苏铁恐龙群落景观”为主题，对展馆墙面进行了应景美化。化石馆展出的苏铁化石种类之丰富，化石之精美在国内外实属罕见，同时，这也是世界上唯一以苏铁化石命名的博物馆（图13）。

# 七、结语

苏铁类植物是国家一级重点保护的珍稀濒危植物，且多数被列为 CITES 保护物种，其引种和野外资源调查活动都存在诸多限制，通过纳入国家总体规划，不但可在一定程度上解除限制，还可得到国家政策的倾斜或支持。将苏铁类植物收集与保护纳入国家林业局的总体布局将有助于提升仙湖植物园在同行中的认可程度，从而建立更加广泛和坚实的合作网络。如何使苏铁专类园成为人类与自然的连接，让游客在身心放松的同时，唤醒其环境保护的意识，是苏铁中心近几年来创新发展所围绕的核心主题之一。面向未来，苏铁中心的创新意识不会停止，同时坚定信念，朝着打造世界一流专类园的目标不懈奋斗。

## 参考文献

[1] John Donaldson，Cycads：Status Survey and Conservation Action Plan. IUCN/SSC Cycad Specialist Group.2003.
[2] 保护植物进化的“足迹”——德保苏铁的回归成为植物理想回归的典范[J]. 科学世界，2010（1）：28-29.
[3] 张连友.“苏铁回归”为中国濒危植物拯救探路[J]. 广西林业，2008（2）：46-47.
[4] 刘晖.“苏铁之乡”传佳音——我国第一所苏铁希望小学在德保奠基[J]. 植物杂志，2001（6）：26.
[5] 李楠，龙丹丹，王运华，等.珍稀濒危植物回归指南 LY/T 2589-2016 [S]. 北京：国家林业局与草原局，2016.

# 国家蕨类种质资源库的建设和发展

赵国华，胡佳玉，王晖
（深圳市中国科学院仙湖植物园）

**摘要：** 全世界约有石松类和蕨类植物12 000种，而中国有2 380种，约占世界总数的20%，是世界上石松类和蕨类植物最丰富的国家之一。深圳位于我国华南地区，气候温暖湿润，属亚热带季风气候，是保育热带、亚热带石松类和蕨类植物的理想地点。深圳市中国科学院仙湖植物园国家蕨类种质资源库共保育石松类和蕨类植物1 000余种，占世界石松类和蕨类植物总数的10%，并于2020获批成为国家蕨类种质资源库。近年来，通过开展珍稀濒危石松类和蕨类植物人工繁育研究，建设专类园以及举办展览实现了从单纯的收集保育到保育、园林应用和科学普及的综合提升。

**关键词：** 国家重点保护植物；蕨类种质资源；园林应用

# Establishment and Development of the National Fern Germplasm Bank

Zhao Guohua, Hu Jiayu, Wang Hui
(Fairy Lake Botanical Garden, Shenzhen & Chinese Academy of Sciences)

**Abstract:** There are about 12,000 species of lycophytes and ferns in the world, and China has 2,380 species, accounting for about 20% of the world's total, making it one of the most abundant countries in the world. Located in South China, Shenzhen enjoys a warm and humid subtropical monsoon climate, making it an ideal place for conservation of tropical and subtropical lycophytes and ferns. Through years of collection and introduction, the Shenzhen Fairy Lake Botanical Garden has conserved more than 1 000 species of lycophytes and ferns, accounting for 10% of the total number of lycophytes and ferns worldwide, and it was approved as the National Fern Germplasm Bank in 2020. Some rare and endangered lycophytes and ferns were propagated through the establishment of facility and remote storage banks. On this basis, through the establishment of special gardens and exhibitions to achieve a leap from collection conservation to garden application.

**Keywords:** Wild plants under state priority conservation; Germplasm resources of ferns; Garden application

蕨类植物是植物界的一个自然类群，传统的蕨类植物（Pteridophyes）包括拟蕨类（Fern allies）和真蕨类（Ferns），是高等维管植物的重要组成部分。但是近年随着分子生物学的发展，最新的系统发育关系显示石松类（Lycophytes）是现存维管植物最早分化的类群[1,2]，并且与蕨类植物和种子植物为并系关系。石松类共包含3个科，分别是石松科（Lycopodiaceae）、卷柏科（Selaginellaceae）和水韭科（Isoetaceae），而现代蕨类（Ferns）由木贼类（Horsetails）、松叶蕨类（Whisk-ferns）、厚囊蕨类（Eusporangiate ferns）和薄囊蕨类（Leptosporangiatae ferns）共4个类群组成。据统计，全世界约有石松类和蕨类植物11 000 ~ 12 000种[3]，其中石松类约占1/10，除了在少数荒漠和极地等地区，石松类和蕨类植物在全世界都广泛分布，而由于蕨类植物比较喜欢温暖湿润的环境，因此蕨类植物在热带和亚热带地区种类最多，尤其是在热带美洲和热带亚洲多样性最高。

## 一、我国的蕨类植物资源及分布情况

中国幅员辽阔，山川地貌复杂，南北气候条件迥异，是世界上石松类和蕨类植物最丰富的地区之一。由于中国植物分类研究历史短，中国石松类和蕨类植物数量也一直在变动，根据秦仁昌院士1978年提出的中国蕨类植物分类系统编写的《中国植物志》统计，中国共有石松类和蕨类植物63科220属2 539种（包含8亚种158变种33变型和4杂种），共2 742种和种下分类群。张宪春在《中国石松类和蕨类植物》[4]依据新的分类系统统计，中国共有石松类和蕨类植物38科164属约2 300种。*Flora of China* 记载了石松类和蕨类38科177属2 258种（包含127个亚种和变种）[5]。而根据最新的《中国生物物种名录》2022版[6]统计，我国共有石松类和蕨类植物42科189属2 380种232个种下分类群。按照物种数量排序（表1），中国石松类和蕨类植物有6个科种数超过100种，分别是鳞毛蕨科（Dryopteridaceae）（496种）、蹄盖蕨科（Athyriaceae）（282种）、水龙骨科（Polypodiaceae）（267种）、凤尾蕨科（Pteridaceae）（235种）、金星蕨科（Thelypteridaceae）（199种）和铁角蕨科（Aspleniaceae）（108种），这6个科包含的种类占据了中国石松类和蕨类植物总数的66.69%。根据统计，中国石松类和蕨类植物有5个科属数量大于10，分别是石松科（10属）、凤尾蕨科（22属）、金星蕨科（12属）、鳞毛蕨科（11属）和水龙骨科（23属）。

表1 中国与世界石松类和蕨类植物物种和属数量

| 科名 | 世界物种数 | 中国物种数 | 世界属数 | 中国属数 |
|---|---|---|---|---|
| 石松科 Lycopodiaceae | 388 | 69 | 16 | 10 |
| 卷柏科 Selaginellaceae | 700 | 73 | 1 | 1 |
| 水韭科 Isoetaceae | 250 | 5 | 1 | 1 |
| 木贼科 Equisetaceae | 15 | 10 | 1 | 1 |
| 松叶蕨科 Psilotaceae | 17 | 1 | 2 | 1 |
| 瓶尔小草科 Ophioglossaceae | 112 | 22 | 12 | 7 |
| 合囊蕨科 Marattiaceae | 111 | 30 | 6 | 3 |
| 紫萁科 Osmundaceae | 18 | 8 | 6 | 4 |
| 膜蕨科 Hymenophyllaceae | 434 | 51 | 9 | 7 |
| 马通蕨科 Matoniaceae | 4 | NA | 2 | NA |
| 双扇蕨科 Dipteridaceae | 11 | 5 | 2 | 2 |
| 里白科 Gleicheniaceae | 157 | 16 | 6 | 3 |
| 海金沙科 Lygodiaceae | 40 | 9 | 1 | 1 |
| 莎草蕨科 Schizaeaceae | 35 | 2 | 2 | 1 |
| 双穗蕨科 Anemiaceae | 115 | NA | 1 | NA |
| 槐叶蘋科 Salviniaceae | 21 | 5 | 2 | 2 |
| 蘋科 Marsileaceae | 61 | 3 | 3 | 1 |
| 伞序蕨科 Thyrsopteridaceae | 1 | NA | 1 | NA |
| 柱囊蕨科 Loxsomataceae | 2 | NA | 2 | NA |
| 垫囊蕨科 Culcitaceae | 2 | NA | 1 | NA |
| 瘤足蕨科 Plagiogyriaceae | 15 | 8 | 1 | 1 |

（续）

| 科名 | 世界物种数 | 中国物种数 | 世界属数 | 中国属数 |
|---|---|---|---|---|
| 金毛狗科 Cibotiaceae | 9 | 2 | 1 | 1 |
| 丝囊蕨科 Metaxyaceae | 6 | NA | 1 | NA |
| 蚌壳蕨科 Dicksoniaceae | 35 | NA | 3 | NA |
| 桫椤科 Cyatheaceae | 643 | 14 | 3 | 3 |
| 袋囊蕨科 Saccolomataceae | 18 | NA | 1 | NA |
| 花楸蕨科 Cystodiaceae | 1 | NA | 1 | NA |
| 番茄蕨科 Lonchitidaceae | 2 | NA | 1 | NA |
| 鳞始蕨科 Lindsaeaceae | 234 | 17 | 7 | 4 |
| 凤尾蕨科 Pteridaceae | 1 211 | 235 | 53 | 22 |
| 碗蕨科 Dennstaedtiaceae | 265 | 53 | 10 | 7 |
| 冷蕨科 Cystopteridaceae | 37 | 20 | 2 | 3 |
| 轴果蕨科 Rhachidosoraceae | 8 | 5 | 1 | 1 |
| 肠蕨科 Diplaziopsidaceae | 4 | 3 | 2 | 1 |
| 链脉蕨科 Desmophlebiaceae | 2 | NA | 1 | NA |
| 半网蕨科 Hemidictyaceae | 1 | NA | 1 | NA |
| 铁角蕨科 Aspleniaceae | 730 | 108 | 2 | 2 |
| 岩蕨科 Woodsiaceae | 39 | 24 | 1 | 1 |
| 球子蕨科 Onocleaceae | 5 | 4 | 4 | 3 |
| 乌毛蕨科 Blechnaceae | 265 | 14 | 24 | 8 |
| 蹄盖蕨科 Athyriaceae | 650 | 282 | 5 | 5 |
| 金星蕨科 Thelypteridaceae | 1 034 | 199 | 22 | 12 |
| 翼盖蕨科 Didymochlaenaceae | 1 | 1 | 1 | 1 |
| 肿足蕨科 Hypodematiaceae | 22 | 13 | 2 | 2 |
| 鳞毛蕨科 Dryopteridaceae | 2 115 | 496 | 25 | 11 |
| 肾蕨科 Nephrolepidaceae | 19 | 5 | 1 | 1 |
| 藤蕨科 Lomariopsidaceae | 69 | 4 | 4 | 2 |
| 三叉蕨科 Tectariaceae | 250 | 42 | 7 | 3 |
| 篠蕨科 Oleandraceae | 15 | 5 | 1 | 1 |
| 骨碎补科 Davalliaceae | 65 | 17 | 1 | 1 |
| 水龙骨科 Polypodiaceae | 1 652 | 267 | 59 | 23 |

注：NA 表示中国没有分布；世界物种数据来源于 PPG I[3]，中国物种数据来源于《中国生物物种名录》[7]。

我国南到北由于地理环境差异大，石松类和蕨类植物的数量变化也很大，从省份上看，根据统计，中国 34 个省（自治区、直辖市、特别行政区）中，云南石松类和蕨类植物种类最丰富的（有 1 365 种），其次为四川（有 875 种），排名第三至第五的分别为贵州（838 种）、广西（785 种）和台湾（779 种）[8]。在特有种方面，云南有中国特有种 414 个，其中有 181 种仅产云南本省，包含 150 种以上中国特有种的还有四川（284 种）、贵州（227 种）、湖南（180 种）、广西（157 种）和重庆（154 种）等地。

从地理分布上看，中国石松类和蕨类植物的分布具有明显的南北向和东西向变化[9]，大致以大兴安岭、阴山、贺兰山至青藏高原东部为分界线，其中西北地区为亚洲内陆干旱荒漠和草原气候，青藏高原则为高寒的高原气候，这一地区石松类和蕨类植物数量稀少，多为温带广布和高山种类，多为一些耐寒、耐旱的属，如冷蕨属（*Cystopteris*）、珠蕨属（*Cryptogramma*）、岩蕨属（*Woodsia*）、卷柏属（*Selaginella*）、鳞毛蕨属（*Dryopteris*）和粉背蕨属（*Aleuritopteris*）等。而从大兴安岭至青藏高原东部的东南半部这一地区为中国石松类和蕨类植物最丰富的地区。这其中西南地区 4 个省约有蕨类植物 2 000 种，占了中国石松类和蕨类植物总数的 80% 以上[10]。喜马拉雅的隆起对该地区石松类和蕨类植物的起源和分化具有重要的影响，中国石松类和蕨类植物数量最多的两个科为鳞毛蕨科和蹄盖蕨科，这两个科的优势属为鳞毛蕨属、耳蕨属和蹄盖蕨属，这三个属都是以喜马拉雅为分布中心[11]。孔宪需[12]也将喜马拉雅—中国—日本这一区域称为“耳蕨–鳞毛蕨类植物区系”。而从西南地区经华中、华东向北后，石松类蕨类植物数量较少。最后在华南地区，这一地区包含许多热带特有属，例如莎草蕨属（*Actinostachys*）、卤蕨属（*Acrostichum*）等。

植物区系是反映植物地理分布和区域分化规律的重要数据，严岳鸿在《中国蕨类植物多样性与地理分布》一书中对中国石松类和蕨类植物的区系地理进行了详细的分析[13]，结果显示（表2），中国石松类和蕨类植物的主要分布区类型为中国—喜马拉雅分布，占总分布的40.86%，其次为热带亚洲分布，占总分布的30.95%，反映了中国石松类何蕨类植物区系成分的热带亲缘。从与其他洲际的联系看，中国与大洋洲联系最为紧密，而与美洲联系最少。整体上看，中国石松类和蕨类植物区系成分为热带成分、亚热带成分和温带成分组成。

表2 中国石松类和蕨类植物分布区类型

| 分布区类型 | 种数 | 占比（%） |
| --- | --- | --- |
| 1. 世界广布 Cosmopolitan | 11 | 0.45 |
| 2. 泛热带分布 Pantropic | 18 | 0.73 |
| 3. 热带亚洲至热带美洲间断分布 Trop. Asia to Trop. America | 2 | 0.08 |
| 4. 旧大陆热带分布 Old World Tropics | 19 | 0.77 |
| 5. 热带亚洲—热带大洋洲分布 Trop. Asia to Trop. Australasia | 46 | 1.88 |
| 6. 热带亚洲—热带非洲分布 Trop. Asia to Trop. Africa | 15 | 0.61 |
| 7. 热带亚洲分布 Trop. Asia | 759 | 30.95 |
| 8. 北温带分布 N. Temp. | 39 | 1.59 |
| 9. 东亚分布 East Asia | 313 | 12.77 |
| 9.2 中国—日本 (S-J) | 202 | 8.24 |
| 9.3 中国—喜马拉雅 (S-H) | 1 002 | 40.86 |
| 10. 东亚—北美间断分布 E. Asia & N. Amer. Disjuncted | 11 | 0.45 |
| 11. 温带亚洲分布 Temperate Asia | 9 | 0.37 |
| 12. 旧大陆温带分布 Old World Temp. | 6 | 0.24 |
| 13. 中国特有 Endemic to China | 1 222 | 49.67 |

（续）

注：中国特有分布归属于温带亚洲分布、东亚分布、热带亚洲分布、北温带分布，因此不重复计算。

## 二、我国的珍稀濒危及受保护蕨类植物

我国复杂而古老的地理环境也孕育了许多珍稀濒危石松类和蕨类植物，然而近些年由于环境的变迁以及对野生植物资源不合理的利用，导致许多石松类和蕨类植物的数量急速下降，在此背景下，国家林业和草原局和农业农村部于2021年9月8日正式公布了新版《国家重点保护野生植物名录》（http://www.gov.cn/zhengce/zhengceku/2021-09/09/content_5636409.htm），根据《中国生物物种名录》2022版最新统计以及近期正式发表的新物种[14,15]，国家重点保护石松类和蕨类植物总计约128种，隶属于11科17属（表3），其中国家一级重点保护野生植物11种，国家二级重点保护野生植物117种。

表3 国家重点保护石松类和蕨类植物

| 科 | 属 | 种名 | 保护级别 |
| --- | --- | --- | --- |
| 石松科 Lycopodiaceae | 石杉属 *Huperzia* | 伏贴石杉 *Huperzia appressa* | 二级 |
| | | 曲尾石杉 *Huperzia bucahwangensis* | 二级 |
| | | 中华石杉 *Huperzia chinensis* | 二级 |
| | | 峨眉石杉 *Huperzia emeiensis* | 二级 |
| | | 雷波石杉 *Huperzia laipoensis* | 二级 |
| | | 墨脱石杉 *Huperzia medogensis* | 二级 |
| | | 东北石杉 *Huperzia miyoshiana* | 二级 |
| | | 苔藓林石杉 *Huperzia muscicola* | 二级 |
| | | 南川石杉 *Huperzia nanchuanensis* | 二级 |
| | | 金发石杉 *Huperzia quasipolytrichoides* | 二级 |

（续）

| 科 | 属 | 种名 | 保护级别 |
| --- | --- | --- | --- |
| 石松科 Lycopodiaceae | 石杉属 *Huperzia* | 红茎石杉 *Huperzia rubicaulis* | 二级 |
| 石松科 Lycopodiaceae | 石杉属 *Huperzia* | 小杉兰 *Huperzia selago* | 二级 |
| 石松科 Lycopodiaceae | 石杉属 *Huperzia* | 相马石杉 *Huperzia somae* | 二级 |
| 石松科 Lycopodiaceae | 石杉属 *Huperzia* | 西藏石杉 *Huperzia tibetica* | 二级 |
| 石松科 Lycopodiaceae | 石杉属 *Huperzia* | 长白石杉 *Huperzia asiatica* | 二级 |
| 石松科 Lycopodiaceae | 石杉属 *Huperzia* | 赤水石杉 *Huperzia chishuiensis* | 二级 |
| 石松科 Lycopodiaceae | 石杉属 *Huperzia* | 皱边石杉 *Huperzia crispata* | 二级 |
| 石松科 Lycopodiaceae | 石杉属 *Huperzia* | 苍山石杉 *Huperzia delavayi* | 二级 |
| 石松科 Lycopodiaceae | 石杉属 *Huperzia* | 华西石杉 *Huperzia dixitiana* | 二级 |
| 石松科 Lycopodiaceae | 石杉属 *Huperzia* | 锡金石杉 *Huperzia herteriana* | 二级 |
| 石松科 Lycopodiaceae | 石杉属 *Huperzia* | 千层塔 *Huperzia javanica* | 二级 |
| 石松科 Lycopodiaceae | 石杉属 *Huperzia* | 康定石杉 *Huperzia kangdingensis* | 二级 |
| 石松科 Lycopodiaceae | 石杉属 *Huperzia* | 昆明石杉 *Huperzia kunmingensis* | 二级 |
| 石松科 Lycopodiaceae | 石杉属 *Huperzia* | 拉觉石杉 *Huperzia lajouensis* | 二级 |
| 石松科 Lycopodiaceae | 石杉属 *Huperzia* | 雷山石杉 *Huperzia leishanensis* | 二级 |
| 石松科 Lycopodiaceae | 石杉属 *Huperzia* | 凉山石杉 *Huperzia liangshanica* | 二级 |
| 石松科 Lycopodiaceae | 石杉属 *Huperzia* | 亮叶石杉 *Huperzia lucidula* | 二级 |
| 石松科 Lycopodiaceae | 石杉属 *Huperzia* | 南岭石杉 *Huperzia nanlingensis* | 二级 |
| 石松科 Lycopodiaceae | 石杉属 *Huperzia* | 蛇足石杉 *Huperzia serrata* | 二级 |
| 石松科 Lycopodiaceae | 石杉属 *Huperzia* | 四川石杉 *Huperzia sutchueniana* | 二级 |
| 石松科 Lycopodiaceae | 马尾杉属 *Phlegmariurus* | 网络马尾杉 *Phlegmariurus cancellatus* | 二级 |
| 石松科 Lycopodiaceae | 马尾杉属 *Phlegmariurus* | 金丝条马尾杉 *Phlegmariurus fargesii* | 二级 |
| 石松科 Lycopodiaceae | 马尾杉属 *Phlegmariurus* | 鳞叶马尾杉 *Phlegmariurus sieboldii* | 二级 |
| 石松科 Lycopodiaceae | 马尾杉属 *Phlegmariurus* | 云南马尾杉 *Phlegmariurus yunnanensis* | 二级 |
| 石松科 Lycopodiaceae | 马尾杉属 *Phlegmariurus* | 华南马尾杉 *Phlegmariurus austrosinicus* | 二级 |
| 石松科 Lycopodiaceae | 马尾杉属 *Phlegmariurus* | 台湾马尾杉 *Phlegmariurus taiwanensis* | 二级 |
| 石松科 Lycopodiaceae | 马尾杉属 *Phlegmariurus* | 长叶马尾杉 *Phlegmariurus changii* | 二级 |
| 石松科 Lycopodiaceae | 马尾杉属 *Phlegmariurus* | 聂拉木马尾杉 *Phlegmariurus nylamensis* | 二级 |
| 石松科 Lycopodiaceae | 马尾杉属 *Phlegmariurus* | 上思马尾杉 *Phlegmariurus shangsiensis* | 二级 |
| 石松科 Lycopodiaceae | 马尾杉属 *Phlegmariurus* | 细叶马尾杉 *Phlegmariurus subulifolius* | 二级 |
| 石松科 Lycopodiaceae | 马尾杉属 *Phlegmariurus* | 柳杉叶马尾杉 *Phlegmariurus cryptomerinus* | 二级 |
| 石松科 Lycopodiaceae | 马尾杉属 *Phlegmariurus* | 喜马拉雅马尾杉 *Phlegmariurus hamiltonii* | 二级 |
| 石松科 Lycopodiaceae | 马尾杉属 *Phlegmariurus* | 闽浙马尾杉 *Phlegmariurus mingcheensis* | 二级 |
| 石松科 Lycopodiaceae | 马尾杉属 *Phlegmariurus* | 卵叶马尾杉 *Phlegmariurus ovatifolius* | 二级 |
| 石松科 Lycopodiaceae | 马尾杉属 *Phlegmariurus* | 有柄马尾杉 *Phlegmariurus petiolatus* | 二级 |
| 石松科 Lycopodiaceae | 马尾杉属 *Phlegmariurus* | 美丽马尾杉 *Phlegmariurus pulcherrimus* | 二级 |
| 石松科 Lycopodiaceae | 马尾杉属 *Phlegmariurus* | 龙骨马尾杉 *Phlegmariurus carinatus* | 二级 |
| 石松科 Lycopodiaceae | 马尾杉属 *Phlegmariurus* | 马尾杉 *Phlegmariurus phlegmaria* | 二级 |
| 石松科 Lycopodiaceae | 马尾杉属 *Phlegmariurus* | 柔软马尾杉 *Phlegmariurus salvinioides* | 二级 |

（续）

| 科 | 属 | 种名 | 保护级别 |
|---|---|---|---|
| 石松科 Lycopodiaceae | 马尾杉属 *Phlegmariurus* | 杉形马尾杉 *Phlegmariurus cunninghamioides* | 二级 |
| | | 广东马尾杉 *Phlegmariurus guangdongensis* | 二级 |
| | | 福氏马尾杉 *Phlegmariurus fordii* | 二级 |
| | | 椭圆叶马尾杉 *Phlegmariurus henryi* | 二级 |
| | | 粗糙马尾杉 *Phlegmariurus squarrosus* | 二级 |
| 水韭科 Isoetaceae | 水韭属 *Isoetes* | 中华水韭 *Isoetes sinensis* | 一级 |
| | | 高寒水韭 *Isoetes hypsophila* | 一级 |
| | | 云贵水韭 *Isoetes yunguiensis* | 一级 |
| | | 台湾水韭 *Isoetes taiwanensis* | 一级 |
| | | 香格里拉水韭 *Isoetes shangrilaensis* | 一级 |
| | | 东方水韭 *Isoetes orientalis* | 一级 |
| | | 保东水韭 *Isoetesbaodongii* | 一级 |
| | | 隆平水韭 *Isoetes longpingii* | 一级 |
| | | 湘妃水韭 *Isoetes xiangfei* | 一级 |
| 瓶尔小草科 Ophioglossaceae | 瓶尔小草属 *Ophioglossum* | 带状瓶尔小草 *Ophioderma pendulum* | 二级 |
| | 七指蕨属 *Helminthostachys* | 七指蕨 *Helminthostachys zeylanica* | 二级 |
| 合囊蕨科 Marattiaceae | 观音座莲属 *Angiopteris* | 福建观音座莲 *Angiopteris fokiensis* | 二级 |
| | | 尖齿观音座莲 *Angiopteris acutidentata* | 二级 |
| | | 二回原始观音座莲 *Angiopteris bipinnata* | 二级 |
| | | 披针观音座莲 *Angiopteris caudatiformis* | 二级 |
| | | 长尾观音座莲 *Angiopteris caudipinna* | 二级 |
| | | 河口原始观音座莲 *Angiopteris chingii* | 二级 |
| | | 琼越观音座莲 *Angiopteris cochinchinensis* | 二级 |
| | | 密脉观音座莲 *Angiopteris confertinervia* | 二级 |
| | | 尾叶原始观音座莲 *Angiopteris danaeoides* | 二级 |
| | | 滇越观音座莲 *Angiopteris dianyuecola* | 二级 |
| | | 食用观音座莲 *Angiopteris esculenta* | 二级 |
| | | 观音座莲 *Angiopteris evecta* | 二级 |
| | | 海南观音座莲 *Angiopteris hainanensis* | 二级 |
| | | 楔基观音座莲 *Angiopteris helferiana* | 二级 |
| | | 河口观音座莲 *Angiopteris hokouensis* | 二级 |
| | | 伊藤氏原始观音座莲 *Angiopteris itoi* | 二级 |
| | | 阔叶原始观音座莲 *Angiopteris latipinna* | 二级 |
| | | 海金沙叶观音座莲 *Angiopteris lygodiifolia* | 二级 |
| | | 倒披针观音座莲 *Angiopteris oblanceolata* | 二级 |
| | | 疏脉观音座莲 *Angiopteris paucinervis* | 二级 |
| | | 疏叶观音座莲 *Angiopteris remota* | 二级 |
| | | 台湾原始观音座莲 *Angiopteris somae* | 二级 |
| | | 法斗观音座莲 *Angiopteris sparsisora* | 二级 |

（续）

| 科 | 属 | 种名 | 保护级别 |
|---|---|---|---|
| 合囊蕨科 Marattiaceae | 观音座莲属 *Angiopteris* | 圆基原始观音座莲 *Angiopteris subrotundata* | 二级 |
| | | 尖叶原始观音座莲 *Angiopteris tonkinensis* | 二级 |
| | | 西藏观音座莲 *Angiopteris wallichiana* | 二级 |
| | | 王氏观音座莲 *Angiopteris wangii* | 二级 |
| | | 云南观音座莲 *Angiopteris yunnanensis* | 二级 |
| | | 三岛原始观音座莲 *Angiopteris tamdaoensis* | 二级 |
| | | 素功观音座莲 *Angiopteris sugongii* | 二级 |
| | | 大脚观音座莲 *Angiopteris crassipes* | 二级 |
| | | 边生观音座莲 *Angiopteris neglecta* | 二级 |
| | | 强壮观音座莲 *Angiopteris robusta* | 二级 |
| | 天星蕨属 *Christensenia* | 天星蕨 *Christensenia assamica* | 二级 |
| 金毛狗科 Cibotiaceae | 金毛狗属 *Cibotium* | 金毛狗 *Cibotium barometz* | 二级 |
| | | 菲律宾金毛狗 *Cibotium cumingii* | 二级 |
| 桫椤科 Cyatheaceae | 桫椤属 *Alsophila* | 桫椤 *Alsophila spinulosa* | 二级 |
| | | 中华桫椤 *Alsophila costularis* | 二级 |
| | | 兰屿桫椤 *Alsophila fenicis* | 二级 |
| | | 阴生桫椤 *Alsophila latebrosa* | 二级 |
| | | 南洋桫椤 *Alsophila loheri* | 二级 |
| | 白桫椤属 *Sphaeropteris* | 白桫椤 *Sphaeropteris brunoniana* | 二级 |
| | | 广西白桫椤 *Sphaeropteris guangxiensis* | 二级 |
| | | 海南白桫椤 *Sphaeropteris hainanensis* | 二级 |
| | | 笔筒树 *Sphaeropteris lepifera* | 二级 |
| 桫椤科 Cyatheaceae | 黑桫椤属 *Gymnosphaera* | 毛叶黑桫椤 *Gymnosphaera andersonii* | 二级 |
| | | 滇南黑桫椤 *Gymnosphaera austroyunnanensis* | 二级 |
| | | 结脉黑桫椤 *Gymnosphaera bonii* | 二级 |
| | | 西亚黑桫椤 *Gymnosphaera khasyana* | 二级 |
| | | 黑桫椤 *Gymnosphaera podophylla* | 二级 |
| | | 大叶黑桫椤 *Alsophila gigantea* | 二级 |
| | | 平鳞黑桫椤 *Gymnosphaera henryi* | 二级 |
| | | 岩生黑桫椤 *Gymnosphaera saxicola* | 二级 |
| 凤尾蕨科 Pteridaceae | 铁线蕨属 *Adiantum* | 荷叶铁线蕨 *Adiantum nelumboides* | 一级 |
| | 水蕨属 *Ceratopteris* | 水蕨 *Ceratopteris thalictroides* | 二级 |
| | | 邢氏水蕨 *Ceratopteris shingii* | 二级 |
| | | 亚太水蕨 *Ceratopteris gaudichaudii* | 二级 |
| | | 焕镛水蕨 *Ceratopteris chunii* | 二级 |
| | | 粗梗水蕨 *Ceratopteris chingii* | 二级 |
| 冷蕨科 Cystopteridaceae | 冷蕨属 *Cystopteris* | 光叶蕨 *Cystopteris chinensis* | 一级 |
| 铁角蕨科 Aspleniaceae | 铁角蕨属 *Asplenium* | 对开蕨 *Asplenium komarovii* | 二级 |
| 乌毛蕨科 Blechnaceae | 苏铁蕨属 *Brainea* | 苏铁蕨 *Brainea insignis* | 二级 |
| 水龙骨科 Polypodiaceae | 鹿角蕨属 *Platycerium* | 鹿角蕨 *Platycerium wallichii* | 二级 |

## 三、深圳的气候条件和蕨类植物多样性

深圳市位于中国的南部，广东省中南沿海地区，所处南亚热带，纬度较低，属亚热带季风气候，夏天长达6个多月，冬天较短，气候温和，日照充足，雨量充沛。年平均气温23.3℃，历史极端最高气温38.7℃，历史极端最低气温0.2℃；一年中1月平均气温最低，平均为15.7℃，7月平均气温最高，平均为29.0℃；年日照时数平均为1 853.0h；年降水量平均为1 932.9mm，全年86%的雨量出现在汛期（4～9月）。这样的气候很适宜热带和亚热带植物生长，为蕨类植物迁地保育提供了一个不可多得的天然优越条件。根据《深圳植物志》统计，深圳共有石松类和蕨类植物区系的29科81属186种，含6种以上的有12科，分别为卷柏科、膜蕨科、里白科、鳞始蕨科、碗蕨科、凤尾蕨科、铁角蕨科、金星蕨科、乌毛蕨科、蹄盖蕨科、鳞毛蕨科和水龙骨科。从深圳石松类和蕨类植物属的分布区类型划分来看具有热带性质的分布区类型共有51个属，占89.5%，其中热带性较强的松叶蕨属、瓶蕨属、桫椤属、卤蕨属、苏铁蕨属等在深圳较为常见，而具有温带性质的分布区类型仅有6个属，占10.5%。这表明深圳石松类和蕨类植物有强烈的热带性。

## 四、深圳市仙湖植物园国家蕨类种质资源库的建设和发展

深圳市中国科学院仙湖植物园（以下简称仙湖植物园）位于深圳市罗湖区东郊，东倚梧桐山，西临深圳水库，占地588hm$^2$，始建于1983年，1988年5月1日正式对外开放，是一座集植物科学研究、物种迁地保存与展示、植物文化休闲及生产应用等功能于一体的多功能风景园林植物园。仙湖植物园现建有22个植物专类区并收集12 000多种植物，物种保存量居全国同行前列。目前，仙湖植物园已成为深圳市的植物学科研究基地之一，并长期为深圳市的城市园林建设和发展提供植物科学的理论和技术支持。2008年，仙湖植物园正式加盟中国科学院系统，成为深圳市政府同中国科学院共建单位，并被纳入国家植物园创新体系成员单位。2011年，仙湖植物园“热带与亚热带植物多样性重点实验室”升级为深圳市重点实验室，拟立足深圳，面向整个华南地区开展植物多样性调查、资源保护和园林应用。

### （一）深圳市中国科学院仙湖植物园国家蕨类种质资源库建设历程

2020年10月，国家林业和草原局批准仙湖植物园成为国家蕨类种质资源库，这是华南地区第一个国家级蕨类资源库。深圳市中国科学院仙湖植物园国家蕨类种质资源库（以下简称国家蕨类种质资源库）的建设历经以下3个阶段：

第一阶段：原始积累期（1988—2015年），以广泛收集全球热带亚热带地区蕨类植物为目标，兼顾开展科学研究及对外学术交流。

第二阶段：飞速发展期（2016—2017年），以第十九届国际植物学大会筹备为契机，成立仙湖植物园保种中心，由保种中心根据蕨类植物地理及生境分布多样性特点，规划建设蕨类植物专类园，并初具规模。

第三阶段：建设成熟期（2018—2022年），完善基础设施，提升内部硬件，申报国家蕨类种质资源库并获批。建成蕨类植物专类园——蕨类中心，并对公众开放。

目前，仙湖植物园蕨类植物保育规模和整体实力处于全国领先地位，在第十届中国花卉博览会期间，因仙湖植物园蕨类植物保育工作突出，荣获“蕨类植物（种质资源库建设及保存技术）金奖”。国家蕨类种质资源库的收集，以热带、亚热带地区来源清晰的野生蕨类植物、有观赏价值的园艺栽培蕨类植物、有保

育价值的受威胁和濒危的蕨类植物和有科普教育价值的特殊形态、特殊生境的蕨类植物为主，以植物迁地保护、科学研究、科普教育和城市绿化苗木选育为目标开展植物收集、植物信息记录、植物适应性观测和植物栽培技术研究等工作。

### （二）国家蕨类种质资源库资源收集保育情况

国家蕨类种质资源库以收集保育全球热带、亚热带地区蕨类植物为目标，目前收集保育了来自我国西南、华南，东南亚、南亚及东非的蕨类植物 1 000 余种，占全世界蕨类植物种数 10%。其中，国家一级保护野生植物 3 种，中华水韭、东方水韭和荷叶铁线蕨。国家二级保护野生植物 45 种，七指蕨、苏铁蕨、法斗莲座蕨、金毛狗蕨、中华桫椤、笔筒树、桫椤、黑桫椤等。中国特有种 148 种、低头贯众（*Cyrtomium nephrolepioides*）、厚叶贯众（*Cyrtomium pachyphyllum*）、基羽鞭叶耳蕨（*Polystichum basipinnatum*）、抱石莲（*Lepidogrammitis drymoglossoides*）、矩圆线蕨（*Colysis henryi*）、槭叶石韦（*Pyrrosia polydactyla*）、华北石韦（*Pyrrosia davidii*）、孟连铁线蕨（*Adiantum menglianense*）等。资源库还保育了深圳野生蕨类植物 126 种（《深圳植物志》记载 187 种）。资源库收集的蕨类植物涵盖了水生、土生、附生等所有蕨类植物生活类型。

### （三）国家蕨类种质资源库的硬件设施

国家蕨类种质资源库分为设施保存库和异地保存库。设施保存库为仙湖植物园保种中心保育基地的保育温室（图 1）。温室以收集保育蕨类植物为主要功能，整体规划以环保实用、满足需求、低成本管理为原则，分为常温温室、低温温室和越冬温室三部分，占地面积分别为 2 700$m^2$、450$m^2$ 和 150$m^2$。常温温室外部采用 PED 利得膜作为覆盖材料，内部设有通风系统、内外遮阳系统、湿帘风机降温系统、移动苗床等，温湿度可自控调节，满足热带、亚热带蕨类植物的生长需要。低温温室为混凝土结构，配备大型空调，温湿度自控调节，满足中高海拔喜凉喜冷的蕨类植物生长需求。越冬温室为玻璃温室，配备地暖设施，冬季及极端低温时，可保持室内温暖，满足热带植物过冬需求。异地保存库为仙湖植物园蕨类植物专类园——蕨类中心（图 2）。蕨类中心占地面积约 2$hm^2$，位于植物园东部，梧桐山西坡，有沟谷天然的湿润环境，为热带、亚热带蕨类植物营造了适宜的生长条件。国家蕨类种质资源库已开始着手建立孢子库，初期优先收集国外蕨类植物孢子资源和珍稀濒危蕨类植物孢子资源。

### （四）蕨类植物的栽培方法

蕨类植物按照生态习性，有陆生蕨类、水生蕨类、附生蕨类、石生蕨类，按照不同的生态习性，采用不同的栽培基质。陆生蕨

图1 国家蕨类种质资源库：设施保存库（温室）

图2 国家蕨类种质资源库：异地保存库（蕨类中心）

类栽培基质为腐殖土∶植金石∶珍珠岩∶蛭石 = 15∶2∶2∶2。水生蕨类栽培基质为塘泥∶灌溉水 =1∶1。附生蕨类栽培基质为椰壳∶植金石 = 6∶1。石生蕨类栽培基质为赤玉土∶植金石 = 1∶1。此外，槲蕨属幼苗多固定在短木桩上悬挂种植，鹿角蕨属多固定在木板上悬挂种植。

## （五）蕨类植物的繁殖方法

1. 蕨类植物的孢子繁殖

**无菌培养** 采用 1/2MS 培养基培养，培养液高压 121℃灭菌 20min，灭菌后，在超净台内，倒入无菌培养皿中，高度约为培养皿高度的 1/3，在室温下冷却备用。取适量的收集好的成熟孢子置于 2ml 离心管中，加入无菌水充分混匀制成悬浊液，加入配制好的 4% 的 NaClO 消毒液，混匀后消毒 5min，加入无菌水，4 000r/min 离心 1min，弃上清液。无菌水重复清洗 5 次。将悬浊液均匀地接种在培养基上，吸干水后，封口膜封好，放置在光照培养架上，培养条件为每日光照 14h，光照强度 60 ~ 120μmol/（$m^2$·s），温度为 25℃，湿度为 70%。

**水培养** 在 4ml 的离心管中注入 3ml 蒸馏水，将适量孢子均匀撒在蒸馏水表面，离心管密封，置于光照培养架上，培养条件为每日光照 14h，光照强度 60 ~ 120μmol/（$m^2$·s），温度为 25℃，湿度为 70%。

**土壤培养** 腐殖土细筛灭菌后，均匀地平铺在育苗盘中，平整表面，浸湿处理。将适量孢子均匀地撒在腐殖土表面，盖上育苗盘盖子，置于光照培养架上。培养条件为每日光照 14h，光照强度 60 ~ 120μmol/（$m^2$·s），温度为 25℃，湿度为 70%。

2. 蕨类植物的无性繁殖

**珠芽繁殖** 一些铁角蕨科、蹄盖蕨科、乌毛蕨科等植物叶片表面会生长出无性珠芽，当珠芽长到一定大小并生根后，将芽体剥离，定植于湿润的栽培基质上进行培养。

**鞭叶繁殖** 一些凤尾蕨科、铁角蕨科、鳞毛蕨科、肾蕨科等植物的羽片顶端可以延长形成鞭叶。将鞭叶顶端着落在旁边备好的栽培基质上，用铝线固定，待生根长出新个体后，将原鞭叶剪短分离。或待鞭叶生成小植株体后，将鞭叶剪下，定植于浸好水的栽培基质上进行培养。

**分株繁殖** 一些水龙骨科、卷柏科、合囊蕨科等植物可进行根状茎分株繁殖。

## （六）植物数据管理

在植物信息管理方面，资源库采用“深圳仙湖植物园活植物管理系统”，保育的每一盆植物都有唯一的条形码，每一个条形码都对应录入植物信息、采集信息、管养信息等，对保育蕨类植物进行数字化管理，实现信息准确归档和及时调用。

## （七）学术交流与合作共建

1. 学术交流

2008 年 12 月 17 ~ 19 日，仙湖植物园承办了全国蕨类植物学术研讨会，来自国内 21 个省（自治区、直辖市、特别行政区）的 100 余位代表和来自英国、日本的专家学者参加了会议，共安排了 46 场内容丰富的学术报告。中国科学院植物研究所和哈尔滨师范大学分别向仙湖植物园赠送了濒危蕨类植物桫椤和水韭的人工繁殖苗。

2010 年 11 月 15 ~ 17 日，仙湖植物园承办了第五届亚洲蕨类植物学大会，会议的主题是“蕨类植物研究进展：机遇与挑战”，来自亚洲、欧洲、北美洲和非洲 15 个国家的 150 余位专家参加了此次会议。亚洲蕨类植物国际研讨会是亚洲蕨类学者进行学术交流的重要平台，也为各国学者进行学术合作交流创造了有利条件，该研讨会 2 ~ 3 年举行一次。此届亚洲蕨类植物学大会的参加单位、大会报告以及参与人数之多，都为当时历届之最，充分展示了我国蕨类植物工作者在科研、教学、物种保育和资源开发利用等领域所取得的丰硕成果，进一步加强了国内外蕨类植物研究机构之间的交流与合作，为促进我国的蕨类植物产业化发展，推动我国野生蕨类植物资源的调查、收集、保存、研究和可持续利用等工作做出了积极的贡献。

2017年7月25～26日，第十九届国际植物学大会期间，仙湖植物园再次承办了中国蕨类植物研讨会暨IBC2017国际植物学大会蕨类植物卫星会议，共安排了28个学术报告，以“当前蕨类植物研究热点与进展”为主题，旨在促进中国和国际蕨类植物研究者的沟通与交流。来自我国和美国、英国、马来西亚、俄罗斯、越南、印度尼西亚等国家的100多名蕨类植物知名专家学者参加了此次会议，围绕蕨类植物多样性与保育、蕨类植物分类与系统进化、蕨类植物基因组学、蕨类植物繁殖、生态与进化。此次卫星会议也是IBC2017国际植物学大会系列卫星会议中参会人数最多、规模最大的卫星会议。

2. 合作共建

2017年7月18日，国家基因库深圳市仙湖植物园活体库揭牌仪式在仙湖植物园隆重举行。国家基因库深圳市仙湖植物园活体库的建立标志着仙湖植物园与国家基因库的合作进入了新的阶段，为实现植物资源数据化、产业化提供了新平台。双方多次联合开展深圳市植物多样性考察、种子交换、活植物交换等，并合作开展蕨类植物基因组学研究。

2017年7月26日，深圳市中国科学院仙湖植物园与台湾辜严倬云植物保种中心联合保种基地揭牌仪式在仙湖植物园举行，这是海峡两岸首座联合保种基地，此次联合保种基地落成，对于双方在植物保育、环境保护及植物科研方面均有重要意义，也是海峡两岸共同进行生物多样性保护工作的合作典范。双方多次开展华南、西南地区蕨类植物多样性考察活动，多次进行植物交换。

## （八）园林应用和科学教育

1. 蕨类中心的园林应用

蕨类中心于2016年开始建设，于2020年12月正式对公众开放，集中展示了仙湖植物园保育的热带、亚热带蕨类植物500余种，是集物种保育、园艺展示、科学研究与科普教育为一体的蕨类植物保育场所，是面向公众开放的多功能专类园。蕨类中心占地约2hm$^2$，内有自然沟谷及山间溪流，地势高差变化丰富，与蕨类植物原生环境相似，是蕨类植物天然良好的栖息地。蕨类中心整体规划设计上秉持生态适应性原则，突出以植物展示为核心造景设计理念，以最少的人为干预最大限度呈现蕨类植物丰富景观,形成满足多种功能诉求的理想场所。在充分尊重利用自然规律和利用现代技术的基础上，实现“自然力”与“人为力”的和谐统一。中心在构造上充分尊重自然环境，利用天然沟谷引入水系，依托原有山形、植被，搭配少量必不可少的功能性建筑，以观光木栈道为引导（约1 000m），设置特色蕨类景观线、蕨类园艺示范线、科普导览线等三条游览功能线（图3）。园内有科普展馆“知蕨馆”（图4）、和互动科普牌示系统（图5），构建形式多样的科普解说系统，分为多个主题，讲述了蕨类从古至今的生活形态、蕨类的世代交替过程、蕨类的演化史、辨识特征、生态习性、形态特殊的蕨类及与人们衣食住行的密切关系。宣传蕨类植物科学文化知识及其自身蕴含的生活实用功能，寓教育于游览之中，增强游人的游园体验感与游园趣味性。园内还有景观玻璃房“醒蕨屋”（图6），以枯木为构架，辅以大量附生蕨类植物，结合多种园艺手法展示了庭院及室内蕨类植物的园艺应用。

2. 蕨类植物专题展览

IBC2017国际植物学大会期间，仙湖植物园举办了第二届中国观赏蕨类植物联展，此次展览展示了向社会征集的近50件盆栽作品，邀请了8个国家和地区的100多名蕨类植物专家学者及蕨类植物爱好者作为评审并参观展览。

2019粤港澳大湾区深圳花展期间，举办了仙湖特色植物展——蕨类植物展，展示了多种生态类型的蕨类植物,获得了特色植物展金奖。

2022粤港澳大湾区深圳花展期间，举办了“蕨美仙湖”特色植物展，以岭南地区风貌风情和沟谷地形为依托，模拟自然生境，错落有致,展示了丰富多样的土生和附生蕨类植物，获得了特色植物展金奖。

图3 蕨类中心景观

图4 知蕨馆

图5 科普牌示系统

图6 醒蕨屋

## 六、深圳市仙湖植物园国家蕨类种质资源库的发展展望

虽然目前国家蕨类种质资源库已保育了较多蕨类植物种类，但相对于世界知名的保育机构，目前仙湖植物园在硬件设施、保育手段、科研和应用上还有差距。

在硬件设施上，目前温室主要以保育热带、亚热带湿润地区的蕨类植物为主，虽然这些地区的种类最多。但对于一些处于特殊生境中的稀有种类，目前还无法进行保育，如地中海气候的种类（部分鹿角蕨属植物）、热带高山气候的种类（部分修蕨属、瓦韦属、白桫椤属等）。后期需要通过建设不同类型的保育大棚，逐渐覆盖各种气候和生境类型，扩大保育范围。

在保育手段上，目前国家蕨类种质资源库主要以保育蕨类植物孢子体为主，保存孢子和离体组织的种类还较少。孢子保存具有占用空间小、管理简单等特点，需要孢子体时可通过萌发获得大量植株，是活体库的重要组成部分。离体组织在科学研究上具有重要意义，保存的组织代表不同个体的遗传多样性，也可直接用于基因组研究，但需要有低温保存设施（通常为液氮罐）。下一步，国家蕨类种质资源库将计划地进行孢子采集和保存，扩大孢子保存的种类数量，同时积极建设低温离体组织保存库，使用多种手段保存蕨类植物的物种和遗传物质多样性。

目前，国家蕨类种质资源库主要以收集和

保育蕨类植物多样性为主，科学研究方面开展的较少，如何利用丰富的种类进行蕨类植物基因组学、繁殖生物学和育种学等研究。同时对现有的种类进行筛选，找出更多具在医药、农业和绿化上具有潜在价值的种类，是国家蕨类种质资源库今后发展的方向之一。

## 参考文献


[1] Pryer K M，Schneider H，Smith A R et al. Horsetails and ferns are a monophyletic group and the chosest living relatives to seed plants[J]. Nature，2001，409：618-622.

[2] Smith A R，Pryer K M，Schuettpelz E，et al. A classification for extant ferns [J]. Taxon，2006，55：705-731.

[3] PPG. A community-derived classification for extant lycophytes and ferns [J]. Journal of Systematics and Evolution，2016，54：563-603.

[4] 张宪春. 中国石松类和蕨类植物 [M]. 北京：北京大学出版社，2012.

[5] Wu Z Y，Raven P，Hong D Y. Flora of China. Vol. 2–3（Pteridophytes）[M]. Science Press，Beijing & Missouri Botanical Garden Press，St. Louis，2013.

[6] The Biodiversity Committee of Chinese Academy of Sciences. Catalogue of Life China：2022 Annual Checklist，Beijing，China.

[7] 严岳鸿，张宪春，周喜乐，等. 中国生物物种名录：第一卷　植物 · 蕨类植物 [M]. 北京：科学出版社，2016.

[8] 周喜乐，张宪春，孙久琼，等. 中国石松类和蕨类植物的多样性与地理分布 [J]. 生物多样性，2016，24（1）：6.

[9] 陈功锡，杨斌，邓涛，等. 中国蕨类植物区系地理若干问题研究进展 [J]. 西北植物学报，2014，34（10）：2 130-2136.

[10] 陆树刚. 中国蕨类植物区系概论［M］// 李承森. 植物科学进展：第6卷. 北京：高等教育出版社，2004：29-42.

[11] 秦仁昌，武素功. 西藏蕨类植物区系的特点及其与喜马拉雅隆升的关系 [J]. 云南植物研究，1980，2：382-389.

[12] 孔宪需. 四川蕨类植物地理特点兼论“耳蕨—鳞毛蕨类植物区系”[J]. 云南植物研究，1984（6）：27–38

[13] 严岳鸿，张宪春，马克平. 中国蕨类植物多样性与地理分布 [M]. 北京：科学出版社，2013.

[14] Lu Y J，Gu Y F，Yan Y H. Isoetes baodongii（Isoetaceae），a new basic diploid quillwort from China [J]. Novon，2021，29：206–210.

[15] Shu J P，Gu Y F，Ou Z G，et al. Two new tetraploid quillworts species，Isoetes longpingii and I. xiangfei from China（Isoetaceae）[J]. Guihaia，2022. doi：10.11931/guihaia.gxzw 202112045.

# 疫情背景下新型自然教育形式探索

李珊，王桂花
（深圳市中国科学院仙湖植物园）

**摘要：**随着城市化进程的发展，城市居民与自然接触的机会变少，他们与自然接触的需求更为迫切，自然教育应运而生并成为重新联结城市居民与自然的有效方式。然而在新型冠状病毒(COVID-19)肺炎疫情的影响下，自然教育的顺利开展受到了一定冲击。为有效缓解冲击，加强自然教育体系的恢复力，笔者以深圳市中国科学院仙湖植物园为例，通过梳理自然教育线下课程、线上宣传、载体等几种新型自然教育形式，对相关数据进行收集和分析，探索自然教育在疫情防控常态化形势下恢复和发展的有效途径。

**关键词：**自然教育；“新冠肺炎”疫情；恢复;探索

# Exploration and Discussion of New Forms of Nature Education in the Epidemic Period

Li Shan, Wang Guihua
(Center of Service & Education, Fairy Lake Botanical Garden, Shenzhen & Chinese Academy of Sciences)

**Abstract:** With the development of urbanization, urban residents have fewer opportunities to contact with nature. Their demand for nature is more urgent. Nature education comes into being an effective way to reconnect urban residents with nature. But under the influence of coronavirus pneumonia (COVID - 19) outbreak, the nature education suffered a collapse. To effectively alleviate the shock and strengthen the resilience of nature education system, the authors took fairy lake botanical garden, Shenzhen as an example, combing offline programmes, online publicity and carrier of nature education as several kinds of new form. By data collection and analysis, the authors expect to explore the effective means of recovery and development for nature education under a normalized epidemic situation.

**Keywords:** Nature education; COVID-19; Resilience; Exploration

# 一、背景与行业发展

2022年6月29日，联合国人居署（UN-Habitat）在波兰卡托维兹举行的第十一届世界城市论坛（WUF11）上正式发布《2022年世界城市报告：展望城市未来》（*World Cities Report 2022：Envisaging the Future of Cities*）报告，指出快速城市化因新型冠状病毒肺炎（Corona Virus Disease 2019，COVID-19）（简称“新冠肺炎”）疫情大流行而暂时推迟，但城市化仍然是21世纪一个强大的趋势，到2050年，全球城市人口将增长22亿人，全球城镇人口的占比将从2021年的56%上升至68%[1]。在中国，快速城市化也是当前主要趋势，根据2022年1月18日国家统计局发布数据显示，中国城镇化水平稳步提升，流动人口继续增加，2021年年末，我国城镇常住人口达到91 425万人，比2020年年末增加1 205万人。常住人口城镇化率为64.72%，比2020年年末提高0.83个百分点[2]。

随着城市化进程的进一步发展，城市人口将越来越多，城市体量将进一步加大，城市负荷也愈加沉重，加之2020年以来新冠肺炎疫情反复，对城市地区的冲击巨大，诸多因素均凸显了公平与可持续发展对于城市未来的重要性，建立人类与自然的联结、人与自然和谐相处模式显得尤为关键。

近来，随着生态文明建设进入中国治国的顶层设计，人们更加注重如何在开发利用资源和保护资源之间找平衡点，在这“对立统一体”的两难抉择中找到方法，大力加强生态自然观宣传与教育成为解决这些困境的关键途径，由此，自然教育应运而生。自2010年开始，自然教育在中国蓬勃发展，自然缺失症引发的社会关注与反思、国家提出的“生态文明建设”宏观政策以及人与自然和谐共处理念等因素成为自然教育产生及发展的主要动因。2019年4月，国家林业和草原局颁发了《国家林业和草原局关于充分发挥各类自然保护地社会功能大力开展自然教育工作的通知》，明确提出了中国自然保护地的概况、自然教育的重要性和现状及工作指导方针；2021年12月，国务院印发《“十四五”旅游业发展规划》：将开展自然教育、生态体验作为充分发挥国家公园综合功能，创新资源保护利用模式的重要举措，将对自然教育走进国家公园，引领中国自然教育事业在“十四五”期间的高质量发展起到重要的指导作用[3]。结合中国当下自然教育行业的现状和教育目标，本文所指的自然教育定义为：以自然环境为基础，以推动人与自然和谐为核心，以参与体验为主要方式，引导人们认知和欣赏自然、理解和认同自然、尊重并保护自然，最终达到实现人的自我发展以及人与自然和谐共生目的的教育[4]。

2014年，中国第一个自然学校在广东诞生，广东省的自然教育迎来了快速发展的时代。2019年，“广东省林业局自然教育领导小组办公室”“粤港澳自然教育联盟”“广东省林学会自然教育专业委员会”相继成立，认定首批20个“广东省自然教育基地”，首届“粤港澳自然教育讲坛”顺利召开；2021年，广东省林业局发布《广东省自然教育发展“十四五”规划（2021—2025年）》，对“十四五”期间全省自然教育发展工作进行了谋划部署，力争到2025年，共认定广东省自然教育基地100个、高品质自然教育示范基地20个、自然教育径150条及自然教育园区（场馆）300处；2022年，广东省自然教育基地和高品质自然教育基地认定名单公布，已建成100个省级自然教育基地，加快落实了《广东省自然教育发展“十四五”规划》中建设任务[5]。

深圳一直走在广东省自然教育行业前列，中国第一个自然学校便是在深圳诞生的。截至2022年1月，深圳市已建成自然教育中心38家（正式授牌24家、试点14家）。近年来，深圳各类自然保护地、自然公园大力开展自然教育，一批专注自然教育的基金会、协会等公益组织，社会团体和从业机构也迅速成长起来，他们带领公众走进大自然，感受四季变化，观察自然现象,探究自然物种和建立科学体系等，致力于帮助公众实现自我发展以及人与自然的和谐共生。

## 二、“新冠肺炎”疫情对自然教育产生的影响

“新冠肺炎”疫情自2020年开始已持续三年，受此疫情影响，世界经济整体呈现下行趋势，进入深度衰退。普通公众个人也面临着日常活动、资源短缺以及未来财务和社会生活不确定性以及随之增加的风险。美国著名作家托马斯·弗里德曼认为历史将被分界为“新冠肺炎疫情前（B.C.：Before Corona）世界”和“新冠肺炎疫情后（A.C.：After Corona）世界”，意在表达人类社会和人类生活已经步入了不可逆转的新时代。由“新冠肺炎”疫情产生的影响也蔓延到了自然教育行业，由于直接或间接的原因，自然教育机构开展的自然教育课程和活动或延迟或取消，整体的课程与活动数量变少，机构现有的现金流较难维持较长的周期，以及未来课程与活动的计划和开展均存在非常大的不确定性，机构的运营和恢复力也存在长期的不稳定性[6]。从全国各地的自然教育机构反馈而来的信息显示，仅2020年2月因“新冠肺炎”疫情引起封闭、隔离状态取消或推迟的自然教育课程或活动就多达5 080场[6]。但此次疫情同样使社会、媒体以及人群开始关注自然，反思人与自然如何相处。有研究显示，对疫情风险感知后公众会进行生态伦理反思，并随之产生生态环境责任感，由此增加生态环境行为[7]。也有不少的教育者、老师从教育的角度出发，考虑是否因为自然教育、生命教育的缺失，导致公众对自然环境、生态系统和系统平衡的不熟悉不了解，无法理解人类活动对自然环境的影响，尤其是人类对自然环境的敬畏精神的缺失，可能从一个极其复杂的系统中影响和引发全球性疫情，例如“新冠肺炎”疫情等[8, 9]。

## 三、应对“新冠肺炎”疫情开展自然教育的策略

面对“新冠肺炎”疫情的巨大影响，为应对现有挑战，推进教育变革，联合国教科文组织（UNESCO）发布了《新冠肺炎疫情后世界的教育：公共行动的九个思路》（*Education in a Post-COVID World: Nine Ideas for Public Action*），在报告中提出了九点思路，包括：强化教育的公共利益属性，拓展受教育权内涵并促进教育资源共享，呼吁全社会尊师重教并加强教师协作，保障学生权利并促进其教育参与，保障作为社交空间的学校，向师生提供免费和开放的教育资源和技术，加强科学素养教育，保障教育经费，以及全球加强团结[10]。可见，为了应对“新冠肺炎”疫情对传统的面对面式教学方式的冲击，确保教育机会和教学质量，不少教育机构采用或即将采用新的方法进行开展教学活动，例如线上教学或者线上线下混合式教学[11]。然而，对于自然教育行业来说,线上教学无法完全替代线下的教育活动。一方面，自然教育的自然属性决定了参与者需要通过参与和体验自然来感知自然、欣赏自然、理解自然、尊重和保护自然，如果没有自然环境作为载体，教育效果将大打折扣;另一方面，线上教学方式对教育工作者的要求极高，需要教师具备很强的教学技巧来抓住学生的注意力，如果单纯为了应对疫情,而没有精心设计课程，教学的效果将无法保证[12]。因此，自然教育的从业者需要在线上教学和线下教学之间开展探索，找到一条适合本行业在“新冠肺炎”疫情常态化下的发展之路。

为了有效缓解自然教育系统受到“新冠

肺炎”疫情的冲击，我们尝试引入“恢复力（Resilience）”的概念来解释和提升自然教育，激发自然教育的新内涵。恢复力（Resilience）是一个生态学上的概念，最早由加拿大生态学家霍林（Holling）在1973年发表的论文中提出，运用于生态系统动态平衡相关理论，主要是指生态系统在受到外力干扰和破坏后，系统重新恢复到稳定的状态的速度和能力[13]，也被翻译为“弹性”或者“韧性”。近年来，这个词也多见于社会—生态学领域相关的研究[14]。从自然教育的角度来说，自然教育系统的恢复力，是指受到“新冠肺炎”疫情的影响，多项自然教育活动取消或延迟，自然教育原有的开展模式受到冲击后，自然教育组织通过分析“新冠肺炎”疫情的特点，使用适合的自然教育新方法，使整个自然教育产业重新恢复到一个新的平衡状态。从产业的角度来说，自然教育产业主要包括自然教育课程、自然教育活动、自然教育讲解、自然教育文创产品（包括自然类图书、自然教育科普读物、绘本、电影、动画视频、林产品、手工艺品等自然教育产品）。从传播的角度来看，自然教育传播途径包括线下、线上传播方式。

自2020年“新冠肺炎”疫情暴发以来，深圳市仙湖植物园自然学校通过整理相关的产业类型、产品类型和传播方式，不断调整自然教育项目的开展策略，在严格执行疫情防控措施、确保公众人身安全与健康的前提下，力求安全、有序、有效地开展自然教育。基于对本机构已有的自然教育体系出发，我们提出4项应对策略，包括新主题与新内容的探索、深化与实践课程开发体系、加大互联网与新媒体技术推广和加大书籍等作品的评估和应用，以缓解新冠肺炎疫情带来的影响，提升自然教育课程的内涵与质量。

## （一）新主题与新内容的探索

“新冠肺炎”疫情的到来，虽然让自然教育机构的现有课程与活动产生了一些负面影响，但也让机构对自己的自然教育体系和课程内容产生了更多思考。据调查，约57%的机构在疫情开始后着手开发新课程与新内容[6]。一些机构则直接把自然教育课程的主题与新冠病毒挂钩，一批以“新冠疫情”为主题的课程、活动和作品涌现而出。仙湖植物园也在积极开展这类的自然教育活动，收到了较好的社会反馈。

案例：“治愈春天芳华归来”感恩主题活动

2020年3月21～22日，在全市“新冠肺炎”疫情防控形势持续向好之际，为致敬和感谢我市奋战在疫情防控斗争一线的专家和医护人员，“治愈春天芳华归来”感恩主题公益日活动在仙湖举办，期间，仙湖植物园每日10:00～12:30专场接待受邀人员，每日接待数量为1 000人。

该次活动参加人员有一大部分来自深圳市第三人民医院，该院是深圳市2020年年初疫情中唯一的“新冠肺炎”确诊患者集中收治医院。在两天的活动中，医务工作者们在做好防护的情况下，分批次、有序地按照活动路线参观游览了园区。为了向“白衣战士”们表达最深的敬意，仙湖植物园园林园艺专家在天上人间、湖区等著名景点精心打造了多样化、特色化的花境花艺，为活动人员展示芳华正茂的园林园艺之美。游览过程中，植物园资深植物学家在蝶谷幽兰、阴生园和苏铁园进行定点讲解，带领医务工作者体验植物专类园的独特景致，共探植物生命奥妙，体会植物多样性之美（图1）。

活动中，来自深圳市第三人民医院感染三科护士吴慧珊表示：“我们从1月11号开始收治病人，到现在已经60多天了，平时护理病人的时候也会尽量减少外出，避免跟太多人接触，今天接到有户外踏青的活动，下了夜班就跑过来，非常开心。我呼吸到大自然新鲜的空气，看着青山绿水和五颜六色的鲜花，心情非常治愈。（我们）平时不会有这么深的感触，这都是以前我们觉得微不足道的生活中细小的美好，在今天这一刻，我觉得非常珍贵。非常值得我们珍惜。”

深圳市三院超声科主任冯程表示，这是这么多天以来，第一次拥有宝贵而短暂的阖家欢聚时光。

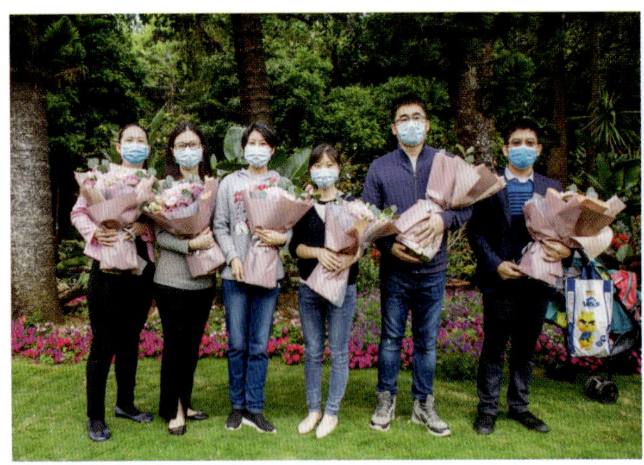

图1 医护工作者参与“治愈春天 芳华归来”感恩主题活动

本次活动得到医护工作者和市民的充分肯定，吸引了人民网、央广网、新浪新闻、深圳市人民政府网站和《深圳特区报》等众多媒体报道。

## （二）深化与实践自然教育课程体系

线下课程是自然教育的重要组成部分。在线下自然教育课程中，学生们通过各种不同形式的自然教育活动，直观而明了地接触自然，学习知识，培养人与自然和谐相处的价值观。通过参加以自然为基础的课程，增加与自然接触的频次，一定程度上可以增加学生与自然的联结度，让学生更加关注自然保护，实践自然保护行动[15]。

“新冠肺炎”疫情的影响一定程度上减少了机构开展各类线下自然教育课程和活动的机会。然而，频次的减少一定程度上让执行机构更加珍惜每次开展课程与活动的机会，也给予开展机构更多思考的时间，以“设计—执行—反馈—提升”的闭环为指导，在自然教育课程与活动的前期精心设计，深入剖析参与对象；课程与活动中期注重资料和数据的收集，关注学生参与的程度，掌握课程中的重点和难点；后期进行资料和数据的分析，并就本次课程中需要提升的部分开展反思和提升方法，对课程质量进行进一步的雕琢，从简单的开展数量转向提升质量，为打造精品课程与活动奠定基础。

案例：阴生植物探索之旅

仙湖植物园自然学校作为品牌项目，自2014年开始，依托自身丰富的物种资源和坚实的科研基础，对标国际一流植物园的自然教育系统，按照“一间课室”“一套教材”“一支环保教师志愿者队伍”的自然教育框架，打造出了拥有完善自然教育环境与设施的自然学校，课程主题包括“阴生植物探索之旅”“蝴蝶调查学习活动”“跟恐龙一起认识苏铁”等基于仙湖植物园科学研究项目的经典课程体系。

阴生植物探索之旅是基于阴生植物这类华南地区常见的植物类型。仙湖植物园阴生园集中栽培了蕨类、苔藓、食虫植物、苦苣苔科、秋海棠科、竹芋科、百合科、石蒜科、凤梨科等近70科的1 000多种耐阴半耐阴植物。在这里可以欣赏到模拟喀斯特原生境地貌的苦苣苔科植物、生长习性特殊的食虫植物，也能找到国家级保护植物桫椤、金花茶等珍稀物种。阴生植物探索之旅以深圳地区常见的南亚热带林下植物为主题，通过让孩子们在仙湖植物园阴生园内实地观看、学习，并融合一系列的实践活动，以培养学生综合素质为导向，探索阴生植物，学习阴生植物知识，通过了解本土常见的阴生植物，对植物适应环境的能力产生较深的理解，增加学生的地方感，激发学生热爱自然、保护植物的使命感（图2）。

本课程自2015年起开展，共计开展53次，其中2020年“新冠肺炎”疫情发生前开展39次，2020年至今开展14次。由于“新冠肺炎”疫情的影响，自2020年之后开展的课程参与人数由20人调整为15人，课程时长由2h调

图2 参与者参与阴生植物探索之旅

整为 1h。

自 2020 年“新冠肺炎”疫情发生后，项目执行组在参考相关文献资料后[16]，以里克特五级量表（five- point Likert scale）为基础，设计了一份调查问卷，该调查问卷调整五级量表的分值为 1 ~ 10，以便更好地开展分值统计。对参与本课程的目标人群在现场和微信群投放电子调查问卷开展调查，获得参与人员的反馈意见，共收集调查问卷 133 份。使用 Spss19.0 与 Python13.9 软件对问卷反馈的数据进行统计分析，获得的分析结果显示如下：

来园参与自然教育课程的人群前三的目的分别为学习植物知识（85.7%）、亲近大自然与植物园（69.2%）以及休闲放松（61.7%）（图 3）。

从活动效果来看，参与者大部分对植物园的自然教育活动较为满意，参与者认为整场课程的效果情况、是否达到预期目标、是否愿意再次参加以及是否愿意将本课程推荐给朋友，四个评价标准在 9 分以上的人员占比分别为 87.2%，85.7%，91.7%，91.7%（图 4）。参与者提及最多的是了解了植物的知识（图 5）。

## （三）加大互联网与新媒体技术推广

互联网以强大多的数据分析和搜集能力，为公众提供强大的科普资源，推动自然教育发展。随着当今互联网技术的发展，中国网络使用者人数急剧增加。截至 2021 年 12 月，中国共有 10.34 亿网民，短视频用户规模为 9.34 亿[17]。《中国科协关于加强科普信息化建设的意见》中明确指出，要顺应新媒体时代信息传播移动化、视频化、社交化的趋势，

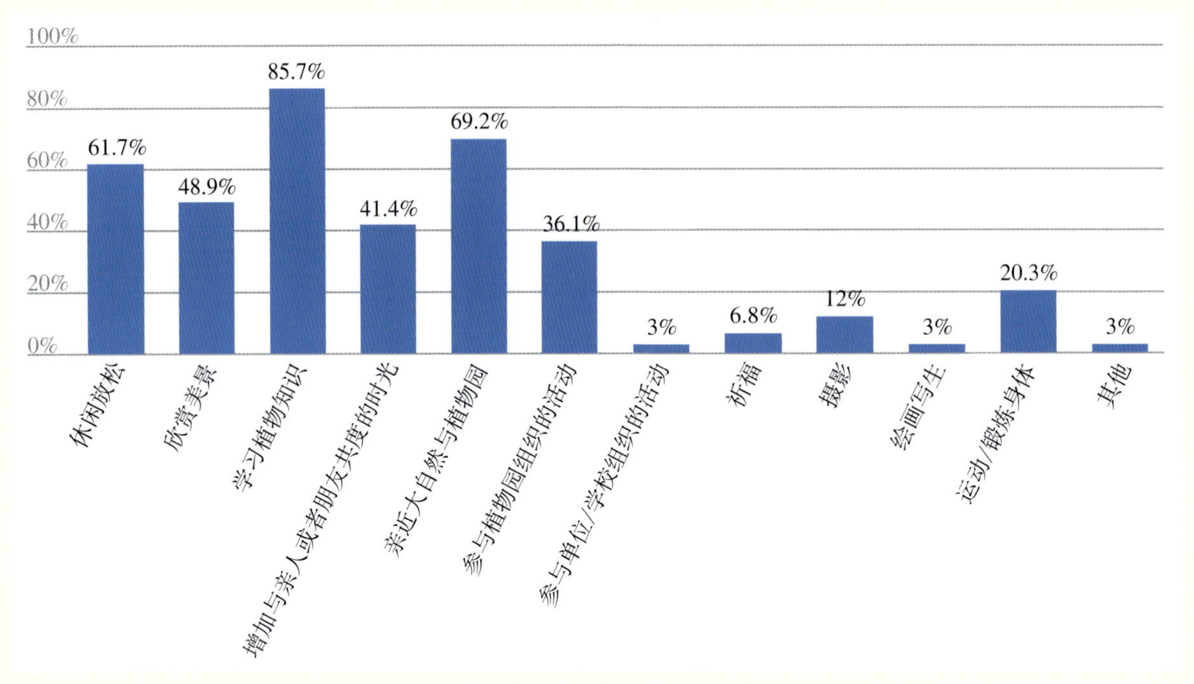


图3 参与者来植物园参与自然教育课程的主要目的

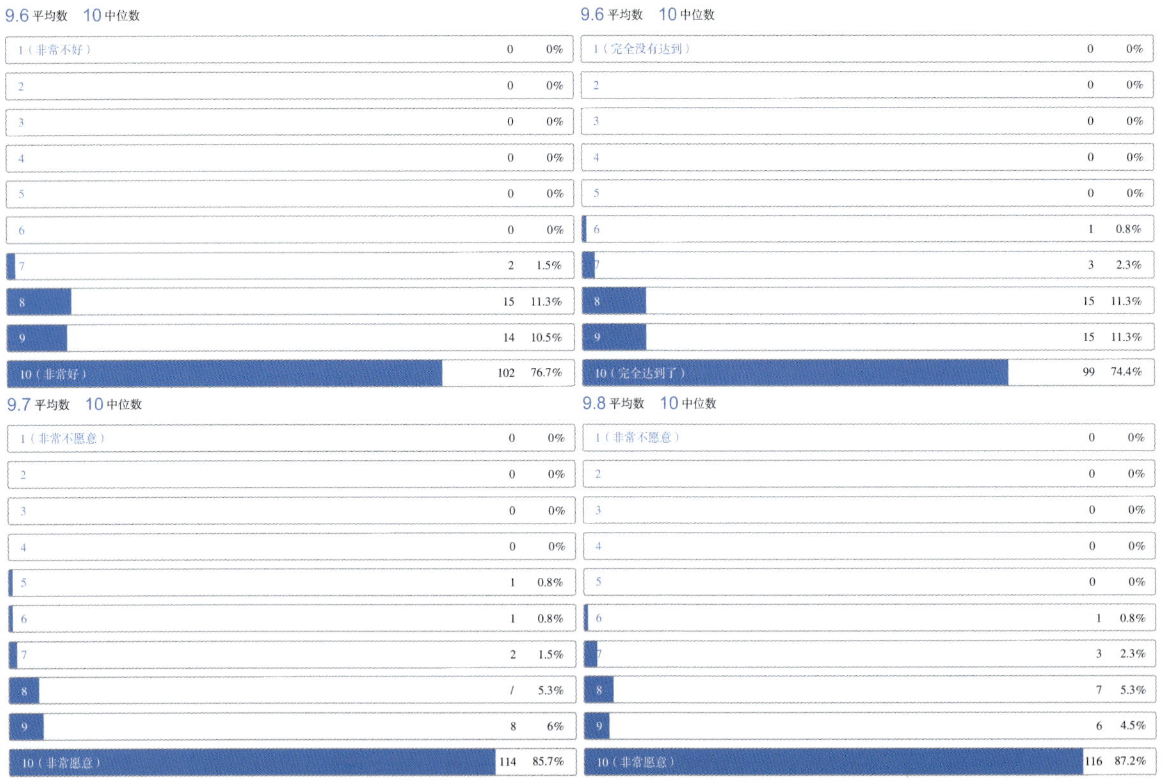

9.6 平均数 10 中位数

| 评分 | 人数 | 比例 |
|---|---|---|
| 1（非常不好） | 0 | 0% |
| 2 | 0 | 0% |
| 3 | 0 | 0% |
| 4 | 0 | 0% |
| 5 | 0 | 0% |
| 6 | 0 | 0% |
| 7 | 2 | 1.5% |
| 8 | 15 | 11.3% |
| 9 | 14 | 10.5% |
| 10（非常好） | 102 | 76.7% |

9.6 平均数 10 中位数

| 评分 | 人数 | 比例 |
|---|---|---|
| 1（完全没有达到） | 0 | 0% |
| 2 | 0 | 0% |
| 3 | 0 | 0% |
| 4 | 0 | 0% |
| 5 | 0 | 0% |
| 6 | 1 | 0.8% |
| 7 | 3 | 2.3% |
| 8 | 15 | 11.3% |
| 9 | 15 | 11.3% |
| 10（完全达到了） | 99 | 74.4% |

9.7 平均数 10 中位数

| 评分 | 人数 | 比例 |
|---|---|---|
| 1（非常不愿意） | 0 | 0% |
| 2 | 0 | 0% |
| 3 | 0 | 0% |
| 4 | 0 | 0% |
| 5 | 1 | 0.8% |
| 6 | 1 | 0.8% |
| 7 | 2 | 1.5% |
| 8 | 7 | 5.3% |
| 9 | 8 | 6% |
| 10（非常愿意） | 114 | 85.7% |

9.8 平均数 10 中位数

| 评分 | 人数 | 比例 |
|---|---|---|
| 1（非常不愿意） | 0 | 0% |
| 2 | 0 | 0% |
| 3 | 0 | 0% |
| 4 | 0 | 0% |
| 5 | 0 | 0% |
| 6 | 1 | 0.8% |
| 7 | 3 | 2.3% |
| 8 | 7 | 5.3% |
| 9 | 6 | 4.5% |
| 10（非常愿意） | 116 | 87.2% |

图4 参与者认为整场课程的效果情况（左上）；参与者认为整场课程是否达到预期目标（右上）；参与者是否愿意再次参加仙湖植物园的自然教育课程（左下）；参与者是否愿意将本课程推荐给朋友（右下）。（评分均为1-10评分，1表示非常不好 / 没有达到 / 不愿意，10表示非常好 / 达到了 / 非常愿意）

图5 词云分析显示参与者认为从本次课程中获得的最大收获。词汇的形状越大表明被提及的频率越高

创新科普的表达和传播形式，“实现科普从一维到多维、从静态到动态、从平面媒体到全媒体的融合转变”。

目前，以微信公众号为代表的新媒体逐渐成为当代网民获取信息的主流方式。经统计，共有 51 个植物园拥有自己的微信号。在传播的方式上，相较于传统的图文形式，短视频作为新兴的传播方式，具有四大特性：知识传播的即时化、知识呈现的人格化、隐性知识的显性化、复杂知识的通俗化。自然教育相关主题的短视频主要的播出平台有微信公众号、快手、抖音、小红书、B 站等[18, 19]。

以微信公众号为代表的新媒体的传播路径包括两种不同的模式，即“粉丝路径”和“转发路径”。其中“粉丝路径”是指发送的相关信息可以被粉丝观看到，“转发路径”是指粉丝能够转发博主发出的信息并且被其他粉丝或者非粉丝看到，从而使传播规模不断扩大[17]。斯坦纳和拉维奇提出的传播效果的阶梯模式，显示行为由是认知、情感、态度支配的。因此，用户的点赞、评论、转发等行为能够反映用户对内容的喜爱和认同。而公众号文章的扩散除了通过公众号文章的推送，以及观看者的认同进行转发，还可以通过“赞”和“在看”等功能进行多次扩散，通过设定的特定算法，例如抖音的点赞比例为 3% 时，互联网后台会为获得较多点赞和转发的作品提供更大的流量，获取更大的曝光量[20]。

仙湖植物园微信公众号与视频号是以传播自然科普知识及植物文化为主，集知识科普、旅游服务、资讯发布、活动招募、互动交流等多功能于一体的自媒体平台。自 2015 年开始，仙湖植物园微信公众号一直保持着良好的运营情况，其影响力逐年增长，从 2020 年 1 月开始至今，近三年来，公众号关注人数已超过 174 万人，期间发表文章 341 篇，阅读量超过 400

万次，平均每篇文章阅读量超过 1.2 万次。除了传统的图文形式，仙湖植物园也在短视频上有所涉猎。

案例：公众微信号投放疫情主题的文章与“畅游仙湖”系列主题视频

“新冠肺炎”疫情始于 2019 年 12 月，在 2020 年过年期间，仙湖植物园有过一段闭园经历，在 2020 年 3 月 21 日恢复园区开放后，仙湖植物园公众微信号推送了关于疫情主题的系列文章，共计 6 篇。此系列收到了极大的关注度，单篇阅读量在 6 000 次以上，总共收到“在看”526 个。其中在 2020 年 2 月 4 日发布的《立春仙湖 | 没有一个冬天不可逾越，没有一个春天不会来临》阅读量达到 2.6 万，2020 年 4 月 21 日《畅游仙湖 | 春来春去总关情》阅读量为 2.2 万人次。另外，人们对生物多样性保护、环境保护的关注也日渐增加，对于“生物多样性日”“世界环境日”主题的文章，2020 年的阅读量比 2018 年同期文章增加 200%。

除文字与图片内容以外，仙湖植物园公众服务中心对闭园时期内采集的园区视频进行剪辑、配乐，于 2020 年 4 月 25 日上线推出“畅游仙湖”系列视频，至 2020 年 12 月 16 日播完最后一期，共计 10 期，共有 17.4 万人次观看，每篇的阅读量均在 1.1 万人次以上，累计收到 1 003 个赞，2 115 个在看。其中单篇观看量最高为 2020 年 5 月 1 日发布的《畅游仙湖 | 第二景：兰香幽谷蝶自来》，阅读量 2.5 万，并拥有最高的扩散量，为 384 个“在看”（图 6）。

2022 年 3 月，由于深圳市的“新冠肺炎”疫情，仙湖植物园不对外开放，本系列视频重新上线，在 5 日内获得观看量 8.2 万，每篇的阅读量均在 1.1 万人次以上，累计 1 350 个赞，494 个在看（图 7）。

## （四）加大书籍等作品的评估和应用

书籍等作品并不是自然教育的主要实现形式，而且由于需要收集较多的资料以及较高的编写能力，仅有少数机构能够开展书籍等作品创作。然而书籍等作品拥有受众面广、易于传播与保存、受到时空干扰的影响较小的特点，因而可以在疫情常态化的情况下，与线下自然教育结合，作为新型的自然教育形式，降低新冠肺炎疫情带来的影响[21]。

仙湖植物园在疫情前就已经开展了自然学校专项教材的编写，著有 4 本自然学校专项教材，以及一系列科普书籍，包括《嘉卉——百年中国植物科学画》《芳华修远》《苔藓王国的小矮人》《深圳野生植物识别手册》《深圳日历》等。在新冠肺炎疫情开始后，为了将此类资源的利用率达到最大，我们尝试将书籍内容与植物园目前开展的自然教育课程与活动相关联，并开展了阅读效果评估工作。

案例：《木化石 远古的记录者》自然教育读本

1. 项目介绍

仙湖植物园建有世界上规模最大的迁地保存展示木化石的景区，共计收集来国内外的木化石 600 余株，其中有来自辽宁、新疆、内蒙古等

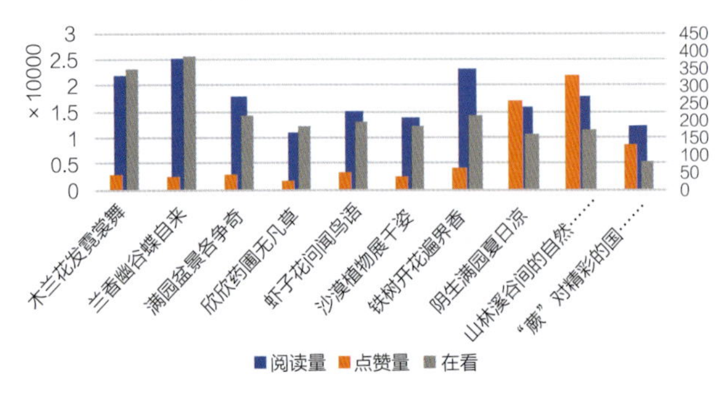


图6 “畅游仙湖”系列视频的用户行为数据

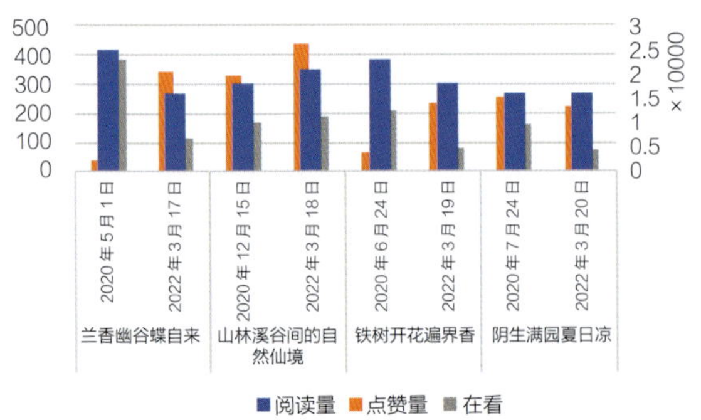


图7 “畅游仙湖”系列视频首次播放和再次播放的用户行为数据

图8《木化石 远古的记录者》封面

地的400多株木化石以及来自马达加斯加、印度尼西亚、美国、蒙古、缅甸等地的200多株木化石，主要为松杉类植物，形成于一亿五千万年至七千万年的中生代时期。木化石的形成条件极为苛刻，必须具备一个相对稳定、地质构造有一定变化、有富含二氧化硅的热液活动以及封闭的环境，因此，木化石的形成十分不易。木化石具有极高的科学研究价值，到目前为止仅有少部分关于木化石的研究，仙湖植物园经过10年的时间，通过查阅文献，调查木化石的埋藏地，取样，磨片，显微镜观察，做分类研究等工作，先后完成了《中国木化石》（中英文版）、《世界木化石概论》（中英文版）两部专著。

《木化石 远古的记录者》是以《中国木化石》（中英文版）和《世界木化石概论》（中英文版）两部专著为普通读者撰写出版的约60页的木化石自然教育读本，读本内容包括介绍什么是木化石、木化石的分类、木化石的作用、木化石的形成机制、木化石研究与大众之间的关系以及关于仙湖植物园化石森林的景区介绍、化石森林木化石种类、化石森林景观营造、在化石森林可以开展的小型自然教育课程与活动等，为大众尤其是学生、志愿者、公务人员等提供一本了解木化石基本知识的自然教育读本，使用生动、准确、严谨、有趣的方式，图文并茂地介绍木化石，以确保本书的科学性与可读性并存（图8）。

2. 项目效果

《木化石 远古的记录者》读本完成后，项目组对目标人群进行赠书阅读，共计赠予学生、志愿者、公务员等各界人士263册。对目标人群开展问卷调查，获得读者对木化石的知识、态度、保护行为上的效果的结果。显示结果如下：

①《木化石 远古的记录者》读本增加了阅读者对木化石科学知识的了解，提升了阅读者对木化石研究的重要意义的认识。

调查问卷结果显示在知识认知层面，阅读读本前，仅有21%的读者了解木化石是什么，阅读后了解木化石的人数占比显著上升，为97.1%，仅有2.9%的读者仍然表示对木化

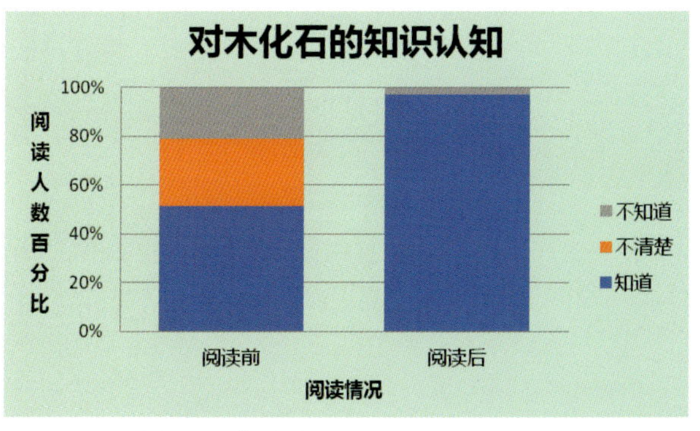


图9 阅读《木化石》读本前后，阅读者对木化石的知识认知的情况

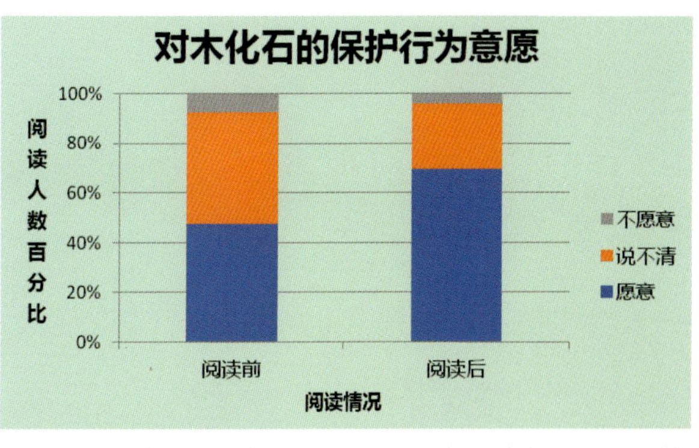


图10. 阅读《木化石》读本前后，阅读者对木化石的保护行为意愿的情况

石的概念不清晰（卡方检验：$\chi^2$=58.209，$P$=0.000<0.005）（图 9）。

②《木化石 远古的记录者》读本可以提升阅读者对木化石的保护意愿。

在参与保护行为的意愿方面，结果显示在阅读前，不愿意参与到保护木化石的活动的人群，不知道的人群和愿意的人群占比分别为 7.5%、44.8% 和 47.6%，阅读完成后，数据分别变为 3.8%、26.7% 和 69.5%（卡方检验：$\chi^2$=10.447，$P$=0.005）（图 10）。

③《木化石 远古的记录者》读本不仅增进阅读者对地质和生态环境的认识，更促使阅读者更进一步关注和保护自然和生态环境。

由于木化石是自然中的一部分，木化石的保护问题也涉及复杂的自然和社会问题，所以对木化石的认知和保护，还可能会使阅读者联想到要保护生态环境和自然资源，问卷结果显示有 5 名阅读者在文本题中提及要保护自然和生态环境。另外，调查结果显示 15.2% 的阅读者在完成阅读后将本书的内容告诉周围的人，从而使本读本的内容进行了二次扩散，传播作用进一步加强。

3. 取得的重要成果及效益

《木化石 远古的记录者》读本是国内首本以木化石为主题的自然教育读本，使用图文并茂的方式，生动、准确、严谨、有趣地介绍了木化石的分类、成因、研究意义、鉴赏、文化和保护等内容，书本兼具学术论文和科普作品的特征，既广收材料论证，语言准确严谨，又善于联系生活实际，普及相关知识，既是一本将自然知识和保护理念融合的读本，又是一本平易近人但不失权威，让读者读有所学、学有所用的不可多得的佳作。最重要的是，读本最终落在号召保护木化石的角度上，以保护为核心，通过教育激发人们对木化石这一重要且珍贵的资源的保护意识。

开展读本阅读效果调查，通过问卷调查的方式研究读者在阅读读本前后在木化石的认知和保护行为意愿方面的情况，可以发现本读本在读者对木化石的知识认知和态度认知方面起到了积极作用，提升了读者参观保护区域和保护木化石行为意愿，这种方式精准评估了“木化石”项目的效果，为日后开展类似的读本编写和出版工作提供了参考依据。

通过“木化石”项目，还收集整理了一批宝贵的照片资料，包括化石林照片和木化石切片在显微镜下照片，将这些资料进行保存既是对前期工作的整理和总结，也可供未来编辑制作读本和其他宣传资料使用，为后续设计和开展以木化石为主题的自然教育课程与探索活动奠定基础。

作为一本中英文双语版的读本，《木化石 远古的记录者》读本不仅是公众尤其是学生群体了解木化石相关的英语内容的途径，也使国际同行、友人、爱好者通过英文版的内容，了解到我国的木化石研究成果和科学普及项目成果，这可以扩大我国的木化石科学研究和科学普及项目在国际上的影响力。

《木化石 远古的记录者》读本将成为仙湖植物园志愿者培训课程和木化石科普解说的教材，为植物园通过志愿者团队开展面向公众的木化石科普解说奠定基础。今后，木化石科普解说将作为植物园的常设活动，用以传播木化石的知识和保护理念。

## 四、未来发展方向

### （一）课程内容体系化，编写知识手册

对于自然教育课程来说，在积累了一定的实践经验后，可以尝试编写配套的教师用书与知识手册。后续我们将对现有的课程开展相关的工作，提供课程背景、介绍资料和知识要点，以便对课程进行更好的扩散，并能够帮助和指导课程老师自行理解课程内容，指导课程老师的教学行为，并为总结提升和研究开发新课程打下基础。

### （二）打造线上传播机制，扩大自然教育线上开展规模

全媒体时代已经到来，这为自然教育进一步发展提供了良好契机，自然教育可通过传统媒体与新媒体深度融合，形成全方位的自然教育宣传矩阵，有效克服教育场所和传播时空的限制。仙湖植物园可在日常线下活动开展的基础上深入研究，根据全媒体宣传特点，形成一套专业、系统的课程开发、课程编写、课程摄制和课程传播机制，打造“线下活动+线上教育”共同协作的长效机制，扩大仙湖植物园自然教育的范围和影响力。

### （三）强化课程评价体系，构建科学合理的课程评价体系

在目前已经建立的自然教育评价体系中，评价更多针对课程执行的情况，针对课程设计本身进行的评价以及对学生掌握和理解课程内容的评价相对较为简单，因而需要在将来的评价体系中注重评价方式和角度的多样性，通过老师、学生、观察者等不同主主体，使用多种形式，采用自评、互评、师评相结合的方式全面评价课程学习状况，以便及时调整课程目标、更新课程内容和实施途径，提升课程质量。

## 参考文献


[1] 联合国人居署.2022年世界城市报告：展望城市未来【英文版】[R].波兰卡托维兹：联合国人居署，2022.

[2] 国家统计局.王萍萍：人口总量保持增长 城镇化水平稳步提升[EB/OL].http：//www.stats.gov.cn/xxgk/jd/sjjd2020/202201/t20220118_1826609.html.2022-1-18/2022-8-24.

[3] 广东省林业局.2021年中国自然教育热点事件盘点[EB/OL].http：//lyj.gd.gov.cn/news/forestry/content/post_3812928.html

[4] 林昆仑，雍怡.自然教育的起源、概念与实践[J].世界林业研究，2022（2）：10.

[5] 广东省林业局.2022广东省自然教育发展情况调研现诚邀您参加！[EB/OL].http：//lyj.gd.gov.cn/news/forestry/content/post_3990970.html.

[6] 全国自然教育网络.新型冠状病毒感染的肺炎疫情对中国自然教育行业影响[EB/OL].自然教育论坛.20200224。https：//mp.weixin.qq.com/s/cqhtATJv4Y1wf6AyFSW87w.

[7] 芦慧，刘鑫淼，张炜博，等.风险感知视角下后疫情时期中国公民生态环境行为影响机制[J].中国人口·资源与环境，2021，31（10）：139-148.

[8] 朱成科，于博文.后疫情时期生命教育的价值审思与路径重构[J].教育理论与实践，2021，41（17）：3-6.

[9] 李伟言，杨兆山.新冠肺炎疫情启示的四个教育价值主题[J].东北师大学报（哲学社会科学版），2020（4）：26-34.

[10] International Commission on the Futures of Education. 2020. Education in a post-COVID world：Nine ideas for public action. Paris，UNESCO7.

[11] Sun L，Tang Y，Zuo W. Coronavirus pushes education online. Nat. Mater. 19，687（2020）. https：//doi.org/10.1038/s41563-020-0678-8.

[12] 小路自然教育中心.疫情下催生的自然教育线上课程会变味吗？[EB/OL].小路自然教育中心.202003.https：//www.swne.cn/blog/yiqing.

[13] Holling C S. Resilience and Stability of Ecological Systems[J]. Ecology，Evolution，and Systematics，1973，4（4）：1-23.

[14] Meerow S，Newell J P，Stults M. Defining Urban Resilience：A Review[J]. Landscape & Urban Planning，2016，147：38-49.

[15] Otto S，Pensini P. Nature-based environmental education of children：Environmental knowledge and connectedness to nature，together，are related to ecological behavior [J]. Global Environmental Change，2017，（47）：88-94.

[16] Speelman E A，Wagstaff M，Jordan S H，et al. Aerial Adventure Environments：The Theory and Practice of the Challenge Course，Zip Line，and Canopy Tour Industry[M]. Champaign，IL：Human Kinetics，2020.

[17] 中国互联网络信息中心.第49次中国互联网络发展状况统计报告[EB/OL].中国互联网络信息中心.20220225.http：//www.cnnic.net.cn/hlwfzyj/hlwxzbg/hlwtjbg/202202/P020220721404263787858.pdf.

[18] 金心怡，王国燕.抖音热门科普短视频的传播力探析[J].科普研究，2021，16（1）：15-23.

[19] 王妍.科普互动视频信息传播效果影响因素的实证研究——以B站为例[J].科普研究，2022，17（3）：26-37.

[20] 张博，李竹君.微博信息传播效果研究综述[J].现代情报，2017，37（1）：165-171.

[21] 王西敏，何祖霞，胡永红.植物园的科学普及[M].北京：中国建筑工业出版社，2021.

# 仙湖植物园的苔藓科普教育跨入世界前沿

张力，左勤
（深圳市中国科学院仙湖植物园）

**摘要：** 苔藓植物多样性及其相关的科普教育工作在全世界受到的关注均相对较少，相关活动难于开展且成效往往有限。从2007年开始，仙湖植物园苔藓团队与以澳门市政署为代表的多个机构合作，启动了苔藓的科普教育工作。迄今为止，团队克服重重困难，开展了形式多样的活动，包括举办科普展览、编写科普读物、开展公众讲座、在平面媒体和新媒体上发表文章/推文、协助设计自然学校课程、培训志愿者、走进中小学等的形式，取得了引人瞩目的成果。我们能将苔藓的科普教育跻身世界前沿，成为世界上开展科普活动最有影响的团队之一，得益于以下几方面的紧密结合：①良好的研究基础；②热爱；③创意；④高定位和在地性；⑤形式多样；⑥团队与合作伙伴。

**关键词：** 科普教育；科普展览；科普读物；公共讲座；新媒体推介

# Fairy Lake Botanical Garden's Science Education of Bryophytes is at the Forefront of the World

Zhang Li, Zuo Qin
(Fairy Lake Botanical Garden, Shenzhen & Chinese Academy of Sciences)

**Abstract:** The science education of bryophytes has not received much attention worldwide. Since 2007, the bryological team of Fairy Lake Botanical Garden has collaborated with different organizations, especially the Municipal Affairs Bureau of Macao Special Administrative Region, to start the science education of bryophytes. Until now, we carried out various forms of education activities, including holding science exhibitions, writing science books and papers, delivering science lectures, using new media promotion, and supplying nature school courses, and have achieved remarkable results. To sum up, our team has been able to make bryophyte education to the forefront of the world and become one of the most influential teams in the world largely based on the close collaboration of the following aspects: ① research, ② commitment, ③ creativity, ④ high standard and localization, ⑤ diverse forms, and ⑥ a good team and partners.

**Keywords:** Science education; Science exhibitions; Science books and papers; Science lectures; New media promotion

自然教育旨在帮助人们建立与自然的联结，促进人们对自然产生基本的认知和情感，关注、支持和参与自然保护，其根本目的是“倡导人与自然的和谐共生”。植物园是开展自然教育活动的重要场所，科学普及也是植物园的重要职能之一。植物园面向公众开展的自然教育和科学普及工作，是责无旁贷的任务。

人类对不同类型的物种有不同程度的偏好，倾向于关注和喜爱来自异域的、大型的、有文化象征意义的动物，例如雄狮。而体型细小的苔藓，就实难吸引公众注意。苔藓植物俗称青苔，个体较小，多为数毫米到数厘米高。苔藓分布极广，除了海洋以外的生境均可生存；它们的多样性很高，数量仅次于被子植物，全世界超过2万种。近年来，苔藓作为景观营造材料和园艺保水辅料的价值日渐受人瞩目，但其巨大的生态功能和价值则长期为非专业人群忽视——作为森林、湿地甚至沙漠生态系统中的组成，它们在防止水土流失和减缓全球变暖等方面有重要功能。放眼全球，无论是发达国家还是发展中国家或地区，苔藓植物的研究者和专业从业者均非常稀少，有关的自然教育和科普工作也开展得较少，导致公众对苔藓的了解相对偏少。

有鉴于此，仙湖植物园的苔藓团队结合承担的澳门苔藓植物多样性调查研究工作，于2007年开启了苔藓的科普教育工作。最初几乎没有可参考的资料和案例，觉得非常艰难，无从下手。经过多年的努力和不断探索，克服了重重困难，到目前为止，我们开展了形式多样的自然教育和科普活动，包括举办科普展览、编写科普读物、开展公众讲座、在平面媒体和新媒体上发表文章和推文、协助设计自然学校课程、培训志愿者、走进中小学等的形式，成效逐步显现，也逐渐赢得了公众（尤其是青少年）的喜爱，并得到国内外同行的认可，成为仙湖植物园的品牌之一（科普作品清单详见“附录一：团队相关的科普作品”及”附录二：部分科普著作封面和获奖证书“）。团队负责人（本文作者张力）被评为“2017年广东十大科学传播达人”，被中国科学技术协会聘为“苔藓植物研究、科研管理与科普教育领域首席科学传播专家”，2021年荣获国际苔藓学会颁发的“葛洛勒奖”（Grolle Award，表彰在苔藓多样性研究中做出杰出贡献的苔藓学家）；相关科普著作获得美国、英国、芬兰、澳大利亚、波兰同行在国际专业期刊上的推介，并获得中国科学院优秀科普图书、华东地区优秀科技图书、岭南书香十佳童书、首届大鹏自然好书奖等奖项。

本文拟对我们所开展的工作进行简单的介绍，错漏之处请大家不吝指出，以便后续工作能精益求精。

## 一、我们开展过的工作

### （一）科普展览

科普展览是最直观的科普方式，观众身临其境，了解展示内容。第一次科普展览与我们承担的澳门苔藓植物多样性的调查课题有关。此课题执行期为2006—2009年，主要目的是完成澳门的苔藓植物多样性编目和植物志编写工作。在这个课题开始之后，我们与澳门方不谋而合——除了完成预定研究任务，能否让澳门的市民有机会了解一下苔藓？所以我们在项目中期，与澳门特别行政区市政署（原称民政总署，2019年改为现名）策划了一次展览，题目为“苔藓植物初探”，2007年12月在澳门庐廉若公园举行，主旨为介绍苔藓植物的基本知识和澳门苔藓植物多样性的概况，这是我们苔藓科普展览“吃螃蟹”的一步。这次展览也是我国第一次以苔藓植物为主题的科普展览，非常有纪念意义。随后我们与其他机构联合主办或者协办了8次苔藓专题展览，分别在澳门、深圳、上海、杭州、北京等城市举办，受众广，影响大，展览理念与时俱进、内容越来越丰富，包括壁报、园艺小品、摄影、科学画、书法、讲座及公众参与等内容。下表汇总了历次展览的概况：

历次展览概况汇总表

| 时间、地点 | 展览题目 | 展览特点 |
| --- | --- | --- |
| 2007年12月，澳门庐廉若公园 | 苔藓植物初探 | 第一次在中国举办的以苔藓为主题的专题展览 |
| 2008年4～5月，深圳市仙湖植物园 | 苔藓植物探索 | 介绍苔藓的基础知识。展览结束后，转移至深圳市罗湖区图书馆继续展示 |
| 2008年12月，澳门庐廉若公园 | 绿色小宇宙之奇妙旅程 | 结合澳门苔藓植物多样性课题总结开展的展览 |
| 2017年7月23～29日，深圳会展中心 | 苔藓之美 | 以艺术的形式展示苔藓植物的多样性和独特的美。在第19届国际植物学大会期间举行，有来自国内外的数千位专家代表观展 |
| 2018年7～9月，杭州，浙江自然博物馆 | 点亮荒芜的植物“小精灵”苔藓 | 恰逢暑期，观展人数达到286 357人次，是迄今为止观展人数最多的国内苔藓科普展 |
| 2018年10月，上海植物园 | 上海植物园秋季花展暨第二届阴生植物展（蕨苔芳华，苣美上植） | 苔藓为展览的内容之一，结合摄影、科学画、景观小品、古诗词等内容展示 |
| 2019年6月22～30日，北京世园会 | 苔藓之美 | 展示苔藓的生态价值，让更多的园林绿化企业科学地利用苔藓植物到生态修复、园林园艺工程中去，共同营造我们的美好绿色家园 |
| 2020年11月19日，深圳市莲南小学莲馨校区 | “苔”绘画摄影作品展 | 与万物启蒙读本《苔》新书首发活动同时进行 |
| 2021年12月至2022年7月，深圳市高级中学集团北校区 | 苔藓盈阶 | 持续时间最长，且学生参与最多的一次展览，是苔藓综合科普艺术展览在深圳市的首次“进校园”活动 |

## （二）编写科普读物

因时空局限，苔藓展览的受众相对有限，因此还需要一些出版物，多角度、循序渐进地介绍苔藓植物，它们也将成为青少年的入门读物和其他领域人士（如自然保护地从业者、其他自然教育机构和科普基地从业者、中小学教师等）在了解苔藓的基础上开展相关教学、培训、活动和创作的参考资料。从2009年开始，我们陆续编写了一些科普书籍和生物多样性图鉴，比较具代表性的如下：

1. 编写了中国第一本中英文双语版的苔藓植物科普读物《植物王国的小矮人：苔藓植物》，迄今已发行3个版本。第一版于2009年在澳门出版，第二版于2015年在澳门出版，随即在广州出版了中英文版，并于2018年再次印刷。这套系列读物为公众和青少年了解苔藓开辟了一条知识角度较为全面且通俗易懂的途径。

2. 陆续发行了三个版本的《苔藓之美》。这是世界上同类书籍中绝无仅有的，通过艺术的形式来介绍苔藓的多样性、趣味性和独特的美。2017年在澳门出版了繁体中文和英文版，2018年在澳门出版了繁体中文和葡萄牙文版，以满足葡文读者的需要；2019年在南京出版了简体中文和英文版的增订本，内容和篇幅大大增加。

3. 出版了中国内地第一本苔藓植物野外手册——《中国常见植物野外识别手册（苔藓册）》，图文并茂地介绍了常见的苔藓植物300余种，该书由商务印书馆2016年出版，目前已经重印三次。这本书可满足对苔藓有更高需求的户外自然爱好者使用，可随身携带，借助放大镜来识别常见苔藓。

4. 出版了中国大陆目前收录种类最多的苔藓植物彩色图鉴《中国高等植物彩色图鉴（第1卷：苔藓植物）》，收录种类614种，每种附有野外拍摄的照片和简洁的中英文描述，可供较高需求的读者和专业人士使用。

我们团队还协助深圳市莲南小学参与万物启蒙《苔》自然读本的编写工作，该书的目标读者群是小学教师及高年级学生，是开展课后自然课程的参考资料。

## （三）公众与专业讲座

团队成员曾应邀在一些重要的平台和中小学开展科普讲座。近几年受疫情影响，讲座一般以线下小规模、线上直播形式同时进行，部分讲座视频还可以在相关微信公众号、网站、腾讯视频、哔哩哔哩等平台回看，回看视频通常还伴随文字稿，效果不亚于线上直播。例如，本文作者（张力）于2017年6月10日在一席平台上做了题为《苔藓森林》的报告，现场参与仅数百人，但线上和回看超过7.4万。其他有代表性的包括本文作者（张力）于2018年3月17日在深圳博物馆做的《苔花如米小——苔藓植物探秘》报告；2018年5月19日在香港中文大学做的《探索从科研到科普的新路——以苔藓植物为例》报告；2019年10月27日在国家基因库做的《苔藓：绿色小宇宙》报告；2021年12月7日在中国科学院“格致论道—湾区”讲坛做的《走近苔藓秘境》报告。

## （四）平面媒体

除了科普专著的编写和出版，一些与即时社会关切和热点相关的材料或知识很难整理成书，我们就在平面媒体上撰文或接受采访，迄今已有几十篇文章刊登在各类博物和户外主题的杂志、报刊上，包括顶级的《中国国家地理》《博物》《中国科学报》等。比较有代表性的包括2019年第7期《中国国家地理》杂志刊载的《苔藓：从荒野“草垫”到都市新宠》；登载于2013年第10期《森林与人类》杂志上的《苔藓之双城故事：香港 vs 澳门》，介绍香港和澳门野生苔藓的有趣故事；为2022年《博物》杂志第3期苔藓专辑撰稿3篇；为2022年《东方娃娃（幼儿大科学）》第3期撰文《了不起的“小矮人”》，面向幼儿科普苔藓做出新的尝试。2018年春节期间，央视节目《经典咏流传》中关于苔的一期节目引发人们对苔藓植物爆发关切，我们短时间内撰写了一篇《借问苔花何处赏》的科普文章，刊登在当年《知识就是力量》杂志的第5期上。此外，本文作者（张力）还接受了《中国科学报》记者胡珉琦的采访，相关内容以《苔藓：伟大的“拓荒者”》为题，登载于2017年11月24日的《中国科学报》上。

## （五）新媒体

仙湖植物园微信公众号及其他一些自然保护、环境教育、博物主题的微信平台，点击量和影响力不可小觑，已渐成科普的主要渠道之一。2016年以来，我们在一席等平台的讲座，以及不定期在仙湖植物园、美丽深圳、西南山地、苔藓之恋等微信平台上发布的一些与苔藓相关的内容，涵盖中国苔藓植物多样性、苔藓独特的生存方式、日常生活中的苔藓自然观察、苔藓植物与中国文化和艺术等角度，阅读量总数超过23万次。

## （六）电视节目

电视节目依然是重要的媒介，覆盖面极广。2017年2月，本文作者（左勤）协助CCTV央视少儿频道摄制《芝麻开门》节目，其中有一节是带小朋友认识苔藓植物并开展苔藓植物吸水实验，收录在第一集《仙湖植物密码（植物的力量）》中，已于当年5月播出。本文作者（张力）接受湖南卫视《新闻大求真》栏目专访，释疑苔藓为什么能“遇水变色”，该节目已于2022年8月9日播出并可在“芒果TV”回看。

## （七）自然学校教材和课程

2014年，仙湖植物园成为深圳市最早的自然学校之一，在志愿者老师的协助下，不定期为青少年提供苔藓科普课程，是全国第一家开展此课程的植物园。为支持课程开展，我们专门编写了教材《苔藓：你所不知道的高等植物》，并以之为基础开展多次讲座，培训了来自社会各行各业的零基础志愿者老师。户外体验是自然学校课程中的特色环节，仙湖植物园的园林、园艺工作者在园区兴建了两处展示苔藓植物景观的景点，一处位于阴生园中央，面积数十平方米，模拟华南沟谷生境，有人工种植和自然生长的苔藓约20种，包含苔藓植物的3大类群，并附有介绍苔藓基础知识和常见种类的科普展示牌，是近距离观赏和了解苔藓的理想之地；另一处位于幽溪，是以王维的诗句“返景入深林，复照青苔上”为意境打造的景观——幽苔园。这两处均已成为园区自然学校苔藓课程最佳的实践场地。迄今，仙湖植物园已举办多场面向各种年龄层（如中小学生和成人）公众、以苔藓植物为主题或主题之一的自然教育活动，通常以基础知识讲座、小实验与园区观察实践相结合的形式开展。

## 二、专业评价和社会影响力

团队成员和作品在专业领域有较大的影响，先后获得多项奖励和荣誉。本文作者（张力）荣获国际苔藓学会2021年颁发的“葛洛勒奖”（Grolle Award），“2017年广东十大科学传播达人”称号，并被中国科学技术协会聘为“苔藓植物研究、科研管理与科普教育领域首席科学传播专家”（2019—2021年）。数本原创著作获奖，其中《苔藓之美（增订本）》获得第33届（2020年）华东地区科技出版优秀科技图书二等奖；《植物王国的小矮人：苔藓植物（中英文版）》获得首届“岭南书香十佳童书”奖（2020年）；《中国常见植物野外识别手册（苔藓册）》荣获“首届大鹏自然好书奖”（2016年），该野外系列丛书还被评为“2016年中国科学院优秀科普图书”。团队成员李诗华的画作《一种泽藓》获2017年第19届国际植物学大会植物艺术画展优秀奖；画作《印象东喜马拉雅》入选2018年第三届全球插画奖（科学插画类）长名单；画作《鞭枝藓》获“和美地球文旅云南——生物多样性美术大赛”金奖；画作《澳门凤尾藓》被澳门特别行政区市政署正式收藏。团队成员徐丽莉的画作《柔叶真藓》获2017年第19届国际植物学大会植物艺术画展优秀奖；画作《湿隐藓和橘红雪苔蛾》获“和美地球文旅云南——生物多样性美术大赛”银奖；画作《澳门凤尾藓》被澳门特别行政区市政署正式收藏。上述画作均收录于团队原创的《苔藓之美》科普艺术画集中，并多次于团队筹办的展览上展出。本文作者（左勤）的科普文学作品《属于每个人的苔藓墙》2022年获第十五届广东省科普作品创作大赛“关注自然保护地，促进人与自然和谐共生”专题一等奖，作品将全文公布于广东科普网平台上。团队主创的“《植物王国的小矮人——苔藓植物探索》科普展览资源包”被评为“2010年全国科普教育基地优秀科普活动资源包”，当年全国共评选出11个优秀科普活动资源包，该资源包也是广东省唯一的获奖项目。资源包包括一本苔藓科普读物《苔藓植物探索》，一套供学校及科普基地展览使用的苔藓科普系列海报，一个面向教师及相关工作人员的PPT教案，以及一份实验材料，供少年儿童以简单的小实验验证泥炭藓超强的吸水能力。

除了上述奖项，我们的科普著作也获得不少国际同行的赞誉。来自美国、英国、澳大利亚、波兰、芬兰等国的专家为我们的科普著作撰写过专业的书评，并刊登在国际刊物上。芬兰赫尔辛基大学的J. Enroth博士在*Bryological Times*（133:18，2011）对《植物王国的小矮人：苔藓植物》（2009年版）所撰的书评中写道（摘译）：“如果你曾对怎样编写介绍苔藓植物的科普读物感到困惑，看看这本书，并以它为例子吧。”（英文原文：If you have ever wondered how to write and compile popularizing books about bryophytes, have a look at this book and follow the example）。美国学者E. Harris在*The Bryologist*（《苔藓学家》）杂志（119: 328–329，2016）中对《植物王国小矮人：苔藓植物（中英文版）》的评价是：“苔藓植物由于体态细小使得人们极易对它们视而不见。为公众介绍苔藓植物，必须首先能唤起他们的注意力，并以便于认知（通俗）的方式描绘它们。在这方面，《植物王国的小矮人：苔藓植物》就成功了。”（英文原文：The small size of bryophytes as compared to humans naturally pre-disposes people to overlook them. An introduction to bryophytes for a broad audience must therefore bring these small plants into focus and illustrate them in a way that appeals to people's scale of perception. In this respect, *The Miniature Angels of the Plant Kingdom: Introduction to the Bryophytes* succeeds）。国际知名苔藓学家、英国爱丁堡皇家植物园的D. Long博士在*Journal of Bryology*（《苔藓学报》）杂志（39:210–211, 2017）的书评栏目中对《中国高等植物彩色图鉴（第1卷：苔藓植物）》予以极高的评价，他在书评结尾写道：总而言之，本书是一本无与伦比的著作，将为任何购买它的苔藓工作者的案头和书架增色。本书提供的高水平照片和实用的编排格式将使得本书成为中国和东亚地区苔藓工作者不可或缺的参考书，对于世界上其他地区的同行也会非常有参考。本书的作者们为本系列的后续卷册定下了一个很高的水准（英文原文：In summary, this is a superb publication which will grace the desk and bookshelf on any bryologist who can purchase it. The standard of photography and very practical format mean it will make it indispensible to bryologists in China and East Asia and very useful to many others worldwide. The authors have set a very high standard for the other volumes to follow）。对于《苔藓之美》也不乏好评。美国俄亥俄州立大学的资深专家 R. A. Klips 在 *The Bryologist*（《苔藓学家》）杂志（121: 248–249, 2018）中写道：这本丰富多彩且饶富趣味的书将会是任何关注自然之魅的读者值得欢迎的藏书，而且它为有艺术倾向的博物学者构建了一条了解苔藓的理想之路（英文原文：This colorful and enjoyable book would be a welcome addition to the library of anyone who finds nature intrinsically charming and would be a great avenue into bryology for artistically inclined naturalists.）。英国学者 J. Scott 在 *Field Bryology*（《野外苔藓学》）杂志（124:50–51，2020）对于最新版的《苔藓之美（增订本）》如此评价："张力教授和他的合作者的目的是'利用艺术家的眼睛和笔触为读者捕捉和描绘苔藓植物独特而鲜为人知的美'，在这方面，他们取得了非凡的成功。"（英文原文：Professor Zhang Li and his collaborators' purpose is "to use the artist's eyes and brush strokes to capture and portray the unique and little–known beauty of bryophytes to our readers". In this, they succeed wonderfully）。

在 2020 年 8 月美国盐湖城召开的第 105 届美洲生态学会（ESA）年会上，一群来自美国、中国、智利、墨西哥、威尔士等国的学者在会议期间提交了一份题为"An Appreciation of the Moss–kosmos for Biocultural Conservation in China and Chile"（中国和智利对生物文化保护中的苔藓小宇宙的欣赏）墙报。其中推介了仙湖植物园的苔藓科普工作，小标题为"Adventure to a Green Mini–cosmos"（绿色小宇宙之奇妙旅程）。

迄今，发布于一席微信公众号平台上的《苔藓森林》讲座视频和文字稿点击量累计已达 7.4 万次，公开于哔哩哔哩平台上的中国科学院格致论道讲坛《走近苔藓秘境》讲座视频已获得 9 300 余次观看。其余多篇代表性推文包括仙湖植物园、博物、西南山地等各微信公众号平台上的阅读量累计约达 16 万次。

## 三、经验总结

我们团队能在苔藓科普领域取得一定的成绩，首先有赖于深圳市城市管理和综合执法局及深圳市仙湖植物园对自然教育、科学传播和本土生物多样性研究的鼎力支持，更具体的经验总结如下：

一是良好的研究基础。高质量的自然教育和科普工作一定要以自身的科学研究为支撑，因为它能提供原创（一手）的素材，保证资料的科学性；脱离研究或导致知识点的"搬运工工作"（二手甚至三手），有错漏风险，同时也存在版权问题。

二是热爱。自然教育和科普工作的一种目的是，通过自然体验和知识分享，引发公众对生物多样性和环境的关切和保护欲，激发公众对科学的好奇心，推动人与自然的和谐共生，这也是指导各个角度工作的出发点和立足点。如果不够热爱，则投入时间和精力就难以保证，很可能半途而废，难以持之以恒，精益求精！

三是创意。尤其是团队开展苔藓科普工作的早期，很多方面几乎没有现成的参考，需要一步一步地去动脑筋、去探索，走不通再重来。即便有现成的参考，我们也不是完全复制，而是考虑如何超越、如何独辟蹊径。

四是高定位和在地性。苔藓科普工作在世界各地都非常欠缺，团队一方面以世界水准为目标，大部分的科普著作以中英文双语对照的方式来编写（一本为中葡文版），因此获得了相当的国际读者和影响力；另一方面非常重视内容的在地性，在编撰和创作时着重且无痕迹地围绕深圳本地苔藓植物多样性、中国苔藓植物多样性、中国苔藓植物濒危 / 特有 / 重点保护种、中国的苔藓植物研究、苔藓植物与中国文化等角度安排内容，既便于在本土开展自然教育工作，又能从"民族的就是世界的"角度弘扬中国文化。

五是形式多样。如今大众接受知识和资讯的方式很多，科学传播工作的形式也要与时俱进、多种方式相结合，既要有传统的，也要有时尚的。2016 年后，新媒体大行其道，成为更流行的媒介，尤其是微信平台，因此必须及早尝试和行动，不能缺席。

六是团队建设与合作伙伴。团队自身的建设是一切的基础，打铁还需本身硬。有了好的团队，才能拓展更大的空间。仙湖团队包括苔藓研究专家、自然摄影达人和专业水准的画师，跨领域的参与者带来了前所未有的可能性，为我们打造优秀、独到和交叉角度的作品奠定了坚实的基础。此外，我们从未忽视与其他机构和专家建立广泛的合作关系。在国际上，合作机构包括英国爱丁堡植物园、澳大利亚麦考瑞大学和美国南伊利诺伊大学，合作伙伴还有来自德国、瑞士和日本等国的专家；国内的合作单位包括植物园、科研院所、博物馆、大中小学、NGO 等，特别是我们的长期合作伙伴——澳门特别行政区市政署。我们也曾经将合作伙伴扩展到企业。2019 年 5 月仙湖植物园和浙江丽水润生苔藓公司合作建立了自然教育基地，该基地既可以展示苔藓生产、助力乡村振兴，也可面向当地公众开展公益科普活动。由于团队工作的影响日益扩大，近年有博物馆、科研院所、中小学、媒体等诸多机构主动同我们联系，开展苔藓植物自然教育、展览和公益讲座等方面的合作。

## 四、前瞻

习近平总书记指出："科技创新、科学普及是实现创新发展的两翼，要把科学普及放在与科技创新同等重要的位置。"说明科学研究和科学普及同等重要，两者不可分割。如上所述，我们虽然取得了一定的成绩，在新的形势下，我们更需要不断进取、创新、超越。

具体该如何做？我们觉得应特别关注如下几方面。第一是做好苔藓的基础研究工作，有更高水平的原创科研成果，这将为我们的科普工作提供源源不断的支撑。例如，我们在青藏高原地区所进行的调查研究需要继续深化，尤其是西藏和新疆等地。第二是要继续探索苔藓科普的新路径，跟踪国际最新的科普形式，包括展览、出版物和新媒体的运用。第三是充实队伍，培育新人。第四是要深入基层，走进大中小学和社区，了解需求，才能提供更好的科普产品。

## 附录：团队相关的科普作品

### 书籍


1. 张力（Zhang, L.）. 2009. 植物王国的小矮人：苔藓植物 The miniature angels in the plant kingdom, an introduction to bryophytes. 澳门特别行政区民政总署，澳门（中英文版）Department of Gardens and Green Areas, Civic and Municipal Affairs Bureau of Macao Special Administrative Region, Macao (In Chinese and English).
2. 张力、左勤、洪宝莹（Zhang, L., Q. Zuo & P. I. Hong）. 2015. 植物王国的小矮人：苔藓植物（第二版）The miniature angels in the plant kingdom, an introduction to bryophytes (second edition). 澳门特别行政区民政总署，澳门 Department of Gardens and Green Areas, Civic and Municipal Affairs Bureau of Macao Special Administrative Region, Macao (In Chinese and English).
3. 张力，左勤，洪宝莹（Zhang, L., Q. Zuo & P. I. Hong）. 2015. 植物王国的小矮人：苔藓植物（中英文版）The miniature angels in the plant kingdom, an introduction to bryophytes (Chinese and English edition). 广州：广东科技出版社 Guangdong Science & Technology Press, Guangzhou.
4. 张力，贾渝，毛俐慧. 2016. 中国常见植物野外识别手册（苔藓册）. 北京：商务印书馆.
5. 张力，左勤（Zhang, L. & Q. Zuo）. 2016. 中国高等植物彩色图鉴（第 1 卷：苔藓植物）Higher plants of China in Colour, Vol. 1. Bryophytes. 北京：科学出版社（中英文版）Science Press, Beijing (In Chinese and English).
6. 张力，左勤，毛俐慧（Zhang, L., Q. Zuo & L. Mao）. 2017. 苔藓之美 The magic and enchantment of bryophytes. 澳门特别行政区民政总署园林绿化部，澳门（中英文版）Department of Gardens and Green Areas, Civic and Municipal Affairs Bureau of Macao Special Administrative Region, Macao (In Chinese and English).
7. 张力，左勤，毛俐慧（Zhang, L., Q. Zuo & L. Mao）. 2018. 苔藓之美 Magia e Encantos das Briófitas. 澳门特别行政区民政总署园林绿化部，澳门（中葡文版）Servicos de Zonas Verdes e Jardins do Instituto para os Assuntos Cívicos e Municipais da Regiao Administrativa Especial de Macau (In Chinese and Portuguese).

8. 张力，左勤，毛俐慧（Zhang, L., Q. Zuo & L. Mao）. 2019. 苔藓之美（增订本）The magic and enchantment of bryophytes (Extended edition). 南京：江苏凤凰科学技术出版社（中英文版）Phoenix Science Press, Nanjing, China (In Chinese and English).

9. 张力 . 2008. 苔藓植物揭秘 . 深圳市仙湖植物园（非正式出版物）.

10. 张力 . 2010. 苔藓植物探索 . 深圳市仙湖植物园（非正式出版物）。

11. 张力，左勤 . 2014. 苔藓：你所不知道的高等植物 . 深圳自然学校系列教材（非正式出版物）.

## 杂志文章

12. 梁阿喜，左勤，杜杰，曹玉桃，陈盼，张力 . 2014. 九寨沟风景区常见藓类植物图说 . 九寨沟，4:45-49.

13. 张力 . 2013. 苔藓之双城故事：香港 vs 澳门 . 森林与人类，10:58-67.

14. 张力 . 2017. 碧水丹山生苍苔 . 大自然，194：12-15.

15. 张力 . 2017. 苔藓水珠别样美 . 大自然，195：4-9.

16. 张力 . 2017. 偶遇立碗藓，佳片天成 . 大自然，195：19.

17. 张力 . 2017. 植物“小矮人”. 森林与人类，9：66-75.

18. 张力 . 2021. 小苔藓，大智慧：苔藓的生存绝技 . 文明，3：28-43.

19. 张力 . 2020. 卷首语：走进苔藓的世界 . 生命世界，10：1.

20. 张力 . 2020. 抓住关键特征，苔类识别走捷径 . 生命世界，10：18-25.

21. 张力 . 2022. 一、苔藓植物多样性 . 载任海等（主编）：《中国高等植物多样性与保护》. 郑州：河南科学技术出版社 . Pp.26-32.

22. 张力 . 2022. 了不起的“小矮人”. 东方娃娃（幼儿大科学），3：16-21.

23. 张力 . 2022. 苔藓：植物王国的小矮人 . 博物，3：20-25.

24. 张力 . 2022. 中国常见苔藓图鉴 . 博物，3：26-31.

25. 张力 . 2022. 苔藓绝技，极限生存 . 博物，3：32-37.

26. 张力、稻城 . 2019. 苔藓：从荒野“草垫”到都市新宠 . 中国国家地理，7：110-125.

27. 张力，李祖凰 . 2013. Welcome to 苔藓王国 . 知识家 Knowledge, 3：82-97.

28. 张力，周兰平 . 2010. 最早登陆的植物——苔藓植物 . 科学世界，1：19-20.

29. 左勤 . 2017. 在幽暗中凝聚光明—会“发光”的苔藓 . 大自然，195：20-23.

30. 左勤，张力 . 2016. 茂兰苔藓植物剪影：打开自然遗产的另一种方式 . 旅游纵览，4：14-19.

31. 左勤，张力（文），李诗华，徐丽莉（图）. 2016. 苔藓之美 . 森林与人类，6：96-103.

32. 左勤，张力 . 2018. 借问苔花何处赏 . 知识就是力量，5：16-19.

33. 左勤，张力 . 2022. 倾听苔藓的“细语”. 大自然，2：22-29.

## 新媒体代表性推文

34. 带叶苔（张力）. 2016. 访古探“苔”. 深圳市仙湖植物园（1208 阅读）.

35. 带叶苔（张力）. 2016. 苔藓“水珠”娇天下 . 深圳市仙湖植物园（2809 阅读）.

36. 张力 . 2017. 蘑菇方向已经招满了，你愿不愿意研究苔藓？一席（7.4 万阅读）.

37. 张力 . 2017. 碧水丹山生苍苔 . 大自然杂志（1047 阅读）.

38. 张力 . 2018. 川西苔藓掠影 . 西南山地 SWILD（4446 阅读）.

39. 张力 . 2020. 相遇两年之后，我们让这种被判灭绝的苔藓“死而复生”. 西南山地 SWILD（1496 阅读）.

40. 张力 . 2020. 苔藓的生存绝技 . 深圳市仙湖植物园（7704 阅读，2395 转载阅读）.

41. 张力 . 2022. 这些植物王国的“小矮人”，竟然是地球上最早登陆的“拓荒者”. 格致论道讲坛（4873 阅读）.

42. 张力 . 2022. 这种不起眼的植物，被深埋 1500 年后复活了！博物（4.8 万阅读）.

43. 左勤 . 2018. 在幽暗中凝聚光明——会“发光”的苔藓 . 大自然杂志（1493 阅读）.

44. 草猫（左勤）. 2018. 相比于牛郎织女，它们的相遇更不易 . 深圳市仙湖植物园（8036 阅读）.

45. 草猫（左勤）. 2019. 它们用生命诉说、等待和希望 . 深圳市仙湖植物园（7209 阅读）.

46. 草猫（左勤）. 2019. 人气投票丨仙湖出品——舌尖上的苔藓 . 深圳市仙湖植物园（7353 阅读）.

47. 草猫（左勤）. 2020. 飞“翔”的苔藓 . 深圳市仙湖植物园（1.0 万阅读）.

48. 草猫，带叶苔（左勤，张力）. 2018. 借问苔花何处赏？不如转入此中来 . 深圳市仙湖植物园（5478 阅读）.

49. 苔藓之美团队（张力，左勤，李诗华，徐丽莉）. 2020. 拥有苔藓的另一种方式 . 深圳市仙湖植物园（2.3 万阅读）.

50. 深圳市仙湖植物园（张力撰稿）. 2020. 仙湖花签丨第十签：先锋 . 深圳市仙湖植物园（7782 阅读）.

51. 深圳市仙湖植物园（张力，左勤，李诗华，徐丽莉撰稿）. 2021. 今天，小矮人站在 C 位 . 深圳市仙湖植物园（1.8 万阅读）.

## 其他

52. 今津奈鹤子（著），上野健（审定），彭懿（译）. 2022. 苔藓的世界 . 南宁：接力出版社（张力为中文版审订）.

53. 冯永（主编）. 2020. 万物启蒙·苔 . 山东城市出版传媒集团，济南出版社 .（张力，左勤为顾问，李诗华，徐丽莉提供了部分插图）.

54. 科普君 . 2019. 科学 Talk 丨深圳“苔叔”的全球探“藓”. 广东科普（1203 阅读）.

55. 郭馨怡 . 2020. 看似低调的苔藓，也可以华丽变身为一种独有的壮观 . 中国花卉报（采访张力）（5322 阅读）.
56. 李欣 . 2021. 很多人并不知道，它们才是植物界的第二大家族 . 中国花卉报（采访张力）（3855 阅读）.
57. 默寺（文），张力（图）. 2016. 直到长出一面 40 万欧元的墙 . 博物学下午茶（7837 阅读）.
58. 王炳乾 . 2017. 走进“苔藓叔”张力的“微观森林”. 深深（3533 阅读）.
59. 小 A. 2021. 恭喜港大理学院校友张力博士获世界苔藓学会颁发 2021 卓越奖 . 港大校友 HKU Alumni（883 阅读）.
60. Wang Haolan. 2021. 外眼 EYESHENZHEN 丨外籍“生物通”和深圳“苔藓叔”面对面 . 深圳发布（1799 阅读）.
61. Prof. Li Zhang Receives Award for Excellence in Bryodiversity Research. https://www.bgci.org/news-events/prof-li-zhang-receives-award-for-excellence-in-bryodiversity-research 国际植物园保护联盟（BGCI）网站新闻（2021 年 7 月 9 日）.
62. Chinese expert collects moss for good reason. https://www.chinadaily.com.cn/a/202107/16/WS60f161a7a310efa1bd6627a5.html 中国日报网（China Daily）网站新闻（2021 年 7 月 16 日）.